U0158291

高等职业教育装配式建筑工程技术专业系列教材

装配式混凝土建筑计量与计价

袁　媛　编著

张凌云　主审

科学出版社

北　京

内 容 简 介

本书是根据装配式混凝土建筑生产过程确定工程造价的客观规律，运用理实一体化教学模式，采用“螺旋循环递进”教学理念与方法以及微课等教学手段，进行编写的高等职业教育新形态教材。全书共分13章，详细阐述了装配式建筑概述、工程单价编制、综合单价编制、装配式建筑工程造价计价原理、装配式建筑工程造价费用构成与计算程序、装配式建筑计价定额应用、现浇混凝土（构件）工程量计算、钢筋与模板工程量计算、PC构件工程量计算、预埋铁件与套筒注浆工程量计算、装配式建筑工程造价计算实例、装配式混凝土预制构件工程量计算综合实践、装配式混凝土建筑工程工程量清单报价编制综合实践等内容。

本书可作为中高等职业教育工程造价、装配式建筑工程技术、建筑工程技术等专业的学生用书，也可供从事工程造价、装配式建筑施工等工作岗位的专业人员参考使用。

图书在版编目(CIP)数据

装配式混凝土建筑计量与计价/袁媛编著. —北京：科学出版社，2022.9
（高等职业教育装配式建筑工程技术专业系列教材）
ISBN 978-7-03-070189-3

Ⅰ. ①装…　Ⅱ. ①袁…　Ⅲ. ①装配式混凝土结构-建筑工程-计量-高等职业教育-教材②装配式混凝土结构-建筑工程-建筑造价-高等职业教育-教材　Ⅳ. ①TU723.3

中国版本图书馆CIP数据核字（2021）第213970号

责任编辑：万瑞达　李　雪　李程程 / 责任校对：马英菊
责任印制：吕春珉 / 封面设计：曹　来

科 学 出 版 社出版
北京东黄城根北街16号
邮政编码：100717
http://www.sciencep.com
天津翔远印刷有限公司印刷
科学出版社发行　各地新华书店经销
*
2022年9月第　一　版　开本：787×1092　1/16
2022年9月第一次印刷　印张：15 1/4
字数：362 000

定价：45.00元

（如有印装质量问题，我社负责调换〈翔远〉）
销售部电话 010-62136230　编辑部电话 010-62134021

前言

随着城市建设节能减排、可持续发展等环保政策的提出，装配式建筑设计、生产与施工已成为建筑产业化的发展趋势。

装配式建筑施工实现了预制构件设计标准化、生产工厂化、运输物流化及安装专业化等“四化”。装配式建筑的“四化”提高了施工生产效率，减少了施工废弃物的产生。

装配式建筑是我国工业现代化、规模化发展的必然结果，也是建筑产业转型升级、淘汰落后产能、提升建筑质量的必然产物。装配式建筑作为建筑产业化的重要载体将进入新的发展时期。

工程造价必须根据建筑产品的生产与施工过程确定。装配式建筑的构件生产方式、部品部件生产方式、施工方式、安装方式等发生变化，导致人力资源、材料供应、施工工艺、资料管理和成本控制等方面发生很大的变化。因此，需要进一步研究装配式建筑的定价规律与方法。

本书就是为了适应装配式建筑生产与施工过程变化，而为高等职业教育人才培养及社会学习者所编写的。本书运用微课等教学资源，深入浅出地阐述了如何确定装配式建筑工程造价，是理实一体化的新形态教材。本书将计算方法与实训方法反复循环递进，在螺旋提升教学质量和学习效果方面进行了新的尝试。

本书由上海城建职业学院袁媛编著。书中内容研究了确定装配式建筑工程造价的规律，阐述了实现装配式建筑工程量计算与工程造价计算的新方法，应用了国家级工程造价专业教学资源库“工程造价控制”课程“工学结合、理实一体”的建设方法与成果，是一本适应高等职业教育工程造价专业及土木建筑类相关专业理实一体化的创新教材。

上海城建职业学院张凌云担任本书的主审，并提出了很好的意见与建议。在本书的编写过程中，作者查阅了计算装配式建筑工程造价的有关论文，得到了科学出版社的大力支持，在此一并表示感谢。

由于作者水平有限，书中难免有不足之处，敬请广大读者批评指正。

目 录

第 1 篇　装配式建筑工程造价计算理论与方法

第1篇
装配式建筑工程造价计算理论与方法

第 1 章 装配式建筑概述

课程思政

北京故宫距今已有600多年历史，大大小小经历了200多次地震，但却依然保存完好。这是因为故宫的宫殿建筑采用了木结构榫卯和斗拱结构。在部件连接处，凸出来的为榫，凹进去的为卯，榫卯这种巧妙的建造方式和装配式施工方式相似，古代工匠采用榫卯结构将预制好的建筑材料进行拼装，这是古代中国建筑最主要的结构方式。以前总认为装配式建筑源于西方，其实在我国的古代建筑中早已蕴藏了装配式建筑的智慧与精髓。

知识目标

了解装配式建筑的概念，了解成品住宅与建筑部品化，了解边界条件的概念，了解BIM技术应用是实现装配式建筑的技术核心。

能力目标

掌握预制率与建筑装配率的计算方法，掌握非装配式技术采用比例计算方法。

1.1 装配式建筑的概念和特点

1.1.1 装配式建筑的概念

装配式建筑是指用工厂生产的预制构件、部品部件在工地进行装配而成的建筑，包括装配式混凝土结构、钢结构、现代木结构，以及其他符合装配式建筑技术要求的结构体系建筑。本书只介绍装配式混凝土结构建筑的工程造价计算方法。

随着现代工业技术的不断发展，建造房屋可以像生产机器设备一样，成批成套地制造。只要把预制好的房屋构件，运到工地进行装配即可。通俗地说，就是十多层的高层建筑只需要像搭积木一样拼装起来。

1.1.2 装配式建筑的特点

装配式建筑具有节能减排、施工周期短的特点，其标准化的设计、生产、安装方式及科学化的组织管理已经成为改变我国传统建筑生产方式，促进建筑产品生产精细化与标准化，实现建筑工业化的重要手段。

1.2 装配式混凝土预制构件与产业化流程

1.2.1 装配式混凝土预制构件

装配式混凝土预制构件简称 PC（precast concrete）构件，学习“装配式混凝土建筑计量与计价”课程的内容时，首先要了解什么是 PC。

PC 构件厂的产品是按照标准图设计生产的混凝土构件，主要有外墙板、内墙板、叠合板、阳台板、空调板、楼梯、预制梁、预制柱等。将工厂生产的 PC 构件运到建筑物施工现场，经装配、连接、部分现浇，装配成混凝土结构建筑物。

1. PC 是先进的建造方式

传统的住宅建造方式中，建筑工人手工操作有误差，施工质量受工人技术水平影响较大；劳动密集，人力需求较大；容易产生大量垃圾、噪声污染等。与传统建造方式相比，PC 住宅产业化程度高、精密、高效、节能环保，对人力需求较低，可减少资源、能源消耗，减少装修垃圾，避免装修污染。如果整个住宅行业都能实行产业化生产，将大大推动房地产由粗放到集约的转变，社会资源也将得到大量的节约。

2. PC 是世界住宅产业发展趋势

从住宅产业化在全世界的发展趋势来看，住宅科技是推动产业化住宅发展的主导力量，各发达国家，特别是欧美和日本等地，都结合自身实际制定了住宅科技发展规划，进一步完善 PC 住宅产业化，研究节能、节材、节水、节地及环保型工业化住宅技术。

1.2.2 PC 产业化流程简介

PC 产业化流程包括标准化图纸设计、预制构件生产、运输及现场堆放、现场吊装、

外围护安装、内部非毛坯化装修和验收交付等七个环节，具体内容如下。

1. 标准化图纸设计

精确的标准化 PC 设计图纸，让施工更加规范，避免了传统施工方式中边施工边进行修改而造成的返工等情况，施工时间得到了大大节省，流程得到了极大简化。

2. 预制构件生产

工厂化的作业模式，将传统的建筑工地“搬进”工厂里，让房屋的每一个构件在工厂流水线上进行生产，从铸模、成型到养护，精确的构件只需在工地进行组装，即可成为产业化的住宅。预制构件生产过程如下。

（1）钢筋加工及安装钢模。钢筋经过工厂化机械加工、成型，并且通过人工抽检测量，确保尺寸标准。钢模模板依据精确弹线标示安装组合。

（2）预埋件入模。面砖、钢筋、门窗框等预埋件入模，并进行预埋件的人工检查。

（3）混凝土浇筑。将按照标准调配完成的混凝土填充进钢模，进行混凝土的强度检测，确保质量合格。

（4）构件表面处理。对墙体表面进行抹平等处理，确保墙面平整。

（5）蒸汽养护、脱模。对混凝土墙体进行蒸汽养护至其凝固成型，最终将墙体构件与模具脱离。

3. 运输及现场堆放

开创性的 PC 产业化技术，更是为材料的运输带来极大的方便。在传统建造方式中，需要耗费大量时间分批运输的各种建筑材料，在 PC 技术的帮助下变成了各种建筑组件，传统的高成本多次运输，在一次性的运输中就得以完成。材料的运输成本大大节约，半成品的建筑组件更是节约了现场摆放空间，使得施工环境更加整洁。

4. 现场吊装

外墙板和叠合板现场吊装具体要求如下。

（1）外墙板吊装。做好场地清理、构件的复查与清理、构件的弹线与编号等准备工作，确保构件合理堆放，并对构件临时加固。

（2）叠合板吊装。确保叠合面符合设计要求，采取保证构件稳定的临时固定措施，并应根据水准点和轴线校正位置，最终进行永久固定。

5. 外围护安装

PC 构件连接处理，外墙直接采用 PC 构件，选用上部固定、下端简支的吊挂方式，确保施工安全快捷，减少施工误差，做到无缝处理。

传统建筑接缝处理仅仅采取抹灰等传统处理方法，无法确保接缝处的密封性，易出现漏水等普遍性问题。

6. 内部非毛坯化装修

设备与建筑主体相分离的SI住宅[①]，改变了在墙面、地面上开槽埋设水、电等管道线路及设备等传统施工方法，进行同层排水等技术的施工，实现了土建与内部非毛坯的一体化，运用一系列绿色科技，免除自行装修烦扰，打造现代生态家居。

7. 验收交付

故在交房之前，建设单位都会向每一个客户进行工程进度通报、产品细部检查和工地开放活动，确保在交付时提供零缺陷的产品，并关注解决业主在交付、装修、搬迁过程中所遇到的问题，以远高于国家规定的交付标准给每一位客户一个安心的家。在业主入住一段时间后，开发公司工作人员还会进行满意度回访。

1.2.3 PC的价值

与传统的建造方式相比，以PC产业化住宅技术打造的产业化住宅，具有传统建筑所没有的众多优势。

1. 更高品质的住宅

PC产业化住宅的更高品质体现在以下方面。

（1）减少裂缝、渗漏问题。不同于传统房屋仅仅在接缝处进行抹灰处理的做法，PC产业化住宅外墙以更精确的制造标准、钢制磨具工厂生产，更好的接缝处理解决了墙面开裂问题，使渗漏率极大降低，让居住者轻松享受到接近零渗漏的舒适生活。

（2）维护方便。PC产业化住宅采用了同层排水等系统，利于施工排线；装饰面、管道线路与建筑结构相分离，利于维护。

（3）降低建造误差。PC产业化住宅精确度比传统建筑提高一倍以上，精度偏差以毫米计量，真正实现以制造汽车的方式建造住宅。

（4）更耐久的住宅。PC产业化住宅相比传统住宅，更加坚固耐久，不会出现面砖脱落等传统住宅常见的问题，保证了居住者的居住长久、舒适。

① SI——S是英文skeleton的缩写，意思是主体结构；I是英文infill的缩写，意思是内填充体，包括里面的管线、内装修等。SI住宅技术是把结构体与充填体完全分离的一种施工方法。

2. 更短交房周期

据分析，PC 技术与传统施工方法相比，可以加快工期 20%～30%，让居住者更快体验住进新房子里的舒适生活。

3. 更高的生产效率

传统建造方式过度依赖大量的现场劳动力，与当前劳动力不足之间的矛盾日益凸显，而采用 PC 技术，施工现场工人可减少 80%以上，同时能达到更高的效率。PC 技术大量的工厂化作业使劳动效率大大提升，工期可加快 20%～30%，促进建筑行业的快速发展。

4. 更先进的生产方式

采用工厂化的生产加工方法，由工厂加工到现场装配，再到后期的装修维护，形成了固定统一的标准化生产流程，比传统建造方式更加先进，也使建筑产业的发展更加规范、有序。

5. 更加文明的施工现场

PC 产业化技术现场施工作业量的减少，使施工现场干净整洁；同时，大大减少了噪声、粉尘等，最大限度地减少了对周边环境的污染，让周边居民享有一个更加安宁、整洁、无干扰的生活环境。

6. 更大节约和更少污染

从目前的数据来看，如果从事住宅行业的每一家企业都能推行 PC 产业化生产，将会为社会节约大量的水、混凝土、钢材和标准煤。

据统计，采用 PC 技术，由于干式作业取代了湿式作业，现场施工的作业量和污染排放明显减少。与传统施工方法相比，采用 PC 技术建筑垃圾可减少 83%。

7. 更少劳动力依赖

当建筑业对劳动力资源的需求不断紧缺时，传统的建造方式对劳动力的过度依赖却无法改变。据分析，工厂化施工的集中进行、现场施工作业量的大大减少，施工现场工人最大可减少 89%，相比传统建造模式大大节约了人力资源，同时可以提高施工效率 4～5 倍，进而又缩短了工期。

1.3 成品住宅与建筑部品化

1.3.1 成品住宅

成品住宅也称全装修成品住宅，是指房屋交付使用前，所有功能空间的固定面应全部铺装或粉刷完成，厨房和卫生间的基本设备应全部安装完成，能满足基本生活要求（拎包入住）的（精装修）住宅。成品住宅示意图如图 1.1 所示。

图 1.1　成品住宅示意图

1.3.2 建筑部品化

建筑部品化，就是运用现代化的工业生产技术将柱、梁、墙、板、屋盖甚至是整体卫生间、整体厨房等建筑构配件、部件实现工厂化预制生产，使之能运输至建筑施工现场进行搭积木式的、简捷化的装配安装，从而完成建筑工程。建筑部品化举例如图 1.2～图 1.5 所示。

图 1.2　搭积木式的盒子建筑

图 1.3　PC 工厂预制的住宅外墙

图 1.4　现场吊装 PC 楼板

图 1.5　现场吊装 PC 柱、梁

1.3.3　住宅部品术语

中华人民共和国国家质量监督检验检疫总局、中国国家标准化管理委员会于 2008 年 12 月 24 日发布了《住宅部品术语》(GB/T 22633—2008)，主要内容摘录如下。

1. 住宅部品

住宅部品是指按照一定的边界条件和配套技术，由两个或两个以上的住宅单一产品或复合产品在现场组装而成，构成住宅某一部位中的一个功能单元，能满足该部位一项或者几项功能要求的产品。住宅部品包括屋顶、墙体、楼板、门窗、隔墙、卫生间、厨房、阳台、楼梯、储柜等部品类别。

2. 屋顶部品

屋顶部品是指由屋面饰面层、保护层、防水层、保温层、隔热层、屋架等中的两种或者两种以上产品按一定的构造方法组合而成，满足一种或几种屋顶功能要求的产品。图 1.6～图 1.8 是不同种类屋顶部品，图 1.9 是 PC 屋顶部品做法。

图 1.6　木结构屋顶部品

图 1.7　混凝土结构屋顶部品

图 1.8　PC 屋顶部品

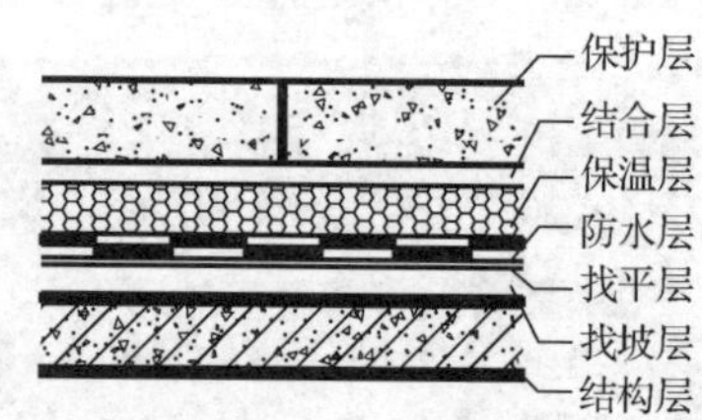

图 1.9　PC 屋顶部品做法

3. 墙体部品

墙体部品是指由墙体材料、结构支撑体、隔声材料、保温材料、隔热材料、饰面材料等中的两种或者两种以上产品按一定的构造方法组合而成，满足一种或几种墙体功能要求的产品，如图 1.10 所示。

图 1.10　墙体部品

4. 楼板部品

楼板部品是指由面层、结构层、附加层（保温层、隔声层等）、吊顶层等中的两种或者两种以上产品按一定的构造方法组合而成，满足一种或几种楼板功能要求的产品。楼板部品示意图如图 1.11 和图 1.12 所示。

图 1.11　楼板部品示意图（一）

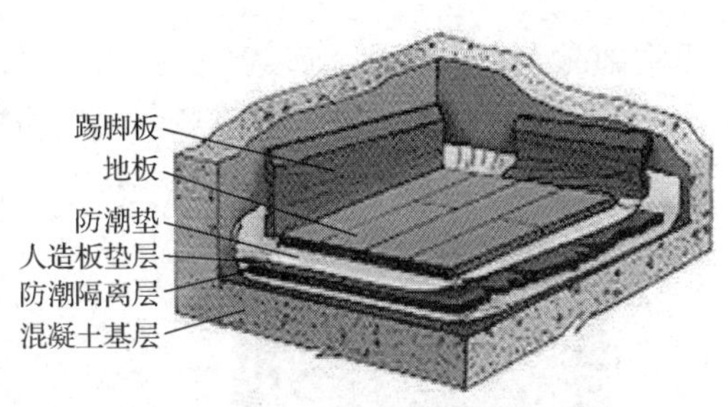

图 1.12　楼板部品示意图（二）

5. 门窗部品

门窗部品是指由门、门框、窗扇、窗框、门窗五金、密封层、保温层、窗台板、门窗套板、遮阳等中的两种或者两种以上产品按一定的构造方法组合而成，满足一种或几种门窗功能要求的产品，如图 1.13 所示。

图 1.13　门窗部品

6. 隔墙部品

隔墙部品是指由墙体材料、骨架材料、门窗等中的两种或者两种以上产品按一定的构造方法组合而成的非承重隔墙和隔断，满足一种或几种隔墙和隔断功能要求的产品，如图 1.14 所示。

图 1.14　隔墙部品

7. 卫浴部品

卫浴部品是指由洁具、管道、给排水和通风设施等产品，按照配套技术组装，满足便溺、洗浴、盥洗、通风等一个或多个卫生功能要求的产品，如图 1.15 和图 1.16 所示。

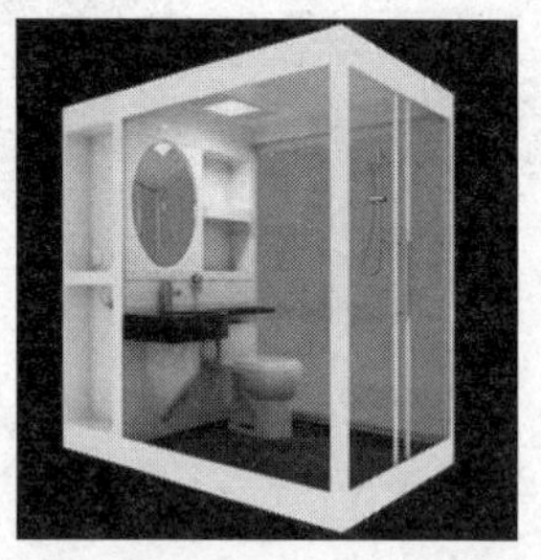

图 1.15　卫浴部品（一）

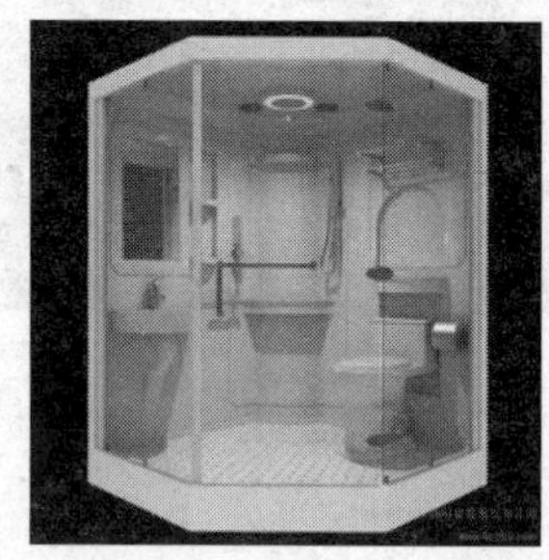

图 1.16　卫浴部品（二）

8. 餐厨部品

餐厨部品是指由烹调、通风排烟、食品加工、清洗、贮藏等产品，按照配套技术组装，满足一个或多个厨房功能要求的产品，如图 1.17 所示。

图 1.17　厨房部品

9. 阳台部品

阳台部品是指由阳台地板、栏板、栏杆、扶手、连接件、排水设施等产品，按一定构造方法组合而成，满足一种或几种阳台功能要求的产品，如图 1.18 所示。

图 1.18　阳台部品

10. 楼梯部品

楼梯部品是指由梯段、楼梯平台、栏杆、扶手等中的两种或者两种以上产品，按一定构造方法组合而成，满足一种或几种楼梯功能要求的产品，如图 1.19 所示。

图 1.19　楼梯部品

11. 储柜部品

储柜部品是指由门扇、导轨、家具五金、隔板等产品，按一定构造方法组合而成，满足固定储藏功能要求的产品，如图 1.20 所示。

图 1.20　储柜部品

12. 工厂化生产

工厂化生产是指采用专用成套技术、工艺设备，在工厂生产出符合一项或者几项功能要求的住宅部品的过程。PC 墙板预制和堆放如图 1.21 和图 1.22 所示，PC 墙板运输和吊装分别如图 1.23 和图 1.24 所示。工厂化生产部件现场吊装示意图如图 1.25 所示。

图 1.21　PC 墙板预制

图 1.22　PC 墙板堆放

图 1.23　PC 墙板运输

图 1.24　PC 墙板吊装

图 1.25　工厂化生产部件现场吊装示意图

13. 配套技术

配套技术是指在设计、生产、组装等方面，有相互联系并能协调一致的技术手段。

14. 现场组装

现场组装是指将工厂化生产的材料、制品或部品，按照一定的方法，在施工现场进行组合安装。现场组装示意图如图 1.26 所示。

图 1.26　现场组装示意图

15. 功能要求

住宅部品功能要求是指具有满足强度和稳定性、防火安全、卫生和环保、使用安全、防噪声、节能等方面功能上的要求。

16. 边界条件

边界条件是指住宅部品和材料、制品、部品之间以及与部品建筑物之间的连接、协调、配套的组合要求。

1.4 预制构件及其相关指标

1.4.1 预制率与建筑装配率

1. 预制率

预制率全称为建筑单体预制率，是指装配式混凝土结构建筑室外地坪以上主体结构和围护结构中预制构件部分的混凝土用量占建筑单体混凝土总用量的比率。其中，预制构件包括墙体（剪力墙、外挂墙板）、柱/斜撑、梁、楼板、楼梯、凸窗、空调板、阳台板、女儿墙等类型。建筑单体预制率计算公式为

$$\text{建筑单体预制率}=\frac{\text{预制构件、部品部件混凝土体积}}{\text{现浇部分混凝土体积}+\text{预制构件、部品部件混凝土体积}}\times 100\%$$

例如，某单体建筑全部预制构件、部品部件混凝土体积为8066m^3，单体建筑全部现浇混凝土体积为5210m^3，则建筑单体预制率 $=\frac{8066}{5210+8066}\times 100\%=\frac{8066}{13276}\times 100\%=60.76\%$。

2. 建筑单体装配率

建筑单体装配率是指装配式建筑中预制构件、建筑部品的数量（或面积）占同类构件或部品总数量（或面积）的比率。建筑单体装配率的计算公式为

$$\text{建筑单体装配率}=\text{建筑单体预制率}+\text{部品装配率}+\text{其他}$$

3. 部品装配率

列入部品装配率计算范围的预制部品包含以下七项：预制内隔墙、全装修、单元式幕墙、集成式厨房、集成式卫生间、集成管道井、集成排烟道。

（1）预制内隔墙是指采用标准化设计、工厂化生产、装配化施工的干式安装内隔墙，

不包括混凝土砖、空心砖、加气混凝土砌块等块材隔墙。

（2）全装修指房屋交付前，各功能空间的固定面全部铺装或粉刷完毕，厨房与卫生间的基本设备全部安装完成。全装修并不是简单的毛坯房加装修，全装修设计应该在建筑主体施工前进行，即装修与土建安装必须进行一体化设计。

（3）单元式幕墙是指由各种墙面板与支承框架在工厂制成完整的幕墙结构基本单位，直接安装在主体结构上的建筑幕墙。

部品装配率的计算公式为

$$\text{部品装配率}=\sum(\text{部品权重系数}\times\text{部品应用比例})\times 100\%$$

其中，部品权重系数如表 1.1 所示。

表 1.1 部品权重系数

序数	预制部品评价项	权重系数
1	预制内隔墙	0.06
2	全装修	0.12
3	单元式幕墙	0.05
4	集成式厨房	0.02
5	集成式卫生间	0.02
6	集成管道井	0.01
7	集成排烟道	0.01

部品应用比例计算公式为

$$\text{预制内隔墙应用比例}=\frac{\text{建筑单体预制内隔墙（线）总长度}}{\text{建筑单体全部内隔墙（线）总长度}}$$

$$\text{全装修应用比例}=\frac{\text{建筑单体采用全装修房间的总建筑面积}}{\text{建筑单体总建筑面积}}$$

$$\text{单元式幕墙应用比例}=\frac{\text{建筑单体单元式幕墙总面积}}{\text{建筑单体幕墙总面积}}$$

$$\text{集成式厨房应用比例}=\frac{\text{建筑单体采用集成式厨房总数量}}{\text{建筑单体全部厨房总数量}}$$

$$\text{集成式卫生间应用比例}=\frac{\text{建筑单体采用集成式卫生间总数量}}{\text{建筑单体全部卫生间总数量}}$$

$$\text{集成管道井应用比例}=\frac{\text{建筑单体采用集成管道井总数量}}{\text{建筑单体全部管道井总数量}}$$

$$\text{集成排烟道应用比例}=\frac{\text{建筑单体采用集成排烟道总数量}}{\text{建筑单体全部排烟道总数量}}$$

1.4.2 非装配式技术采用比例计算公式

非装配式技术主要包括结构与保温一体化、墙体与窗框一体化、集成式墙体、集成式楼板、组合成型钢筋制品、定型模板等技术。

（1）结构与保温一体化是指保温层与建筑结构同步施工完成，围护结构不需另行采取保温措施即可满足现行建筑节能标准的建筑节能技术。

（2）墙体与窗框一体化是指将墙体和窗框一起在工厂预制，从而提高窗的气密性和水密性，同时保证外窗框刚度满足抗变形性能要求的工业化技术。

（3）集成式墙体是指集建筑墙体、装饰装修和预埋设备管线于一体，在工厂完成预制，现场直接安装的墙体。

（4）集成式楼板是指楼板集结构构件本体、建筑装修和预埋设备管线于一体，在工厂完成预制，现场直接安装的楼板。

（5）组合成型钢筋制品是指施工现场混凝土现浇部分中按规定形状、尺寸通过机械加工成型的钢筋，经过组合形成二维或三维的钢筋制品，如钢筋网片、钢筋笼等。

（6）定型模板是指由施工现场定型单元平面模板、内角和外角模板以及连接件组成，可在施工现场拼装成多种形式的浇筑混凝土模板，如钢模、铝模等。

非装配式技术应用比例计算公式如下：

$$\text{结构与保温一体化应用比例} = \frac{\text{建筑单体结构与保温一体化外墙总长度}}{\text{建筑单体所有带保温结构外墙总长度}}$$

$$\text{墙体与窗框一体化应用比例} = \frac{\text{建筑单体墙体与窗框一体化窗扇总数量}}{\text{建筑单体所有窗扇总数量}}$$

$$\text{集成式墙体应用比例} = \frac{\text{建筑单体集成式墙体总长度}}{\text{建筑单体所有墙体总长度}}$$

$$\text{集成式楼板应用比例} = \frac{\text{建筑单体集成式楼板总面积}}{\text{建筑单体全部楼板总面积}}$$

$$\text{组合成型钢筋制品应用比例} = \frac{\text{建筑单体组合成型钢筋制品总质量}}{\text{建筑单体全部钢筋总质量}}$$

$$\text{定型模板应用比例} = \frac{\text{建筑单体定型模板总面积}}{\text{建筑单体全部模板总面积}}$$

1.5 装配式建筑的优缺点及新技术应用

1.5.1 装配式建筑的优缺点

装配式建筑具有以下优点。

（1）构件可在工厂内进行成品化生产，施工现场可直接安装，方便快捷，可大大缩短施工工期。

（2）构件在工厂采用机械化生产，产品质量更容易得到有效控制。

（3）周转料具投入量减少，可降低料具租赁费用。

（4）施工现场湿作业量减少，有利于环境保护。

（5）因施工现场作业量减少，可在一定程度上减少材料浪费数量。

（6）构件机械化程度高，可较大减少现场施工人员配备。

总之，装配式建筑的主要优点是能实现标准化设计、工厂化生产、装配化施工、一体化装修、信息化管理和智能化应用，从而提高技术水平和工程质量，促进建筑产业转型升级。

装配式建筑同时存在以下缺点。

（1）由于受到设计、规范、施工技术滞后的影响，装配式建筑在建筑物总高度及层高上有一定的限制。

（2）预制构件、部品部件内预埋件、螺栓等使用量增加较多，会增加产品成本。

（3）受到生产模具及运输（水平、垂直）的限制，构件尺寸不能过大。

（4）对现场垂直运输机械要求较高，需使用较大型的吊装机械。

（5）若构件预制厂距离施工现场过远，会增加较多的运输成本。

1.5.2　BIM 技术应用是实现装配式建筑的技术核心

与传统建筑不同，装配式建筑的典型特征是标准化的预制构件或部品在工厂生产，然后运输到施工现场装配、组装成整体。这意味着从设计的初始阶段即需要考虑构件的加工生产、施工安装、维护保养等，并在设计过程中与结构、设备、电气、内装专业紧密结合，进行全专业、全过程的一体化思考，实现标准化设计、工厂化生产、装配式施工、一体化装修、信息化管理。

要实现装配式建筑的普及，BIM（building information modeling，建筑信息模型）应用是技术核心。为避免预制构件在现场安装困难，造成返工与资源浪费等问题，保证设计、生产、装配的全流程管理，BIM 技术的应用势在必行。装配式建筑的传统建造方式中，设计、工厂制造、现场安装三个阶段是分离的，设计是否合理，往往只能在安装过程中才会被发现，造成设计变更和材料浪费，甚至影响工程质量。BIM 技术的引入，将设计方案、制造需求、安装需求集成在 BIM 模型中，在实际建造前统筹考虑各种需求，把实际制造、安装过程中可能产生的问题提前解决。

与传统建造方式采用 BIM 技术类似，装配式建筑的 BIM 技术应用有利于通过可视化的设计实现人机友好协同和更为精细化的设计。引入 BIM 技术后，建立装配式建筑的 BIM 构件库，就可模拟工厂加工，以“预制构件模型”的方式来进行系统集成和表达。据了解，目前国内的 BIM 技术研究企业正积极搭建 BIM 族库，不断增加和丰富 BIM 虚拟构件的数量、种类和规格，逐步构建标准化的预制构件库。

BIM+装配式建筑，改变了传统建筑业的技术手段。如果说装配式建筑是生产方式的变革，那么BIM技术应用则是推动这一变革的重要技术手段。BIM技术服务于设计、建设、运维、拆除的全生命周期，可以数字化虚拟、信息化描述各种系统要素，实现信息化协同设计、可视化装配、工程量信息交互和节点连接模拟及检验等的全新运用。通过 BIM 技术的应用，装配式建筑将整合建筑全产业链，实现全过程、全方位的信息化集成。

在工业化元素和信息化元素连接越来越紧密的时代，BIM技术将与装配式建筑理念实现完美融合，推动建筑业的创新发展，甚至颠覆传统建筑业。

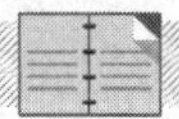

复习思考题

1. 什么是装配式建筑？
2. 简述装配式建筑的特点。
3. 什么是PC？它与传统预制构件有什么区别？
4. 什么是成品住宅？
5. 如何理解建筑部品化？
6. 什么是预制率？什么是建筑装配率？
7. 装配式建筑的优缺点有哪些？
8. 什么是集成式墙体？
9. 写出建筑单体预制率的计算公式。
10. 写出建筑单体装配率的计算公式。

第 2 章　工程单价编制

课程思政

“交子”是我国乃至世界上发行最早的纸币，发行于北宋时期。当时的四川地区通行铁钱，铁钱值低量重，使用极为不便。当时一铜钱抵铁钱十，每千铁钱的重量，大钱 25 斤（1 斤=0.5 千克），中钱 13 斤。买一匹布需铁钱两万，重约 500 斤，要用车载。纸币比金属货币容易携带，可以在较大范围内使用，有利于商品的流通，促进了商品经济的发展。

知识目标

熟悉人工单价、材料单价、机械台班单价的内容。

能力目标

掌握人工单价、材料单价、机械台班单价的编制方法。

工程单价也称工程基价或定额基价，包含人工单价、材料单价、机械台班单价。

2.1　人工单价编制

2.1.1　人工单价的概念

人工单价是指工人一个工作日应该得到的劳动报酬。一个工作日一般指工作 8 小时。

2.1.2 人工单价的内容

人工单价一般包括基本工资、工资性津贴、养老保险费、失业保险费、医疗保险费、住房公积金等。

（1）基本工资是指完成基本工作内容所得的劳动报酬。

（2）工资性津贴是指流动施工津贴、交通补贴、物价补贴、煤（燃）气补贴等。

（3）养老保险费、失业保险费、医疗保险费、住房公积金分别指工人在工作期间交养老保险、失业保险、医疗保险、住房公积金所发生的费用。

2.1.3 人工单价的编制方法

人工单价的编制方法主要有三种：根据劳务市场行情确定人工单价；根据以往承包工程的情况确定人工单价；根据预算定额规定的工日单价确定人工单价。

1. 根据劳务市场行情确定人工单价

目前，根据劳务市场行情确定人工单价已经成为计算工程劳务费的主流，采用这种方法确定人工单价应注意以下几个方面的问题。

（1）要尽可能掌握劳动力市场价格的长期历史资料，这使以后采用数学模型预测人工单价将成为可能。

（2）在确定人工单价时要考虑用工的季节性变化。当大量聘用农民工时，要考虑农忙季节时人工单价的变化。

（3）在确定人工单价时要采用加权平均的方法综合各劳务市场或各劳务队伍的劳动力单价。

（4）要分析拟建工程的工期对人工单价的影响。如果工期紧，那么人工单价按正常情况确定后要乘以大于1的系数。如果工期有延长的可能，那么也要考虑工期延长带来的风险。

根据劳务市场行情确定人工单价的数学模型描述如下：

$$\text{人工单价}=\sum_{i=1}^{n}(\text{某劳务市场人工单价}\times\text{权重})_i\times\text{季节变化系数}\times\text{工期风险系数}$$

【例 2-1】 据市场调查取得的资料分析，抹灰工在劳务市场的价格分别是：甲劳务市场 95 元/工日，乙劳务市场 98 元/工日，丙劳务市场 94 元/工日。调查表明，各劳务市场可提供抹灰工的比例分别为甲劳务市场 40%，乙劳务市场 26%，丙劳务市场 34%，当季节变化系数、工期风险系数均为 1 时，试计算抹灰工的人工单价。

解： 抹灰工的人工单价为

$$
\begin{aligned}
&(95\times40\%+98\times26\%+94\times34\%)\times1\times1\\
&=(38+25.48+31.96)\times1\times1\\
&=95.44\text{（元/工日）（取定为95.00元/工日）}
\end{aligned}
$$

2. 根据以往承包工程的情况确定人工单价

如果以往在本地承包过同类工程，可以根据以往承包工程的情况确定人工单价。

例如，以往在某地区承包过三个与拟建工程基本相同的工程，砖工每个工日支付了 120.00～135.00 元，这时就可以进行具体对比分析，在上述范围内（或超出范围一定比例内）确定投标报价的砖工人工单价。

3. 根据预算定额规定的工日单价确定人工单价

凡是分部分项工程项目含有基价的预算定额，都明确规定了人工单价，可以以此为依据确定拟投标工程的人工单价。

例如，某省预算定额，土建工程的技术工人每个工日 85.00 元，可以根据市场行情在此基础上乘以 1.2～1.6 的系数，确定拟投标工程的人工单价。

2.2 材料单价编制

2.2.1 材料单价的概念

材料单价是指材料从采购起运到工地仓库或堆放场地后的出库价格。一般包括原价、运杂费、采购保管费。

2.2.2 材料单价的费用构成

由于采购和供货方式不同，构成材料单价的费用也不相同，一般有以下几种。

1. 材料供货到工地现场

当材料供应商将材料供货到施工现场或施工现场的仓库时，材料单价由材料原价、采购保管费构成。

2. 在供货地点采购材料

当需要派人到供货地点采购材料时，材料单价由材料原价、运杂费、采购保管费构成。

3. 需二次加工的材料

当某些材料采购回来后，还需要进一步加工的，材料单价除了上述费用外，还包括二次加工费。

2.2.3 材料原价的确定

材料原价是指付给材料供应商的材料单价。当某种材料有两个或两个以上的材料供应商供货且材料原价不同时，要计算加权平均材料原价。

加权平均材料原价的计算公式为

$$\text{加权平均材料原价}=\frac{\sum_{i=1}^{n}(\text{材料原价}\times\text{材料数量})_i}{\sum_{i=1}^{n}(\text{材料数量})_i}$$

式中，i 是指不同的材料供应商，包装费及手续费均已包含在材料原价中。

【例 2-2】 某工地所需的墙面砖由三个材料供应商供货，具体供货数量和单价如下表所示，试计算墙面砖的加权平均原价。

供应商	墙面砖数量/m^2	供货单价/（元/m^2）
甲	1500	68
乙	800	64
丙	730	71

解： 墙面砖的加权平均原价为

$$\frac{68\times1500+64\times800+71\times730}{1500+800+730}=\frac{205030}{3030}=67.67\ (\text{元}/\text{m}^2)$$

2.2.4 材料运杂费计算

材料运杂费是指在材料采购后运至工地现场或仓库所发生的各项费用，包括装卸费、运输费和合理的运输损耗费等。

（1）材料装卸费按行业市场价支付。

（2）材料运输费按行业运输价格计算，若供货来源地点不同且供货数量不同时，需要计算加权平均运输费，其计算公式为

$$加权平均运输费=\frac{\sum_{i=1}^{n}(运输单价\times材料数量)_i}{\sum_{i=1}^{n}(材料数量)_i}$$

材料运输损耗费是指在运输和装卸材料过程中，不可避免产生的损耗所发生的费用，一般按下列公式计算。

材料运输损耗费=（材料原价+装卸费+运输费）×运输损耗率

【例 2-3】 例 2-2 中墙面砖由三个地点供货，根据下表中所列资料计算墙面砖运杂费。

供货地点	墙面砖数量/m^2	运输单价/（元/m^2）	装卸费/（元/m^2）	运输损耗率/%
甲	1500	1.10	0.50	1
乙	800	1.60	0.55	1
丙	730	1.40	0.65	1

解：（1）计算墙面砖加权平均装卸费。

$$\frac{0.50\times1500+0.55\times800+0.65\times730}{1500+800+730}=\frac{1664.5}{3030}=0.55（元/m^2）$$

（2）计算墙面砖加权平均运输费。

$$\frac{1.10\times1500+1.60\times800+1.40\times730}{1500+800+730}=\frac{3952}{3030}=1.30（元/m^2）$$

（3）计算墙面砖运输损耗费。

$$(材料原价+装卸费+运输费)\times运输损耗率=(67.67+0.55+1.30)\times1\%=0.70（元/m^2）$$

（4）运杂费小计。

$$装卸费+运输费+运输损耗费=0.55+1.30+0.70=2.55（元/m^2）$$

2.2.5　材料采购保管费计算

材料采购保管费是指施工企业在组织采购材料和保管材料过程中发生的各项费用，包括采购人员的工资、差旅交通费、通信费、业务费、仓库保管费等各项费用。

材料采购保管费一般按前面计算的与材料有关的各项费用之和乘以一定的费率计算。费率通常取 1%～3%。材料采购保管费计算公式为

材料采购保管费=(材料原价+运杂费)×采购保管费费率

【例 2-4】 例 2-3 中墙面砖的采购保管费费率为 2%，根据例 2-2 和例 2-3 墙面砖的两项计算结果，计算其采购保管费。

解： 墙面砖采购保管费为

$$(67.67+2.55)\times2\%=70.22\times2\%=1.40（元/m^2）$$

2.2.6 材料单价确定

通过上述分析，得到材料单价的计算公式为

$$材料单价 = 加权平均材料原价 + 加权平均材料运杂费 + 采购保管费$$

或

$$材料单价 = (加权平均材料原价 + 加权平均材料运杂费) \times (1 + 采购保管费费率)$$

【例 2-5】 根据例 2-2、例 2-3 和例 2-4 计算出的结果，计算墙面砖的材料单价。

解：墙面砖材料单价为

$$67.67 + 2.55 + 1.40 = 71.62（元/m^2）$$

机械台班单价编制

2.3.1 机械台班单价的概念

机械台班单价是指在单位工作班中为使机械正常运转所分摊和支出的各项费用。

2.3.2 机械台班单价的费用构成

施工机械台班单价由七项费用构成。这些费用按其性质划分为第一类费用和第二类费用。

第一类费用也称不变费用，是指属于分摊性质的费用。它包括折旧费、大修理费、经常修理费、安拆费及场外运输费等。

第二类费用也称可变费用，是指属于支出性质的费用。它包括燃料动力费、人工费、养路费及车船使用税等。

2.3.3 第一类费用计算

从简化计算的角度出发，我们提出以下计算方法。

1. 折旧费

折旧费是指机械在规定的耐用总台班内，陆续收回其原值（含智能信息化管理设备费）的费用。机械台班折旧费的计算公式为

$$机械台班折旧费=\frac{购置机械全部费用\times(1-残值率)}{耐用总台班}$$

式中，购置机械全部费用是指机械从购买地运到施工单位所在地发生的全部费用，包括原价、购置税、保险费及牌照费、运费等。耐用总台班计算公式为

$$耐用总台班=预计使用年限\times年工作台班$$

机械设备的预计使用年限和年工作台班可参照有关部门指导性意见确定，也可根据实际情况自主确定。

【例 2-6】 5t 载货汽车的成交价为 75000 元，购置附加税税率为 10%，运杂费为 2000 元，耐用总台班为 2000 个，残值率为 3%，试计算该载货汽车的台班折旧费。

解： 该 5t 载货汽车台班折旧费为

$$\frac{[75000\times(1+10\%)+2000]\times(1-3\%)}{2000}=\frac{81965}{2000}=40.98\text{(元/台班)}$$

2. 大修理费

大修理费是指机械设备按规定的大修理间隔台班进行必要的大修理，以恢复其正常使用功能所需支出的费用，其计算公式为

$$台班大修理费=\frac{一次大修理费\times(大修理周期-1)}{耐用总台班}$$

【例 2-7】 5t 载货汽车一次大修理费为 8700 元，大修理周期为 4 个，耐用总台班为 2000 个，试计算该载货汽车的台班大修理费。

解： 该 5t 载货汽车台班大修理费为

$$\frac{8700\times(4-1)}{2000}=\frac{2600}{2000}=13.05\text{(元/台班)}$$

3. 经常修理费

经常修理费是指机械设备除大修理外的各级保养及临时故障所需支出的费用，其包括为保障机械正常运转所需替换设备，随机配置的工具、附具的摊销及维护费用，以及机械正常运转及日常保养所需润滑、擦拭材料费用和机械停置期间的维护保养费用等。

台班经常修理费可以用下列简化公式计算。

$$台班经常修理费=台班大修理费\times经常修理费系数$$

【例 2-8】 经测算 5t 载货汽车的台班经常修理费系数为 5.41，按例 2-7 计算出的 5t 载货汽车大修理费计算该载货汽车的台班经常修理费。

解： 该 5t 载货汽车台班经常修理费为

$$13.05\times5.41=70.60\text{(元/台班)}$$

4. 安拆费及场外运输费

安拆费是指机械在施工现场进行安装、拆卸所需人工、材料、机械费和试运转费，以及机械辅助设施（如行走轨道、枕木等）的折旧、搭设、拆除费用。

场外运输费是指机械整体或分体自停置地点运至施工现场或由一工地运至另一工地的运输、装卸、辅助材料以及架线等费用。

台班安拆费及场外运输费在实际工作中可以采用两种方法计算。一种是当发生时在工程报价中已经计算了这些费用，那么编制机械台班单价就不再计算。另一种是根据历年发生费用的年平均数除以年工作台班计算，计算公式为

$$台班安拆费及场外运输费=\frac{历年统计安拆费及场外运输费的年平均数}{年工作台班}$$

【例 2-9】 6t 内塔式起重机（行走式）的历年统计安拆费及场外运输费的年平均数为 9870 元，年工作台班为 280 个。试求该起重机的台班安拆费及场外运输费。

解：该起重机台班安拆费及场外运输费为

$$\frac{9870}{280}=32.25\text{（元/台班）}$$

2.3.4 第二类费用计算

1. 燃料动力费

燃料动力费是指机械设备在运转中所耗用的各种燃料、电力、风力等的费用，其计算公式为

台班燃料动力费=每台班耗用的燃料或动力数量× 燃料或动力单价

【例 2-10】 5t 载货汽车每台班耗用汽油 31.66kg，每千克汽油 3.15 元，求该载货汽车的台班燃料动力费。

解：该载货汽车的台班燃料动力费为

$$31.66\times3.15=99.73\text{（元/台班）}$$

2. 人工费

人工费是指机上司机、司炉和其他操作人员的工日工资，其计算公式为

台班人工费=机上操作人员工日数×人工单价

【例 2-11】 5t 载货汽车每个台班的机上操作人员工日数为 1 个工日，人工单价为 135 元，求该载货汽车的台班人工费。

解：该载货汽车的台班人工费为

$$135\times1=135\text{（元/台班）}$$

3. 养路费及车船使用税

养路费及车船使用税是指按国家规定应缴纳的机动车养路费、车船使用税、保险费及年检费。养路费及车船使用税计算公式为

$$台班养路费及车船使用税=\frac{核定吨位\times\{养路费[元/(t\cdot月)]\times12+车船使用税[元/(t\cdot年)]\}}{年工作台班}+保险费及年检费$$

式中，$保险费及年检费=\frac{年保险费及年检费}{年工作台班}$。

【例 2-12】 5t 载货汽车每月每吨应缴纳养路费 80 元，每年应缴纳车船使用税 40 元/t，年工作台班 250 个，5t 载货汽车年缴保险费、年检费共计 2000 元，试计算该载货汽车台班养路费及车船使用税。

解： 该载货汽车台班养路费及车船使用税为

$$\frac{5\times(80\times12+40)}{250}+\frac{2000}{250}=\frac{5000}{250}+\frac{2000}{250}=20+8=28(元/台班)$$

2.3.5　机械台班单价计算实例

根据例 2-6～例 2-8、例 2-10～例 2-12 的计算结果计算 5t 载货汽车台班单价，计算过程汇总成台班单价计算表，如表 2.1 所示。

表 2.1　5t 载货汽车台班单价计算表

项目		5t 载货汽车		
台班单价		单位	金额	计算式
		元	387.36	124.63+262.73=387.36
第一类费用	折旧费	元	40.98	$\frac{[75000\times(1+10\%)+2000]\times(1-3\%)}{2000}=40.98$
	大修理费	元	13.05	$\frac{8700\times(4-1)}{2000}=13.05$
	经常修理费	元	70.60	$13.05\times5.41=70.60$
	安拆费及场外运输费	元	—	—
小　计		元	124.63	
第二类费用	燃料动力费	元	99.73	$31.66\times3.15=99.73$
	人工费	元	135.00	$135.00\times1=135.00$
	养路费及车船使用税	元	28.00	$\frac{5\times(80\times12+40)}{250}+\frac{2000}{250}=28.00$
小　计		元	262.73	

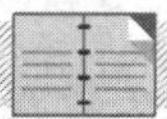

复习思考题

1. 什么是人工单价？它包含哪些内容？
2. 人工单价的编制方法主要有哪几种？
3. 写出根据劳务市场行情确定人工单价的数学模型。
4. 什么是材料单价？
5. 材料单价包含哪些内容？
6. 如何计算加权平均材料原价？
7. 如何计算加权平均材料运输费？
8. 材料损耗费的计算基础是什么？
9. 材料采购保管费包括哪些内容？如何计算？
10. 什么是机械台班单价？它包含哪些费用？
11. 如何计算施工机械台班折旧费？
12. 如何确定施工机械耐用总台班？
13. 什么是第一类费用，包括哪些内容？
14. 什么是第二类费用，包括哪些内容？

第 3 章　综合单价编制

课程思政

陈云（1905.6.13—1995.4.10），伟大的无产阶级革命家、政治家，杰出的马克思主义者，中国社会主义经济建设的开创者和奠基人之一，党和国家久经考验的卓越领导人，是以毛泽东同志为核心的党的第一代中央领导集体和以邓小平同志为核心的党的第二代中央领导集体的重要成员。他长期主持全国财政经济工作，创造性地贯彻党中央和毛泽东同志的指示，提出了许多正确的指导思想、工作方针和重大措施，为新中国成立初期迅速恢复国民经济、安定人民生活，为实行对粮食、棉花等主要农产品的统购统销，为有步骤地开展对生产资料私有制的社会主义改造，为国家社会主义工业化和社会主义经济建设的开创和奠基，作出了突出贡献。

知识目标

熟悉综合单价包含的内容，区分招标控制价与投标报价编制的不同点，熟悉分部分项工程量清单项目与定额子项目的关系，熟悉综合单价编制程序。

能力目标

掌握人工、材料、机械台班单价信息询价与收集方法，掌握依据消耗量定额编制综合单价的方法，掌握依据单位估价表（定额）编制综合单价的方法。

工程量清单综合单价编制
（微课）

3.1 综合单价概述

3.1.1　综合单价的概念

根据《建设工程工程量清单计价规范》（GB 50500—2013）规定，综合单价是指完成一个规定清单项目所需的人工费、材料和工程设备费、施工机具使用费、企业管理费、利润以及一定范围内的风险费用。综合单价分析表见表 3.1。

表 3.1　综合单价分析表

工程名称：　　　　　　　　　　　　标段：　　　　　　　　　　　　第　　页共　　页

<table>
<tr><td colspan="2">项目编码</td><td colspan="3"></td><td colspan="2">项目名称</td><td colspan="2"></td><td colspan="3">计量单位</td></tr>
<tr><td colspan="12">清单综合单价组成明细</td></tr>
<tr><td rowspan="2">定额编号</td><td rowspan="2">定额项目名称</td><td rowspan="2">定额单位</td><td rowspan="2">数量</td><td colspan="4">单价/元</td><td colspan="4">合价/元</td></tr>
<tr><td>人工费</td><td>材料费</td><td>机械费</td><td>管理费和利润</td><td>人工费</td><td>材料费</td><td>机械费</td><td>管理费和利润</td></tr>
<tr><td></td><td></td><td></td><td></td><td></td><td></td><td></td><td></td><td></td><td></td><td></td><td></td></tr>
<tr><td></td><td></td><td></td><td></td><td></td><td></td><td></td><td></td><td></td><td></td><td></td><td></td></tr>
<tr><td></td><td></td><td></td><td></td><td></td><td></td><td></td><td></td><td></td><td></td><td></td><td></td></tr>
<tr><td></td><td></td><td></td><td></td><td></td><td></td><td></td><td></td><td></td><td></td><td></td><td></td></tr>
<tr><td colspan="2">人工单价</td><td colspan="6">小计</td><td></td><td></td><td></td><td></td></tr>
<tr><td colspan="2">元/工日</td><td colspan="6">未计价材料费</td><td colspan="3"></td><td></td></tr>
<tr><td colspan="8">清单项目综合单价</td><td colspan="4"></td></tr>
<tr><td rowspan="7">材料费明细</td><td colspan="5">主要材料名称、规格、型号</td><td>单位</td><td>数量</td><td>单价/元</td><td>合价/元</td><td>暂估单价/元</td><td>暂估合价/元</td></tr>
<tr><td></td><td></td><td></td><td></td><td></td><td></td><td></td><td></td><td></td><td></td><td></td></tr>
<tr><td></td><td></td><td></td><td></td><td></td><td></td><td></td><td></td><td></td><td></td><td></td></tr>
<tr><td></td><td></td><td></td><td></td><td></td><td></td><td></td><td></td><td></td><td></td><td></td></tr>
<tr><td></td><td></td><td></td><td></td><td></td><td></td><td></td><td></td><td></td><td></td><td></td></tr>
<tr><td colspan="7">其他材料费</td><td>—</td><td></td><td>—</td><td></td></tr>
<tr><td colspan="7">材料费小计</td><td>—</td><td></td><td>—</td><td></td></tr>
</table>

人工费、材料和工程设备费、施工机具使用费是根据相关的计价定额、市场价格、工程造价管理机构发布的造价信息来确定的。企业管理费是根据项目所在地造价管理部门发布的文件规定计算的。一定范围内的风险费用是指隐含于已标价工程量清单综合单价中，用于化解发承包双方在工程合同中约定内容和范围内的市场价格波动风险的费用。利润是指承包人完成合同工程获得的盈利。

3.1.2　综合单价的作用

综合单价是计算招标控制价或投标报价分部分项工程费的依据。分部分项工程费的计算公式为

$$分部分项工程费=\sum 分部分项工程量\times 综合单价$$

3.1.3　综合单价中费用分类

根据综合单价的定义，可以将组成综合单价的六项费用分为三类。

（1）工程直接费。人工费、材料和工程设备费、施工机具使用费属于工程直接费。

工程直接费的计算公式为

$$\text{工程直接费}=\sum(\text{工程量}\times\text{人工费单价})+\sum(\text{工程量}\times\text{材料费单价})+\sum(\text{工程量}\times\text{机械费单价})$$

（2）工程间接费。企业管理费、利润属于工程间接费。工程间接费的计算公式为

$$\text{工程间接费}=\sum(\text{定额人工费}\times\text{管理费费率}+\text{定额人工费}\times\text{利润率})$$

（3）风险费用。根据风险分摊原则，风险费用的具体计算方法需要在招标文件中明确。

3.1.4　风险分摊

在招标文件中需明确要求投标人承担的风险费用，投标人应考虑将此费用纳入综合单价中。

在具体施工过程中，当出现的风险内容及其范围在招标文件规定的范围内时，综合单价不得变动，合同价款不予调整。根据国际惯例并结合我国建筑行业特点，在工程施工中所承担的风险宜采用以下分摊原则。

（1）主要由市场价格波动导致的风险，如建筑材料价格变动风险，承发包双方应在招标文件或合同中约定对此类风险范围和幅度的合理分摊比例。一般采取的方式是承包人承担 5%以内的材料、工程设备价格风险，10%以内的施工机具使用费风险。

（2）主要由法律法规、政策出台等导致的风险，如税金、规费、人工费等发生变化，并由省、行业建设行政主管部门或其授权的工程造价管理机构根据上述变化发布的政策性调整，以及由政府定价或政府指导价管理的原材料等价格进行了调整，承包人不应该承担此类风险，应按照有关规定调整执行。

（3）主要由承包人自主控制的风险，如承包人的管理费、利润等，由承包人全部承担，承包人应根据自身企业实际情况自主报价。

3.1.5　全费用综合单价

编制施工图预算或者工程量清单报价，可以采用全费用综合单价法，见表 3.2。全费用综合单价法是指在编制建筑安装工程预算或者工程量清单报价时，直接采用包含全部费用和税金等项目在内的综合单价进行计算。

全费用综合单价包括人工费、材料费、施工机具使用费、管理费、利润、规费和税金。

表 3.2 全费用综合单价分析表

项目名称： 共 页 第 页

项目编码		项目名称		计量单位		工程数量		
综合单价组成分析								
定额编号	定额名称	定额单位	定额直接费单价/元			直接费合价/元		
			人工费	材料费	机具费	人工费	材料费	机具费
间接费及规费、税金计算	类别	取费基数描述	取费基数		费率/%	金额/元		备注
	管理费							
	利润							
	规费							
	税金							
综合单价								
预算定额人材机消耗量和单价分析	人材机项目名称及规格、型号		单位	消耗量	单价/元	合价/元	备注	

编制人： 审核人： 审定人：

3.2 综合单价的编制依据

采用清单计价方式，在编制招标控制价和投标报价时，确定综合单价的编制依据是有区别的。

3.2.1 招标控制价的编制依据

招标控制价应根据下列依据编制与复核。

（1）现行国家标准《建设工程工程量清单计价规范》（GB 50500—2013）与《房屋建筑与装饰工程工程量计算规范》（GB 50854—2013）等。

（2）国家或省级、行业建设主管部门颁发的计价定额和计价办法。与装配式建筑有关的定额有《装配式建筑工程消耗量定额》《××省装配式建筑预算定额》等。

（3）建设工程设计文件及相关资料。

（4）拟定的招标文件及招标工程量清单。

（5）与建设项目相关的标准、规范、技术资料等。

（6）施工现场情况、工程特点及常规施工方案。

（7）工程造价管理机构发布的工程造价信息，工程造价信息没有发布的，参照市场价格。

（8）其他相关材料。

3.2.2　投标报价的编制依据

投标报价应根据下列依据编制和复核。

（1）现行国家标准《建设工程工程量清单计价规范》（GB 50500—2013）与《房屋建筑与装饰工程工程量计算规范》（GB 50854—2013）等。

（2）国家或省级、行业建设主管部门颁发的计价办法。

（3）企业定额，国家或省级、行业建设主管部门颁发的计价定额和计价办法。

（4）招标文件、招标工程量清单及其补充通知、答疑纪要。

（5）建设工程设计文件及相关资料。

（6）投标时拟定的施工组织设计或施工方案。

（7）与建设项目相关的标准、规范、技术资料等。

（8）市场价格信息或工程造价管理机构发布的工程造价信息。

（9）其他相关材料。

人工、材料、机械台班单价信息询价与收集

3.3.1　询价方式、途径

在编制招标控制价或者投标报价时通过各种途径了解人工、材料、机械台班单价信息的过程与方法称为询价。

在编制招标控制价时，人材机价格信息根据工程所在地区颁发的计价定额，造价管理部门发布的当时当地指导（市场）信息价来确定。

除了权威部门发布的指导（市场）价格信息，施工单位在编制投标报价时，要根据自身企业情况进行自主报价。作为以盈利为目的的建设行为，施工单位在投标的过程中，不仅要考虑如何才能中标，还应考虑中标后获取应得的利润，以及中标后有可能承担的风险。所以，在报价前要通过各种渠道，采用各种方式对组成项目费用的人工、材料、施工机具等要素进行系统的调查研究，为报价提供可靠依据。

询价时一定要了解产品质量、满足招标文件要求，确认付款方式、供货方式及有无附加条件等情况。询价主要有以下途径。

（1）直接与生产商联系。例如，要想了解 PC 构件的价格信息，可以与 PC 构件相应生产商联系，如××PC 构件厂等。直接与生产商联系询价，能更快速地收集价格信息，方便构件采购的下单与发货，免去了中间供应商的差价，可以节约一定的成本。

（2）与生产厂商的代理人、销售商或从事该项业务的经纪人联系。通过咨询专业的劳务分包公司，了解当前人工劳务价格。通过机械（具）租赁公司了解施工机械租赁价格。

（3）专业咨询公司询价。通过专业咨询公司得到的询价资料比较可靠，但是需要支付一定的咨询费用。

（4）互联网询价。通过互联网，访问厂商的官方网站，查询相应价格信息。

（5）市场调研。自行进行市场调查，通过实地考察建材市场获取相关市场价格信息。

3.3.2　人工单价信息收集

不同地区和不同工种人工单价不同，所以要根据工程项目所在地的具体情况来确定人工单价信息。表 3.3 为某地区 2020 年第三、四季度部分人工单价信息汇总。

表 3.3　某地区 2020 年第三、四季度部分人工单价信息汇总　　单位：元/工日

序号	人工名称	7 月	8 月	9 月	10 月	11 月	12 月
1	抹灰工（一般抹灰工）	134～197	134～197	134～197	135～198	135～198	135～198
2	防水工	128～172	128～172	128～172	129～173	129～173	129～173
3	起重工	129～180	129～180	129～180	130～181	130～181	130～181
4	钢筋工	133～178	133～178	133～178	134～179	134～179	134～179
5	架子工	127～180	127～180	127～180	130～181	130～181	130～181
6	建筑、装饰普工	107～148	107～148	107～148	112～150	112～150	112～150

人工单价的询价一般有两种途径：一种是通过劳务分包公司询价，费用一般较高，但人工素质较可靠，工效较高，承包商管理较轻松；另一种是通过劳务市场招募的零散劳动力，费用一般较劳务分包公司低，但有时素质和能力达不到要求，承包商管理较繁杂。表 3.3 列举的人工单价信息均未包括劳务管理费用。

3.3.3　材料单价信息收集

收集材料单价信息时要保证报价的可靠，需多渠道了解材料价格、供应数量、运输方式、保险、支付方式等。表 3.4 为某地区 2020 年第三、四季度部分材料单价信息汇总。

表 3.4　某地区 2020 年第三、四季度部分材料单价信息汇总

序号	材料名称	规格型号	单位	7 月	8 月	9 月	10 月	11 月	12 月
1	PC 预制柱	（含钢量 126kg/m^3）清水混凝土	元/m^3	3200.00	3200.00	3200.00	3528.00	3632.83	3705.49
2	PC 预制主梁	（含钢量 260kg/m^3）清水混凝土	元/m^3	3100.00	3100.00	3100.00	3515.40	3553.81	3624.89
3	钢支撑		元/t	5250.00	5350.00	5340.00	5460.00	5900.00	6280.00
4	预埋铁件		元/t	6950.00	7060.00	7060.00	7190.00	7490.00	7870.00
5	一般小方材	≤54cm^2	元/m^3	2075.85	2075.85	2075.85	2075.85	2075.85	2075.85

3.3.4　机械台班单价信息收集

施工机械有租赁和采购两种方式。在收集租赁价格信息时，需详细了解计价方法，如每个机械台班租赁费用、最低计费起点、施工机械未工作时租赁费用、进出场费用、燃料费、机上作业人员工资等。表 3.5 为某地区 2018 年第三、四季度部分机械台班单价信息汇总，表 3.6 为某厂商塔机租赁报价。

表 3.5　某地区 2018 年第三、四季度部分机械台班单价信息汇总　　单位：元/台班

序号	材料名称	规格型号	7 月	8 月	9 月	10 月	11 月	12 月
1	履带式起重机	15t	986	975	987	986	996	991
2	履带式起重机	25t	1075	1060	1076	1073	1087	1079
3	履带式起重机	50t	1627	1627	1627	1631	1631	1631
4	混凝土输送泵车	75m^3/h	2016	1985	2016.93	2008.04	2036.56	2021.04
5	混凝土振捣器	插入式	13.33	13.68	13.63	13.65	13.62	13.61
6	自升式塔式起重机	起重力矩 1000kN・m	1028	1028	1028	1032	1032	1032

表 3.6　某厂商塔机租赁报价

塔机型号	生产厂家	最大幅度/起重量	起升高度		塔基基础节安装形式	月租赁费/（万元/台）
			独立高度/m	最大高度/m		
JTZ5510	杭州杰牌	55m/1.0t	40	140	预埋螺栓式	1.70
QTZ80A	吴淞建机	55m/1.2t	40	140	预埋螺栓固定	1.70
QTZ80A	浙江德英	55m/1.2t	39	140	预埋螺栓式	1.70
QTZ5610	长沙中联	56m/1.0t	40.5	220	预埋螺栓式	1.70
QTZ80	浙江虎霸	58m/1.0t	40	140	预埋螺栓式	1.80
QTZ80B	吴淞建机	60m/1.0t	47	160	预埋螺栓式	2.10
QTZ80	四川锦城	55m/1.3t	37.6	150	预埋螺栓式	1.70

注：1. 租赁报价不含安拆、进出场费；含增值税 10%，不含运费。

2. 租赁报价不含操作工人人工费。

综合单价编制方法

3.4.1 综合单价与分部分项工程量清单项目

1. 综合单价确定内容

综合单价确定的是分部分项工程量清单项目（或者单价措施工程量清单项目）的单价。

2. 分部分项工程量清单项目确定

某工程的分部分项工程量清单项目主要根据设计文件和《房屋建筑与装饰工程工程量计算规范》（GB 50854—2013）确定。

例如，某工程设计文件的矩形 PC 梁项目，根据《房屋建筑与装饰工程工程量计算规范》（GB 50854—2013）中的“预制混凝土梁”（表 3.7）找到对应项目名称（矩形梁）和项目编码（010510001），即可列出这个分项工程项目工程量清单。

表 3.7 预制混凝土梁（编号：010510）

<table>
<tr><th>项目编码</th><th>项目名称</th><th>项目特征</th><th>计量单位</th><th>工程量计算规则</th><th>工作内容</th></tr>
<tr><td>010510001</td><td>矩形梁</td><td rowspan="6">1. 图代号
2. 单件体积
3. 安装高度
4. 混凝土强度等级
5. 砂浆（细石混凝土）强度等级、配合比</td><td rowspan="6">1. m³
2. 根</td><td rowspan="6">1. 以立方米计量，按设计图示尺寸以体积计算
2. 以根计量，按设计图示尺寸以数量计算</td><td rowspan="6">1. 模板制作、安装、拆除、堆放、运输及清理模内杂物、刷隔离剂等
2. 混凝土制作、运输、浇筑、振捣、养护
3. 构件运输、安装
4. 砂浆制作、运输
5. 接头灌缝、养护</td></tr>
<tr><td>010510002</td><td>异形梁</td></tr>
<tr><td>010510003</td><td>过梁</td></tr>
<tr><td>010510004</td><td>拱形梁</td></tr>
<tr><td>010510005</td><td>鱼腹式吊车梁</td></tr>
<tr><td>010510006</td><td>其他梁</td></tr>
</table>

注：以根计量，必须描述单件体积。

3.4.2 分部分项工程量清单项目与定额子目的对应关系

一个分部分项工程量清单项目可以对应一个定额子目，也可以对应多个定额子目。

（1）一个分部分项工程量清单项目对应一个定额子目。例如，某装配式建筑所需的平开塑钢成品门安装项目（表 3.8 中的项目编码 010802001）与某地区消耗量定额平开塑钢成品门安装项目（表 3.9 中的定额编号 8-10）的内容是一一对应关系。

表 3.8　金属门（编码：010802）

项目编码	项目名称	项目特征	计量单位	工程量计算规则	工作内容
010802001	金属（塑钢）门	1. 门代号及洞口尺寸 2. 门框或扇外围尺寸 3. 门框、扇材质 4. 玻璃品种、厚度	1. 樘 2. m^2	1. 以樘计量，按设计图示数量计算 2. 以平方米计量，按设计图示洞口尺寸以面积计算	1. 门安装 2. 五金安装 3. 玻璃安装
010802002	彩板门	1. 门代号及洞口尺寸 2. 门框或扇外围尺寸			
010802003	钢质防火门	1. 门代号及洞口尺寸 2. 门框或扇外围尺寸 3. 门框、扇材质			
010802004	防盗门				1. 门安装 2. 五金安装

表 3.9　塑钢、彩板钢门

工作内容：开箱、解捆、定位、划线、吊正、找平、安装、框周边塞缝等。　　计量单位：$100m^2$

定额编号				8-9	8-10
项目				塑钢成品门安装	
				推拉	平开
名称			单位	消耗量	
人工	合计工日		工日	20.543	24.844
	其中	普工	工日	6.163	7.454
		一般技工	工日	12.326	14.906
		高级技工	工日	2.054	2.484
材料	塑钢推拉门		m^2	96.980	—
	塑钢平开门		m^2	—	96.040
	铝合金门窗配件 固定连接铁件（地脚）3×30×300（mm）		个	445.913	575.453
	聚氨酯发泡密封胶（750mL/支）		支	116.262	143.322
	硅酮耐候密封胶		kg	66.706	86.029
	塑料膨胀螺栓		套	445.913	575.453
	电		kW • h	7.000	7.000
	其他材料费		%	0.200	0.200

（2）一个分部分项工程量清单项目对应多个定额子目。例如，某装配式建筑所需的预制混凝土矩形梁项目（表 3.7 中项目编码 010510001）与某地区消耗量定额预制混凝土矩形梁制作项目（表 3.10 中定额编号 5-17）、矩形梁模板项目（表 3.11 中定额编号 5-231）、矩形梁（二类构件）运输项目（表 3.12 中定额编号 5-309、5-310）、矩形梁安装项目（表 3.13 中定额编号 1-2）的内容是一对多的对应关系。因为表 3.7 中项目编码 010510001 矩形梁项目的工作内容包含模板、制作、运输、安装四项内容，所以要在消耗量定额中找到制作定额（表 3.10 中 5-17）、模板定额（表 3.11 中 5-231）、运输定额（表 3.12 中 5-309、5-310）、安装定额（表 3.13 中 1-2）四个对应的定额子目，才能完整地编制出该项目的综合单价。

表 3.10　某地区混凝土预制梁制作消耗量定额

工作内容：浇筑、振捣、养护等。　　　　计量单位：10m³

定额编号				5-16	5-17	5-18	5-19
项目				基础梁	矩形梁	异形梁	过梁
名称			单位	消耗量			
合计工日			工日	2.911	3.017	3.219	8.838
人工	其中	普工	工日	0.874	0.905	0.966	2.651
		一般技工	工日	1.746	1.810	1.931	5.303
		高级技工	工日	0.291	0.302	0.322	0.884
材料	预拌混凝土 C20		m^3	10.100	10.100	10.100	10.100
	塑料薄膜		m^2	31.765	29.750	36.150	41.300
	土工布		m^2	3.168	2.720	3.610	4.113
	水		m^3	3.040	3.090	2.100	2.640
	电		kW·h	3.750	3.750	3.750	2.310

表 3.11　某地区预制梁模板消耗量定额

工作内容：模板及支撑制作、安装、拆除、堆放、运输及清理模内杂物、刷隔离剂等。　　　　计量单位：100m²

定额编号				5-231	5-232	5-233
项目				矩形梁		异形梁
				组合钢模板	复合模板	木模板
				钢支撑		
名称			单位	消耗量		
人工	合计工日		工日	21.219	18.245	40.861
	其中	普工	工日	6.266	5.473	12.258
		一般技工	工日	12.731	10.947	24.517
		高级技工	工日	2.122	1.825	4.086
材料	组合钢模板		kg	77.340	—	—
	复合模板		m^2	—	24.675	—
	板枋材		m^3	0.017	0.447	0.910
	钢支撑及配件		kg	69.480	69.480	69.480
	木支撑		m^3	0.029	0.029	0.029
	零星卡具		kg	41.100	—	—
	梁卡具模板用		kg	26.190	—	—
	圆钉		kg	0.470	1.224	29.570
	隔离剂		kg	10.000	10.000	10.000
	水泥砂浆 1∶2		m^3	0.012	0.012	0.003
	镀锌铁丝ϕ0.7		kg	0.180	0.180	0.180
	模板嵌缝料		kg	—	—	10.000
	硬塑料管ϕ20		m	—	14.193	—
	塑料黏胶带 20mm×50m		卷	—	4.500	—
	对拉螺栓		kg	—	5.794	—
机械	木工圆锯机 500mm		台班	0.037	0.037	0.819

表 3.12　某地区二类构件运输消耗量定额

工作内容：设置一般支架（垫木条）、装车绑扎、运输、卸车堆放、支垫稳固等。　　计量单位：10m^3

定额编号				5-307	5-308	5-309	5-310
项目				二类预制混凝土构件			
				运距（≤1km）	场内每增减 0.5km	运距（≤10km）	场外每增减 1km
名称			单位	消耗量			
人工	合计工日		工日	0.780	0.034	1.400	0.068
	其中	普工	工日	0.234	0.011	0.420	0.020
		一般技工	工日	0.468	0.020	0.840	0.041
		高级技工	工日	0.078	0.003	0.140	0.007
材料	板枋材		m^3	0.110	—	0.110	—
	钢丝绳		kg	0.320	—	0.320	—
	镀锌铁丝ϕ4.0		kg	3.140	—	3.140	—
机械	载重汽车 12t		台班	0.590	0.025	1.050	0.051
	汽车式起重机 20t		台班	0.390	0.017	0.700	0.034

表 3.13　某地区预制梁安装消耗量定额

工作内容：结合面清理，构件吊装、就位、校正、垫实、固定，接头钢筋调直，搭设及拆除钢支撑。　　计量单位：100m^3

定额编号				1-2	1-3
项目				单梁	叠合梁
名称			单位	消耗量	
人工	合计工日		工日	12.730	16.530
	其中	普工	工日	3.819	4,959
		一般技工	工日	7.638	9.918
		高级技工	工日	1.273	1.653
材料	预制混凝土单梁		m^3	10.050	—
	预制混凝土叠合梁		m^3	—	10.050
	垫铁		kg	3.270	4.680
	松杂板枋材		m^3	0.014	0.020
	立支撑杆件ϕ48×3.5		套	1.040	1.490
	零星卡具		kg	9.360	13.380
	钢支撑及配件		kg	10.000	14.290
	其他材料费		%	0.600	0.600

3.4.3　含矩形梁预制、模板、运输、安装项目内容的综合单价编制

1. 某地区人工、材料、机械指导价单价表

某地区人工、材料、机械指导价单价部分摘录见表 3.14。

表 3.14 某地区人工、材料、机械指导价单价表部分摘录

序号	名称	单价	序号	名称	单价
1	普工	60 元/工日	14	圆钉	5.80 元/kg
2	一般技工	80 元/工日	15	梁卡具模板用	3.87 元/kg
3	高级技工	100 元/工日	16	钢支撑及配件	4.23 元/kg
4	板枋材	1530 元/m^3	17	组合钢模板	5.20 元/kg
5	松杂板枋材	1240 元/m^3	18	塑料薄膜	0.85 元/m^2
6	木支撑	1240 元/m^3	19	土工布	1.90 元/m^2
7	钢丝绳	33.78 元/kg	20	1∶2 水泥砂浆	440 元/m^3
8	镀锌铁丝ϕ4	21.30 元/kg	21	预拌混凝土 C20	410 元/m^3
9	镀锌铁丝ϕ7	19.10 元/kg	22	水	2.00 元/m^3
10	垫铁	4.50 元/kg	23	电	1.90 元/（kW・h）
11	立支撑杆件ϕ48×3.5	78.30 元/套	24	载重汽车 12t	550 元/台班
12	隔离剂	3.20 元/kg	25	汽车式起重机 20t	1560 元/台班
13	零星卡具	3.87 元/kg	26	木工圆锯机 500mm	75 元/台班

2. 编制预制混凝土矩形梁预制单位估价表

将表 3.10 中的人材机名称和消耗量分别填写到表 3.15 对应的栏目内；根据表 3.15 的需要，将表 3.14 中的单价填写到表 3.15 对应的单价栏目内；然后分别计算人工费、材料费后汇总为定额基价。编制的预制混凝土矩形梁预制单位估价表见表 3.15。

表 3.15 预制混凝土矩形梁预制单位估价表

定额编号				5-17
项目				预制 C20 混凝土矩形梁（每 10m^3）
基价/元				4414.06
其中	人工费/元			229.30
	材料费/元			4184.76
	机械费/元			—
名称		单位	单价/元	消耗量
人工	普工	工日	60.00	0.905
	一般技工	工日	80.00	1.810
	高级技工	工日	100.00	0.302
材料	预拌混凝土 C20	m^3	410.00	10.100
	塑料薄膜	m^2	0.85	29.750
	土工布	m^2	1.90	2.720
	水	m^3	2.00	3.090
	电	kW・h	1.90	3.750

3. 编制预制混凝土矩形梁模板单位估价表

将表 3.11 中的人材机名称和消耗量分别填写到表 3.16 对应的栏目内；根据表 3.16

的需要，将表 3.14 中的单价填写到表 3.16 对应的单价栏目内；然后分别计算人工费、材料费、机械费后汇总为定额基价。编制的预制混凝土矩形梁模板单位估价表见表 3.16。

表 3.16　预制混凝土矩形梁模板单位估价表

定额编号				5-231
项目				预制混凝土矩形梁模板（每 $100m^2$）
基价/元				2674.09
其中	人工费/元			1606.64
	材料费元			1064.67
	机械费/元			2.78
名称		单位	单价/元	消耗量
人工	普工	工日	60.00	6.266
	一般技工	工日	80.00	12.731
	高级技工	工日	100.00	2.122
材料	组合钢模板	kg	5.20	77.340
	板枋材	m^3	1530.00	0.017
	钢支撑及配件	kg	4.23	69.48
	木支撑	m^3	1240	0.029
	零星卡具	kg	3.87	41.10
	梁卡具模板用	kg	3.87	26.19
	圆钉	kg	5.80	0.47
	隔离剂	kg	3.20	10.00
	1∶2 水泥砂浆	m^3	440.00	0.012
	镀锌铁丝ϕ7	kg	19.10	0.18
机械	木工圆锯机 500mm	台班	75.00	0.037

4. 编制预制混凝土矩形梁运输单位估价表

将表 3.12 中的人材机名称和消耗量分别填写到表 3.17 对应的栏目内；根据表 3.17 的需要，将表 3.14 中的单价填写到表 3.17 对应的单价栏目内；然后分别计算人工费、材料费、机械费后汇总为定额基价。编制的预制混凝土矩形梁运输单位估价表见表 3.17。

表 3.17　预制混凝土矩形梁运输单位估价表

定额编号		5-309	5-310
项目		二类预制混凝土构件运输（每 $10m^3$）	
		场外运距≤10km	场外每增减 1km
基价/元		2021.89	86.27
其中	人工费/元	106.40	5.18
	材料费/元	245.99	—
	机械费/元	1669.50	81.09

续表

名称		单位	单价/元	消耗量	
人工	普工	工日	60.00	0.420	0.020
	一般技工	工日	80.00	0.840	0.041
	高级技工	工日	100.00	0.140	0.007
材料	板枋材	m^3	1530.00	0.110	—
	钢丝绳	kg	33.78	0.320	—
	镀锌铁丝ϕ4	kg	21.30	3.140	—
机械	载重汽车 12t	台班	550.00	1.050	0.051
	汽车式起重机 20t	台班	1560.00	0.700	0.034

5. 编制预制混凝土矩形梁安装单位估价表

将表 3.13 中的人材机名称和消耗量分别填写到表 3.18 对应的栏目内；根据表 3.18 的需要，将表 3.14 中的单价填写到表 3.18 对应的单价栏目内；然后分别计算人工费、材料费后汇总为定额基价。编制的预制混凝土矩形梁安装单位估价表见表 3.18。

表 3.18　预制混凝土矩形梁安装单位估价表

定额编号				1-2
项目				装配式单梁安装（每 $10m^3$）
基价/元				1160.66
其中	人工费/元			967.48
	材料费/元			192.03+1.16=193.18
	机械费/元			—
名称		单位	单价/元	消耗量
人工	普工	工日	60.00	3.819
	一般技工	工日	80.00	7.638
	高级技工	工日	100.00	1.273
材料	垫铁	kg	4.50	3.27
	松杂板枋材	m^3	1240.00	0.014
	立支撑杆件ϕ48×3.5	套	78.30	1.040
	零星卡具	kg	3.87	9.360
	钢支撑及配件	kg	4.23	10.000
	其他材料费	%	—	0.600

6. 编制综合单价所需定额工程量计算

编制综合单价所需定额工程量计算过程如下。

（1）预制混凝土矩形梁预制定额工程量为 $1m^3$。

（2）计算每 $1m^3$ 预制混凝土矩形梁模板定额工程量。某工程预制混凝土矩形梁图纸尺寸为 6000mm×250mm×500mm，计算混凝土体积与模板接触面积。

$$混凝土体积=0.25\times0.50\times6.0=0.75（m^3）$$

$$模板接触面积=0.25\times0.50\times2+6.0\times0.50\times2+0.25\times6.0=7.75（m^2）$$

$$每 1m^3 预制混凝土矩形梁模板接触面积=7.75\div0.75=10.33（m^2/m^3）$$

（3）预制混凝土矩形梁运输定额工程量为 1m³。

（4）预制混凝土矩形梁安装定额工程量为 1m³。

7. 填写综合单价分析表

由于计算预制混凝土矩形梁综合单价需要四个预算定额（单位估价表）项目，所以将表 3.15～表 3.18 单位估价表中人工费、材料费、机械费单价填入表 3.19。将上面计算的 1m³ 预制混凝土矩形梁定额工程量填入各定额项目对应的数量栏目。

表 3.19　预制混凝土矩形梁综合单价计算表（一）

<table>
<tr><td colspan="2">项目编码</td><td colspan="3">010510001001</td><td colspan="2">项目名称</td><td colspan="3">矩形梁</td><td>计量单位</td><td>m³</td></tr>
<tr><td colspan="12">清单综合单价组成明细</td></tr>
<tr><td rowspan="2">定额编号</td><td rowspan="2">定额项目名称</td><td rowspan="2">定额单位</td><td rowspan="2">数量</td><td colspan="4">单价/元</td><td colspan="4">合价/元</td></tr>
<tr><td>人工费</td><td>材料费</td><td>机械费</td><td>管理费和利润</td><td>人工费</td><td>材料费</td><td>机械费</td><td>管理费和利润</td></tr>
<tr><td>5-17</td><td>梁制作</td><td>m³</td><td>1.0</td><td>22.93</td><td>418.48</td><td></td><td></td><td></td><td></td><td></td><td></td></tr>
<tr><td>5-231</td><td>梁模板</td><td>m²</td><td>10.33</td><td>16.07</td><td>10.65</td><td>0.03</td><td></td><td></td><td></td><td></td><td></td></tr>
<tr><td>5-309</td><td>梁运输（10km）</td><td>m³</td><td>1.0</td><td>10.64</td><td>24.60</td><td>166.95</td><td></td><td></td><td></td><td></td><td></td></tr>
<tr><td>5-310</td><td>梁运输（加 5km）</td><td>m³</td><td>5.0</td><td>0.52</td><td></td><td>8.11</td><td></td><td></td><td></td><td></td><td></td></tr>
<tr><td>1-2</td><td>梁安装</td><td>m³</td><td>1.0</td><td>96.75</td><td>19.32</td><td></td><td></td><td></td><td></td><td></td><td></td></tr>
<tr><td colspan="2">人工单价</td><td colspan="6">小计</td><td></td><td></td><td></td><td></td></tr>
<tr><td colspan="2">元/工日</td><td colspan="6">未计价材料费</td><td colspan="4"></td></tr>
<tr><td colspan="8">清单项目综合单价</td><td colspan="4"></td></tr>
<tr><td rowspan="8">主要材料费明细</td><td colspan="4">主要材料名称、规格、型号</td><td>单位</td><td>数量</td><td>单价/元</td><td>合价/元</td><td>暂估单价/元</td><td colspan="2">暂估合价/元</td></tr>
<tr><td colspan="4">板枋材</td><td>m³</td><td>0.011</td><td>1530</td><td></td><td></td><td colspan="2"></td></tr>
<tr><td colspan="4">松杂板枋材</td><td>m³</td><td>0.0014</td><td>1240</td><td></td><td></td><td colspan="2"></td></tr>
<tr><td colspan="4">立支撑杆件 ϕ48×3.5</td><td>套</td><td>0.104</td><td>78.30</td><td></td><td></td><td colspan="2"></td></tr>
<tr><td colspan="4">预拌混凝土 C20</td><td>m³</td><td>1.01</td><td>410.00</td><td></td><td></td><td colspan="2"></td></tr>
<tr><td colspan="4">组合钢模板 0.7734×10.33=7.99</td><td>kg</td><td>7.99</td><td>5.20</td><td></td><td></td><td colspan="2"></td></tr>
<tr><td colspan="6">其他材料费</td><td>—</td><td></td><td>—</td><td colspan="2"></td></tr>
<tr><td colspan="6">材料费小计</td><td>—</td><td></td><td>—</td><td colspan="2"></td></tr>
</table>

8. 计算综合单价

预制混凝土矩形梁按运距 15km 计算。

某地区管理费与利润计算规定为

$$管理费=人工费\times 15\%$$

$$利润=人工费\times 8\%$$

预制混凝土矩形梁综合单价计算步骤：计算管理费与利润单价；分别计算人工费、材料费、机械费和管理费与利润合价；人工费、材料费、机械费和管理费与利润分别合计，然后加总为综合单价，见表3.20。

表3.20 预制混凝土矩形梁综合单价分析表（二）

项目编码	010510001001			项目名称		矩形梁			计量单位		m^3
清单综合单价组成明细											
定额编号	定额项目名称	定额单位	数量	单价/元				合价/元			
				人工费	材料费	机械费	管理费和利润	人工费	材料费	机械费	管理费和利润
5-17	梁制作	m^3	1.0	22.93	418.48		5.27	22.93	418.48		5.27
5-231	梁模板	m^2	10.33	16.07	10.65	0.03	3.70	166.00	110.01	0.31	38.22
5-309	梁运输（10km）	m^3	1.0	10.64	24.60	166.95	2.45	10.64	24.60	166.95	2.45
5-310	梁运输（加5km）	m^3	5.0	0.52		8.11	0.12	2.60		40.55	0.60
1-2	梁安装	m^3	1.0	96.75	19.32		22.25	96.75	19.32		22.25
人工单价		小计						298.92	572.41	207.81	68.79
元/工日		未计价材料费									
清单项目综合单价								1147.93			

材料费明细	主要材料名称、规格、型号	单位	数量	单价/元	合价/元	暂估单价/元	暂估合价/元
	板枋材	m^3	0.011	1530	16.83		
	松杂板枋材	m^3	0.0014	1240	1.74		
	立支撑杆件$\phi 48\times 3.5$	套	0.104	78.30	8.14		
	预拌混凝土C20	m^3	1.01	410.00	414.10		
	组合钢模板 0.7734×10.33=7.99	kg	7.99	5.20	41.55		
	其他材料费			—		—	
	材料费小计			—		—	

预制混凝土矩形梁（含模板、制作、运输、安装工作内容）综合单价为1147.93元/m^3。

3.4.4 成品PC梁外加运输、安装项目内容的综合单价计算

已知PC梁出厂价为1521.86元/m^3，根据表3.14、表3.17、表3.18编制该项目综合单价。

填写和计算预制混凝土矩形梁（含成品 PC 梁、运输、安装工作内容）综合单价分析表（表 3.21），计算方法同 3.4.3 节中的内容。得出结果为：预制混凝土矩形梁（含成品 PC 梁、运输、安装工作内容）综合单价为 1908.57 元/m^3。

表 3.21 预制混凝土矩形梁（含成品 PC 梁、运输、安装工作内容）综合单价分析表

<table>
<tr><td colspan="2">项目编码</td><td colspan="3">010510001001</td><td colspan="2">项目名称</td><td colspan="3">成品矩形梁外加运输、安装</td><td>计量单位</td><td>m³</td></tr>
<tr><td colspan="12">清单综合单价组成明细</td></tr>
<tr><td rowspan="2">定额编号</td><td rowspan="2">定额项目名称</td><td rowspan="2">定额单位</td><td rowspan="2">数量</td><td colspan="4">单价/元</td><td colspan="4">合价/元</td></tr>
<tr><td>人工费</td><td>材料费</td><td>机械费</td><td>管理费和利润</td><td>人工费</td><td>材料费</td><td>机械费</td><td>管理费和利润</td></tr>
<tr><td>市场价</td><td>PC 梁成品</td><td>m³</td><td>1.0</td><td></td><td>1521.86</td><td></td><td></td><td></td><td>1521.86</td><td></td><td></td></tr>
<tr><td>5-309</td><td>PC 梁运输（10km）</td><td>m³</td><td>1.0</td><td>10.64</td><td>24.60</td><td>166.95</td><td>2.45</td><td>10.64</td><td>24.60</td><td>166.95</td><td>2.45</td></tr>
<tr><td>5-310</td><td>PC 梁运输（加 5km）</td><td>m³</td><td>5.0</td><td>0.52</td><td></td><td>8.11</td><td>0.12</td><td>2.60</td><td></td><td>40.55</td><td>0.60</td></tr>
<tr><td>1-2</td><td>PC 梁安装</td><td>m³</td><td>1.0</td><td>96.75</td><td>19.32</td><td></td><td>22.25</td><td>96.75</td><td>19.32</td><td></td><td>22.25</td></tr>
<tr><td colspan="2">人工单价</td><td colspan="6">小计</td><td>109.99</td><td>1565.78</td><td>207.50</td><td>25.30</td></tr>
<tr><td colspan="2">元/工日</td><td colspan="6">未计价材料费</td><td colspan="4"></td></tr>
<tr><td colspan="8">清单项目综合单价</td><td colspan="4">1908.57</td></tr>
<tr><td rowspan="7">主要材料费明细</td><td colspan="4">主要材料名称、规格、型号</td><td>单位</td><td>数量</td><td>单价/元</td><td>合价/元</td><td colspan="2">暂估单价/元</td><td>暂估合价/元</td></tr>
<tr><td colspan="4">板枋材</td><td>m³</td><td>0.011</td><td>1530</td><td>16.83</td><td colspan="2"></td><td></td></tr>
<tr><td colspan="4">松杂板枋材</td><td>m³</td><td>0.0014</td><td>1240</td><td>1.74</td><td colspan="2"></td><td></td></tr>
<tr><td colspan="4">立支撑杆件 $\phi 48\times 3.5$</td><td>套</td><td>0.104</td><td>78.30</td><td>8.14</td><td colspan="2"></td><td></td></tr>
<tr><td colspan="4">成品 PC 梁</td><td>m³</td><td>1.00</td><td>1521.86</td><td>1521.86</td><td colspan="2"></td><td></td></tr>
<tr><td colspan="6">其他材料费</td><td>—</td><td>1.16</td><td colspan="2">—</td><td></td></tr>
<tr><td colspan="6">材料费小计</td><td>—</td><td></td><td colspan="2">—</td><td></td></tr>
</table>

3.4.5 采用含管理费的预算定额编制综合单价

计算某装配式建筑 PC 叠合梁运输 30km 和梁安装的综合单价。

1. 某地区 PC 叠合梁运输预算定额

某地区成品构件运输预算定额见表 3.22。

2. 某地区 PC 叠合梁安装预算定额

某地区 PC 梁安装预算定额见表 3.23。

表 3.22　某地区成品构件运输预算定额

工作内容：设置支架、垫方木、装车绑扎、运输、按规定地点卸车堆放、支架稳固。　　计量单位：m^3

定额编号					3-1		3-2	
项目名称			单位	单价/元	成品构件运输			
					距离在 25km 以内		距离在 25km 以外每增加 5km	
					数量	合价/元	数量	合价/元
综合单价					199.06		27.21	
其中	人工费				16.40		4.92	
	材料费				4.78		—	
	机械费				122.37		14.52	
	管理费				38.86		5.44	
	利润				16.65		2.33	
二类工			工日	82.00	0.200	16.40	0.060	4.92
材料	32090101	模板木材	m^3	1850.00	0.001	1.85		
	01050101	钢丝绳	kg	6.70	0.030	0.20		
	03570217	镀锌铁丝$\phi 8 \sim \phi 12$	kg	6.00	0.310	1.86		
	32030121	钢支架、平台及连接件	kg	4.16	0.210	0.87		
机械	99453572	运输机械Ⅱ、Ⅲ类构件	台班	580.85	0.148	85.97	0.025	14.52
	99453575	装卸机械Ⅱ、Ⅲ类构件	台班	649.97	0.056	36.40		

表 3.23　某地区 PC 梁安装预算定额

工作内容：结合面清理，构件吊装、就位、支撑、校正、垫实、固定。　　计量单位：m^3

定额编号					1-2		1-3	
项目名称			单位	单价/元	单梁		叠合梁	
					数量	合价/元	数量	合价/元
综合单价					247.43		326.21	
其中	人工费				151.47		196.69	
	材料费				35.37		50.85	
	机械费				—		—	
	管理费				42.41		55.07	
	利润				18.18		23.60	
一类工			工日	85.00	1.782	151.47	2.314	196.69
材料	04291402	预制混凝土单梁	m^3		(1.000)			
	04291403	预制混凝土叠合梁	m^3				(1.000)	
	03590100	垫铁	kg	5.00	0.327	1.64	0.468	2.34
	34021701	垫木	m^3	1800.00	0.002	3.60	0.003	5.40
	32020130	支撑杆件	套	80.00	0.208	16.64	0.298	23.84
	32020115	零星卡具	kg	4.88	1.404	6.85	2.007	9.79
	32020132	钢管支撑	kg	4.19	1.500	6.29	2.144	8.98
		其他材料费	元	1.00	0.35	0.35	0.50	0.50

3. 编制综合单价

PC 叠合梁运输 30km 和梁安装综合单价分析见表 3.24。

表 3.24　PC 叠合梁运输 30km 和梁安装综合单价分析表

工程名称：某住宅　　　　　　　　　　　　　标段：　　　　　　　　　　　　　　第　页 共　页

项目编码	010510001001			项目名称			PC 梁（9m 长）运安		计量单位		m^3
清单综合单价组成明细											
定额编号	定额项目名称	定额单位	数量	单价/元				合价/元			
				人工费	材料费	机械费	管理费和利润	人工费	材料费	机械费	管理费和利润
3-1	PC 叠合梁运输（25km）	m^3	1.0	16.40	4.78	122.37	55.51	16.40	4.78	122.37	55.51
3-2	PC 叠合梁运输（加 5km）	m^3	1.0	4.92		14.52	7.77	4.92		14.52	7.77
1-3	PC 叠合梁安装	m^3	1.0	196.69	50.85		78.67	196.69	50.85		78.67
人工单价		小计						218.01	55.63	136.89	141.95
元/工日		未计价材料费									
清单项目综合单价								552.48			
主要材料费明细	主要材料名称、规格、型号					单位	数量	单价/元	合价/元	暂估单价/元	暂估合价/元
	垫铁					kg	0.468	5.008	2.34		
	垫木					m^3	0.003	1800.00	5.40		
	立支撑杆件ϕ48×3.5					套	0.298	80.00	23.84		
	零星卡具					kg	2.007	4.88	9.79		
	其他材料费							—	0.50	—	
	材料费小计							—		—	

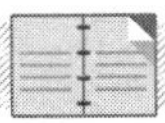

复习思考题

1．什么是综合单价？
2．综合单价包含哪些费用？
3．综合单价有何作用？
4．综合单价由谁编制？
5．写出全费用综合单价的计算公式。
6．什么是询价？它有哪几种方式？
7．如何收集人工单价？
8．如何收集材料单价？
9．如何收集机械台班单价？
10．简述综合单价编制方法。
11．叙述综合单价编制程序。
12．举例说明综合单价编制依据。

第 4 章 装配式建筑工程造价计价原理

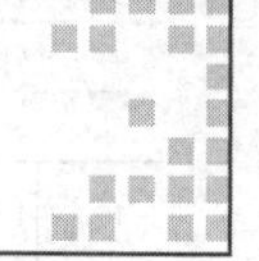

课程思政

屠呦呦是第一位获得诺贝尔医学奖的中国科学家。她是中国中医科学院中药研究所优秀共产党员的杰出代表，历年来曾获得“全国先进工作者”“全国三八红旗手标兵”等称号。40 多年来，她全身心投入严重危害人类健康的世界性流行疾病疟疾的防治研究，默默耕耘、无私奉献，为人类健康事业作出了巨大贡献。

知识目标

了解装配式建筑的特性，熟悉装配式建筑工程造价的特性，熟悉装配式建筑工程造价计算程序。

能力目标

掌握装配式混凝土建筑现浇基础工程造价计算方法，掌握装配式预制构件工程造价计算方法，掌握市场法住宅部品工程造价计算方法。

什么是工程造价（微课）

4.1 装配式建筑及其工程造价的特性

装配式建筑工程造价的特点是由装配式建筑的特性和生产方式决定的。

4.1.1　装配式建筑的特性

装配式建筑具有以下特性。

1. 标准化特性

装配式建筑特别是装配式住宅，采用标准化设计的施工图进行建造。预制构件标准化、住宅部品标准化是装配式建筑的重要特性。

2. 预制率高特性

装配式混凝土建筑构件的预制率较高，可以根据预制构件的标准图设计，实现工厂化、大批量的生产。

3. 机械化程度高特性

预制混凝土构件在 PC 工厂大规模生产，大型运输设备及吊装设备将预制混凝土构件快速运往施工现场进行组装，实现了高机械化程度的施工生产目标。

4. 快速组合特性

装配式建筑实现了将 PC 构件与住宅部品快速组合的施工生产工艺，提高了工程质量，加快了建筑安装与装饰的综合性施工进度，提高了经济效益和社会效益。

4.1.2　装配式建筑工程造价的特性

装配式建筑工程造价的特性如下。

1. PC 工厂产品价格高

目前的 PC 工厂一般采用信息化、自动化、集成化程度很高的进口成套设备生产预制混凝土构件。此类生产设备具有摊销价值高、折旧期长的特点。所以，与传统生产工艺比较，PC 构件的价格有所提高。

另外，PC 构件需要专用的运输设备运到施工现场。运输距离超过合理的范围，必然增加运输成本。

2. 部品化特性改变了计价方式

装配式建筑的工程造价基础还是采用传统的现浇混凝土方式，此部分可以根据传统计价定额以分部分项工程项目计算工程造价。

住宅部品化后，构成工程造价的实体单元以各部品的形式出现。一个部品往往由两个或者两个以上的分项工程按其功能要求组合而成，计价过程具有综合性特征。因此，装配式部品化特性改变了传统的工程造价计价方式。

3. 市场定价逐渐占据主导地位

PC 工厂的预制构件是产品，屋顶、墙体、楼板、门窗、隔墙、卫生间、厨房、阳台、楼梯、储柜等部品分别由各工厂生产。这些产品都有出厂价或者生产价，不会按照具体计价定额来确定单价。通过市场交易采用市场价确定部品价格将成为确定工程造价的主流。

4.2 确定装配式混凝土建筑工程造价的方法

装配式混凝土建筑的基础采用现浇的方式施工，适合采用单位估价法计算工程造价；装配式建筑主体架构采用 PC 构件的搭建方式施工，适合采用实物金额法计算工程造价；装配式建筑的配套设备、装饰装修、其他构配件是采用部品部件的方式施工，适合采用市场法计算工程造价。

4.2.1 装配式混凝土建筑现浇基础工程造价计算方法

1. 单位估价法数学模型

装配式建筑现浇混凝土基础部分，可以采用传统的单位估计法来确定工程造价。当以人工费为取费基础时，其数学模型构建如下：

$$
\begin{aligned}
&\text{基础部分工程造价}\\
=&\Big\{\sum[\text{基础部分的分项工程量}\times\text{定额基价(不含增值税)}]\\
&+\sum(\text{基础部分的分项工程量}\times\text{定额人工单价})\\
&\times(1+\text{企业管理费费率}+\text{利润率}+\text{措施项目费费率}+\text{其他项目费费率}+\text{规费费率})\\
&+\text{人工费价差}+\text{材料费价差}+\text{机械费价差}\Big\}\times(1+\text{增值税税率})
\end{aligned}
$$

2. 单位估价法示例

1）计算条件

某装配式建筑现浇 C20 混凝土独立基础工程量为 254m^3。

某地区现浇混凝土独立基础预算定额见表 4.1。

表 4.1　某地区现浇混凝土独立基础预算定额

工作内容：浇筑、振捣、养护等。　　　　计量单位：$10m^3$

定额编号				5-5
项目				混凝土独立基础
基价/元				4321.07
其中	人工费/元			212.88
	材料费/元			4108.19
	机械费/元			—
名称		单位	单价/元	消耗量
人工	普工	工日	60.00	0.840
	一般技工	工日	80.00	1.681
	高级技工	工日	100.00	0.280
材料	预拌混凝土 C20	m^3	402.50	10.100
	塑料薄膜	m^2	0.80	15.927
	水	m^3	2.30	1.125
	电	kW・h	1.87	2.310

某地区各项费用计算规定为

$$企业管理费=定额人工费\times费率(15\%)$$

$$利润=定额人工费\times利润率(18\%)$$

$$措施项目费=定额人工费\times费率(6\%)$$

$$规费=定额人工费\times费率(12\%)$$

$$增值税=税前造价\times9\%$$

2）某地区人工、材料市场价（指导价）

某地区人工、材料指导价见表 4.2。

表 4.2　某地区人工、材料指导价

序号	名称	单位	单价/元
1	普工	工日	80
2	一般技工	工日	130
3	高级技工	工日	180
4	预拌混凝土 C20	m^3	485.00
5	塑料薄膜	m^2	0.86
6	水	m^3	2.50
7	电	kW・h	2.00

3）人工、材料价差计算

人工、材料价差计算见表 4.3，计算步骤如下。

（1）计算人工消耗量。将现浇 C20 混凝土独立基础工程量 $254m^3$ 填入表 4.3 序号 1～7 的“数量”栏目内；然后将定额（表 4.1）中每 $1m^3$ 工程量的“普工”用工“0.084

工日”、“一般技工”用工“0.1681 工日”、“高级技工”用工“0.028 工日”填写在表 4.3 中序号 1～3 的“数量”栏目后计算三种人工消耗量。

（2）计算材料消耗量。将定额（表 4.1）中每 1m^3 工程量的“预拌混凝土 C20”用量“1.01 m^3”、“塑料薄膜”用量“1.593m^2”、“水”用量“0.1125 m^3”、“电”用量“0.231 kW・h”填写在表 4.3 中序号 4～7 的“数量”栏目后分别计算材料消耗量。

（3）计算单价价差。将定额（表 4.1）中的人工、材料单价填入表 4.3 中的“定额价”栏目，将人工、材料指导价（表 4.2）填入表 4.3 的“指导价”栏目，然后分别计算单价价差填入表 4.3 中的“价差”栏目。

（4）计算人工、材料价差。将表 4.3 中的人工、材料数量（“数量”栏目）分别乘以价差（“价差”栏目），计算结果填写到“小计”栏目内；然后人工费小计（3130.53 元）、材料费小计（21202.18 元），最后计算出人工、材料价差合计（24332.71 元）。

表 4.3　人工、材料价差计算表

序号	名称	数量	单位	指导价/元	定额价/元	价差/元	小计/元
1	普工	254×0.084=21.336	工日	80	60.00	20.00	426.72
2	一般技工	254×0.1681=42.697	工日	130	80.00	50.00	2134.85
3	高级技工	254×0.028=7.112	工日	180	100.00	80.00	568.96
		人工费小计					3130.53
4	预拌混凝土 C20	254×1.010=256.54	m^3	485.00	402.50	82.50	21164.55
5	塑料薄膜	254×1.593=404.62	m^2	0.86	0.80	0.06	24.28
6	水	254×0.1125=28.58	m^3	2.50	2.30	0.20	5.72
7	电	254×0.231=58.67	kW・h	2.00	1.87	0.13	7.63
		材料费小计					21202.18
		合　计					24332.71

4）现浇 C20 混凝土独立基础工程造价计算

（1）现浇 C20 混凝土独立基础工程造价计算步骤如下。

① 现浇 C20 混凝土独立基础工程量（254 m^3）乘以表 4.1 中定额基价（432.11 元）得出定额直接费（109755.94 元）。

② 现浇 C20 混凝土独立基础工程量（254 m^3）乘以表 4.1 中定额人工费（21.29 元）得出定额人工费（5407.66 元）。

③ 根据人工、材料指导价（表 4.2）与定额价（表 4.1）之差，乘以定额材料用量，计算出人工、材料价差（24332.71 元）（表 4.3）。

④ 企业管理费费率（15%）、利润率（18%）、措施项目费费率（6%）、规费费率（12%）合计费率为 51%。

⑤ 根据费用计算规定，用定额人工费（5407.66 元）乘以④中加总的费率（51%）得出企业管理费等四项费用加总结果（2757.91 元）。

⑥ 将定额直接费（109755.94 元）、企业管理费等四项费用（2757.91 元）、人工与

材料价差（24332.71 元）加总得出税前造价（136846.56 元），税前造价乘以增值税税率 9%，计算出该项目的增值税（12316.19 元）。

⑦ 将定额直接费（109755.94 元）、企业管理费等四项费用（2757.91 元）、人工与材料价差（24332.71 元）、增值税（12316.19 元）加总，计算出现浇 C20 混凝土独立基础项目的工程造价（149162.75）。

（2）采用数学模型计算工程造价的公式如下：

现浇 C20 混凝土独立基础工程造价

$$
\begin{aligned}
&=\Big\{\Big[\sum \text{分项工程量}\times\text{定额基价(不含进项税)}\Big]\\
&\quad+\Big[\sum \text{分项工程量}\times\text{定额人工单价(不含进项税)}\Big]\\
&\quad\times(\text{管理费费率}+\text{利润率}+\text{措施项目费费率}+\text{其他项目费费率}+\text{规费费率})\\
&\quad+\text{人工费价差}+\text{材料费价差}+\text{机械费价差}\Big\}\times(1+\text{增值税税率})
\end{aligned}
$$

$$=[(254\times432.11)+(254\times21.29)\times(15\%+18\%+6\%+0+12\%)+3130.53+21202.18+0]\times(1+9\%)$$

$$=[109755.94+(5407.66\times0.51)+24332.71]\times(1+9\%)$$

$$=136846.56\times1.09$$

$$=149162.75\text{（元）}$$

（3）采用表格计算工程造价。根据上述计算条件，采用表格计算现浇 C20 混凝土独立基础工程造价见表 4.4。

表 4.4　现浇 C20 混凝土独立基础工程造价计算表

<table>
<tr><th>序号</th><th colspan="3">费用项目</th><th>计算基础</th><th>计算式</th><th>金额/元</th></tr>
<tr><td rowspan="7">1</td><td rowspan="7">分部分项工程费</td><td colspan="2">人工费</td><td rowspan="3"></td><td rowspan="3">定额直接费=∑(分部分项工程量×定额基价)
= 109755.94元</td><td rowspan="3">109755.94</td></tr>
<tr><td colspan="2">材料费</td></tr>
<tr><td colspan="2">机械（具）费</td></tr>
<tr><td colspan="2">人材机价差调整</td><td></td><td>人材机价差=∑(人材机用量×人材机价差)</td><td>24332.71</td></tr>
<tr><td colspan="2">企业管理费</td><td>定额人工费</td><td>定额人工费×企业管理费费率=5407.66×15%</td><td>811.15</td></tr>
<tr><td colspan="2">利润</td><td>定额人工费</td><td>定额人工费×利润率=5407.66×18%</td><td>973.38</td></tr>
<tr><td colspan="2">小计</td><td></td><td></td><td>135873.18</td></tr>
<tr><td rowspan="4">2</td><td rowspan="4">措施项目费</td><td colspan="2">单价措施项目</td><td colspan="2"></td><td>无</td></tr>
<tr><td rowspan="3">总价措施</td><td>安全文明施工费</td><td rowspan="3">分部分项工程定额人工费</td><td rowspan="3">(分部分项工程定额人工费)×措施项目费费率
=5407.66×6%</td><td rowspan="3">324.46</td></tr>
<tr><td>夜间施工增加费</td></tr>
<tr><td>二次搬运费</td></tr>
<tr><td rowspan="4">3</td><td rowspan="4">其他项目费</td><td colspan="2">总承包服务费</td><td></td><td>分包工程造价×费率</td><td>无</td></tr>
<tr><td colspan="2">暂列金额</td><td colspan="2" rowspan="2">根据招标工程量清单列出的项目计算</td><td rowspan="2">无</td></tr>
<tr><td colspan="2">暂估价</td></tr>
<tr><td colspan="2">计日工</td><td colspan="2"></td><td>无</td></tr>
<tr><td rowspan="2">4</td><td rowspan="2">规费</td><td colspan="2">社会保险费</td><td rowspan="2">定额人工费</td><td rowspan="2">定额人工费×费率=5407.66×12%</td><td rowspan="2">648.92</td></tr>
<tr><td colspan="2">住房公积金</td></tr>
<tr><td>5</td><td></td><td colspan="2">税前造价</td><td>序 1+序 2+序 3+序 4</td><td>135873.18+324.46+648.92</td><td>136846.56</td></tr>
<tr><td>6</td><td>税金</td><td colspan="2">增值税</td><td>税前造价</td><td>税前造价×税率=136846.56×9%</td><td>12316.19</td></tr>
<tr><td colspan="6">工程造价=序 1+序 2+序 3+序 4+序 6</td><td>149162.75</td></tr>
</table>

4.2.2 装配式混凝土预制构件工程造价计算方法

1. 实物金额法确定工程造价数学模型

装配式混凝土预制构件依据消耗量定额采用实物金额法确定工程造价，以工程直接费为取费基础。其数学模型构建如下（以定额人工费取费）：

装配式混凝土预制构件工程造价

$$=\left\{\left[\sum(\text{工程量}\times\text{定额用工量}\times\text{定额人工单价})\right]\right.$$

$$\times(\text{企业管理费费率}+\text{利润率}+\text{措施项目费费率}+\text{其他项目费费率}+\text{规费费率})$$

$$+\left[\sum(\text{工程量}\times\text{定额用工量}\times\text{人工单价})\right]+\left[\sum(\text{工程量}\times\text{定额材料量}\times\text{材料单价})\right]$$

$$\left.+\left[\sum(\text{工程量}\times\text{定额机械台班量}\times\text{台班单价})\right]\right\}\times(1+\text{增值税税率})$$

2. 实物金额法确定工程造价示例

1）计算条件

某装配式混凝土建筑的预制实心柱吊装工程量为308m^3。

某地区人工、材料、机械台班市场价与定额价见表4.5。

表4.5 某地区人工、材料、机械台班市场价与定额价表

序号	名称	市场价	定额价
1	技工	150元/工日	90元/工日
2	普工	120元/工日	75元/工日
3	干混砌筑砂浆DM M20	380.30元/m^3	355.55元/m^3
4	垫铁	4.10元/kg	3.80元/kg
5	垫木	1650元/m^3	1600元/m^3
6	斜支撑杆件ϕ48×3.5	23.60元/套	21.03元/套
7	预埋铁件	4.10元/kg	3.80元/kg
8	干混砂浆罐式搅拌机	200.15元/台班	178.00元/台班

注：上述费用均不含进项税。

2）某地区规定的各项费率与取费基础

某地区各项费用计算规定为

企业管理费=定额人工费×费率(15%)

利润=定额人工费×利润率(18%)

措施项目费=定额人工费×费率(6%)

其他项目费=定额人工费×费率(4%)

规费=定额人工费×费率(12%)

增值税=税前造价×税率(9%)

3）某地区装配式混凝土建筑消耗量定额选用

某地区装配式混凝土预制构件吊装消耗量定额选用见表 4.6。

表 4.6　某地区装配式预制构件吊装消耗量定额

工作内容：支撑杆连接件预埋，结合面清理，构件吊装、就位、校正、垫实、固定，座浆料铺筑，搭设和拆除钢支架。

计量单位：10m^3

定额编号				2-5
项目				预制实心柱
名称			单位	消耗量
人工	合计工日		工日	9.34
	其中	普工	工日	2.802
		技工	工日	6.538
材料	预制混凝土柱		m^3	10.050
	干混砌筑砂浆 DM M20		m^3	0.080
	垫铁		kg	7.480
	垫木		m^3	0.010
	斜支撑杆件ϕ48×3.5		套	0.340
	预埋铁件		kg	13.040
	其他材料费		%	0.600
机械	干混砂浆罐式搅拌机		台班	0.008

4）人工、材料、机械台班价差计算

根据某装配式混凝土建筑吊装预制实心柱工程量（308m^3）、选用的装配式预制构件吊装消耗量定额和某地区人工、材料、机械台班市场价（指导价），计算该分项工程的人材机价差。计算过程及结果见表 4.7。

表 4.7　人工、材料、机械台班价差计算表

序号	名称	数量	单位	市场价/元	定额价/元	价差/元	合计/元
1	人工	308×0.2802= 86.30	工日	120.00	75.00	45.00	3883.50
		308×0.6538= 201.37		150.00	90.00	60.00	12082.20
	小计						15965.70
2	干混砌筑砂浆 DM M20	308×0.008=2.46	m^3	380.30	355.55	24.75	60.89
3	垫铁	308×0.748=230.38	kg	4.10	3.80	0.30	69.11
4	垫木	308×0.001=0.31	m^3	1650.00	1600.00	50.00	15.50
5	斜支撑杆件ϕ48×3.5	308×0.034=10.47	套	23.60	21.03	2.57	26.91
6	预埋铁件	308×1.304=401.63	kg	4.10	3.80	0.30	120.49
	小计						292.90
7	其他材料费	292.90×0.6%=1.76	元				1.76
	材料费小计						294.66
8	干混砂浆罐式搅拌机	308×0.0008=0.246	台班	200.15	178.00	22.15	5.45
	小计						5.45
	合计						16265.81

注：上述费用均不含进项税。

5）吊装预制实心柱工程造价计算

（1）采用实物金额法计算吊装预制实心柱工程造价。

① 计算吊装预制实心柱定额人工费。

308×0.2802×75（普工定额价）+308×0.6538×90（技工定额价）=6472.62+18123.34=24595.96（元）。

② 计算吊装预制实心柱人工价差和全部人工费。表 4.7 计算的人工价差为 15965.70 元；全部人工费=24595.96+15965.70=40561.66（元）。

③ 计算材料费。材料费合计为 4311.08 元，计算过程及结果见表 4.8。

表 4.8 材料费计算表

序号	材料名称	材料数量	材料市场价/元	材料费小计/元
1	干混砌筑砂浆 DM M20	308×0.008=2.46（m^3）	380.30	935.54
2	垫铁	308×0.748=230.38（kg）	4.10	944.56
3	垫木	308×0.001=0.31（m^3）	1650.00	511.50
4	斜支撑杆件ϕ48×3.5	308×0.034=10.47（套）	23.60	247.09
5	预埋铁件	308×1.304=401.63（kg）	4.10	1646.68
	小计			4285.37
6	其他材料费	4285.37×0.6%=25.71（元）		25.71
	合计			4311.08

④ 计算机械台班费。308×0.0008×200.15 =49.32（元）。

⑤ 根据 2）中各项费用计算规定，用定额人工费（24595.96 元）乘以 2）中企业管理费、利润、措施项目费、其他项目费、规费等五项费用加总的费率（55%）得出企业管理费等五项费用和，计算结果为 13527.78 元。

⑥ 将人工费（40561.66 元）、材料费（4311.08 元）、机械台班费（49.32 元）和企业管理费等五项费用（13527.78 元）加总，求得税前造价（58449.84 元）。

⑦ 计算增值税。税前造价（58449.84 元）乘以增值税税率 9%，得出该项目的增值税（5260.49 元）。

⑧ 计算该项目工程造价。吊装预制实心柱项目工程造价等于税前造价（58449.84 元）加上增值税（5260.49 元），结果为 63710.33 元。

（2）采用实物金额法数学模型计算吊装预制实心柱工程造价。

$$\begin{aligned}&\text{吊装预制实心柱工程造价}\\&=\Big\{\Big[\sum(\text{工程量}\times\text{定额用工量}\times\text{定额人工单价})\Big]\\&\quad\times(\text{企业管理费费率}+\text{利润率}+\text{措施项目费费率}+\text{其他项目费费率}+\text{规费费率})\\&\quad+\Big[\sum(\text{工程量}\times\text{定额用工量}\times\text{人工单价})\Big]+\Big[\sum(\text{工程量}\times\text{定额材料量}\times\text{材料单价})\Big]\\&\quad+\Big[\sum(\text{工程量}\times\text{定额机械台班量}\times\text{台班单价})\Big]\Big\}\times(1+\text{增值税税率})\end{aligned}$$

$$=\left[(308\times0.2802\times75+308\times0.6538\times90)\times(15\%+18\%+6\%+4\%+12\%)\right.$$
$$\left.+(308\times0.2802\times120+308\times0.6538\times150)+4311.08+308\times0.0008\times200.15\right]\times(1+9\%)$$
$$=(24595.96\times55\%+40561.66+4311.08+49.32)\times1.09$$
$$=(13527.78+40561.66+4311.08+49.32)\times1.09$$
$$=58449.84\times1.09$$
$$=63710.33\text{（元）}$$

（3）采用实物金额法表格计算吊装预制实心柱工程造价。计算过程见表 4.9。

表 4.9　装配式混凝土建筑预制实心柱吊装工程造价计算表（实物金额法）

<table>
<tr><th>序号</th><th colspan="3">费用项目</th><th>计算基础</th><th>计算式</th><th>金额/元</th></tr>
<tr><td rowspan="7">1</td><td rowspan="7">分部分项工程费</td><td colspan="2">人工费</td><td></td><td>308×0.2802×120（普工单价）+308×0.6538×150（技工单价）=40561.66</td><td>40561.66</td></tr>
<tr><td colspan="2">定额人工费</td><td></td><td>308×0.2802×75（普工定额价）+308×0.6538×90（技工定额价）=24595.96</td><td></td></tr>
<tr><td colspan="2">材料费</td><td></td><td>见表 4.8</td><td>4311.08</td></tr>
<tr><td colspan="2">机械（具）费</td><td></td><td>308×0.0008×200.15=49.32</td><td>49.32</td></tr>
<tr><td colspan="2">企业管理费</td><td>定额人工费</td><td>定额人工费×企业管理费费率=24595.96×15%=3689.39</td><td>3689.39</td></tr>
<tr><td colspan="2">利润</td><td>定额人工费</td><td>定额人工费×利润率=24595.96×18%=4427.27</td><td>4427.27</td></tr>
<tr><td colspan="2">小计</td><td></td><td></td><td>53038.72</td></tr>
<tr><td rowspan="4">2</td><td rowspan="4">措施项目费</td><td colspan="2">单价措施项目</td><td></td><td></td><td>无</td></tr>
<tr><td rowspan="3">总价措施项目</td><td>安全文明施工费</td><td rowspan="3">分部分项工程定额人工费</td><td rowspan="3">分部分项工程定额人工费×措施项目费费率=24595.96×6%=1475.76</td><td rowspan="3">1475.76</td></tr>
<tr><td>夜间施工增加费</td></tr>
<tr><td>二次搬运费</td></tr>
<tr><td rowspan="4">3</td><td rowspan="4">其他项目费</td><td colspan="2">总承包服务费</td><td></td><td>分包工程造价×费率</td><td>无</td></tr>
<tr><td colspan="2">暂列金额</td><td colspan="2" rowspan="2">根据招标工程量清单列出的项目计算</td><td rowspan="2">无</td></tr>
<tr><td colspan="2">暂估价</td></tr>
<tr><td colspan="2">计日工</td><td colspan="2">该工程规定：定额人工费×4%</td><td>983.84</td></tr>
<tr><td rowspan="2">4</td><td rowspan="2">规费</td><td colspan="2">社会保险费</td><td rowspan="2">定额人工费</td><td rowspan="2">定额人工费×交费费率=24595.96×12%=2951.52</td><td rowspan="2">2951.52</td></tr>
<tr><td colspan="2">住房公积金</td></tr>
<tr><td>5</td><td></td><td colspan="2">税前造价</td><td>序 1+序 2+序 3+序 4</td><td>53038.72+1475.76+983.84+2951.52</td><td>58449.84</td></tr>
<tr><td>6</td><td>税金</td><td colspan="2">增值税</td><td>税前造价</td><td>58449.84×9%</td><td>5260.49</td></tr>
<tr><td colspan="6">工程造价=序 1+序 2+序 3+序 4+序 6</td><td>63710.33</td></tr>
</table>

4.2.3　市场法住宅部品工程造价计算方法

1. 市场法住宅部品工程造价计算数学模型

住宅部品工程造价

$$=\left\{\left[\sum\text{住宅部品制作数量}\times\text{市场价(不含进项税)}\right]\right.$$

$$+\left[\sum 住宅部品运输数量\times市场价(不含进项税)\right]$$
$$+\left[\sum 住宅部品安装数量\times市场价(不含进项税)\right]$$
$$+\left[\sum 住宅部品制作数量\times市场价(不含进项税)\right]$$
$$\times(企业管理费费率+利润率+措施项目费费率+其他项目费费率+规费费率)\}$$
$$\times(1+增值税税率)$$

2. 住宅部品工程造价计算示例

（1）计算条件。某装配式建筑住宅需成品 PC 叠合板 83.72m^3、洗漱台部品 24 组、淋浴间部品 24 组，采用市场法计算住宅部品工程造价。

市场价：成品 PC 叠合板出厂价 510 元/m^3、运输价 40 元/ m^3、安装价 110 元/ m^3；洗漱台部品出厂价 1500 元/组、运输价 80 元/组、安装价 70 元/组；淋浴间部品出厂价 5600 元/组、运输价 180 元/组、安装价 70 元/组。上述费用均不含进项税。

按某地区规定，住宅部品工程造价应计算以下费用：

企业管理费=成品价×费率(3%)

利润=成品价×利润率(5%)

措施项目费=成品价×费率(1.2%)

规费=成品价×费率(2%)

增值税=税前造价×9%

（2）采用数学模型计算住宅部品工程造价。

根据市场法住宅部品工程造价计算数学模型，住宅部品工程造价为

[(83.72×510+24×1500+24×5600)+(83.72×40+24×80+24×180)+(83.72×110+24×70+ 24×70)+(83.72×510+24×1500+24×5600)×(3%+5%+1.2%+2%)]×(1+9%)

=[(213097.20 +9588.80 + 12569.20)+(83.72×510+24×1500+24×5600)×0.112]×1.09

=(235255.20+213097.20×0.112)×1.09

=(235255.20+23866.89)×1.09

=259122.09×1.09

=282443.08（元）

（3）采用表格计算住宅部品工程造价见表 4.10。

装配式混凝土建筑工程造价=现浇混凝土基础造价+预制构件造价+住宅部品造价。

综上所述，装配式混凝土建筑工程造价需要根据具体情况，采用本章所述一种或两种或三种方法来进行计算。

表 4.10　住宅部品工程造价计算表

<table>
<tr><th>序号</th><th colspan="3">项目名称</th><th>数量</th><th>单价</th><th>计算式</th><th>金额/元</th></tr>
<tr><td rowspan="4">1</td><td rowspan="4">住宅部品费</td><td colspan="2">PC 叠合板</td><td>83.72m³</td><td>制作：510 元/m³
运输：40 元/m³
安装：110 元/m³</td><td>83.72×(510+40+110)
=83.72×660
=55255.20</td><td>55255.20</td></tr>
<tr><td colspan="2">洗漱台</td><td>24 组</td><td>制作：1500 元/组
运输：80 元/组
安装：70 元/组</td><td>24×(1500+80+70)
=24×1650
=39600</td><td>39600.00</td></tr>
<tr><td colspan="2">淋浴间</td><td>24 组</td><td>制作：5600 元/组
运输：180 元/组
安装：70 元/组</td><td>24×(5600+180+70)
=24×5850
=140400</td><td>140400.00</td></tr>
<tr><td colspan="2">小计</td><td></td><td></td><td></td><td>235255.20</td></tr>
<tr><td>2</td><td colspan="3">企业管理费</td><td colspan="3">(83.72×510+24×1500+24×5600)×3%
=213097.20×3%=6392.92</td><td>6392.92</td></tr>
<tr><td>3</td><td colspan="3">利润</td><td colspan="3">(83.72×510+24×1500+24×5600)×5%
=213097.20×5%=10654.86</td><td>10654.86</td></tr>
<tr><td rowspan="4">4</td><td rowspan="4">措施项目费</td><td colspan="2">单价措施项目</td><td colspan="3"></td><td>无</td></tr>
<tr><td rowspan="3">总价措施项目</td><td>安全文明施工费</td><td rowspan="3">成品价</td><td colspan="2" rowspan="3">部品成品价×措施项目费费率
=213097.20×1.2%
=2557.17</td><td rowspan="3">2557.17</td></tr>
<tr><td>夜间施工增加费</td></tr>
<tr><td>二次搬运费</td></tr>
<tr><td rowspan="4">5</td><td rowspan="4">其他项目费</td><td colspan="2">总承包服务费</td><td></td><td colspan="2">分包工程造价×费率</td><td>无</td></tr>
<tr><td colspan="2">暂列金额</td><td colspan="3" rowspan="2">根据招标工程量清单列出的项目计算</td><td rowspan="2">无</td></tr>
<tr><td colspan="2">暂估价</td></tr>
<tr><td colspan="2">计日工</td><td colspan="3"></td><td>无</td></tr>
<tr><td rowspan="2">6</td><td rowspan="2">规费</td><td colspan="2">社会保险费</td><td rowspan="2">成品价</td><td colspan="2" rowspan="2">部品成品价×费率=213097.20×2%</td><td rowspan="2">4261.94</td></tr>
<tr><td colspan="2">住房公积金</td></tr>
<tr><td>7</td><td></td><td colspan="2">税前造价</td><td>序 1～序 6</td><td colspan="2">235255.20+6392.92+10654.86+2557.17+4261.94</td><td>259122.09</td></tr>
<tr><td>8</td><td>税金</td><td colspan="2">增值税</td><td>税前造价</td><td colspan="2">259122.09×9%</td><td>23320.99</td></tr>
<tr><td colspan="7">工程造价=序 1+序 2+序 3+序 4+序 5+序 6+序 8</td><td>282443.08</td></tr>
</table>

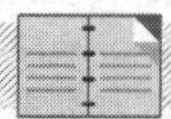

复习思考题

1．由什么决定了装配式建筑工程造价的计价方式？
2．装配式建筑工程造价有哪些特性？
3．简述装配式混凝土建筑现浇混凝土基础工程造价计算方法。
4．简述现浇混凝土基础工程造价计算过程。
5．写出现浇混凝土基础工程造价计算的数学模型。
6．装配式混凝土预制构件工程造价计算方法有哪几种？
7．简述采用实物金额法计算工程造价的步骤。
8．简述市场法住宅部品工程造价计算方法。

第5章 装配式建筑工程造价费用构成与计算程序

装配式建筑工程量清单编制程序（微课）

装配式建筑工程量清单报价编制程序（微课）

课程思政

港珠澳大桥东起香港国际机场附近的香港口岸人工岛，向西横跨南海伶仃洋水域接珠海和澳门人工岛，止于珠海洪湾立交；桥隧全长55km，其中主桥29.6km，香港口岸至珠澳口岸41.6km；桥面为双向六车道高速公路，设计速度100km/h；工程项目总投资额1269亿元，凝聚了包括造价工程师在内全体建设者的聪明才智。港珠澳大桥是世界上最长的跨海大桥，兼具世界上最长的沉管海底隧道，它将香港、澳门、珠海三地连为一体。港珠澳大桥的建设创下多项世界之最，体现了一个国家逢山开路、遇水架桥的奋斗精神，体现了我国的综合国力、自主创新能力，体现了勇创世界一流的民族志气。这是一座圆梦桥、同心桥、自信桥、复兴桥。

知识目标

熟悉营改增后建筑安装工程费用构成，熟悉分部分项工程费、措施项目费、其他项目费、规费与税金的费用构成。

能力目标

掌握分部分项工程费、措施项目费、其他项目费、规费与税金的计算方法。

5.1 建筑安装工程费用构成

5.1.1 建标〔2013〕44号文规定的建筑安装工程费用构成

根据《住房城乡建设部 财政部关于印发〈建筑安装工程费用项目组成〉的通知》（建

标〔2013〕44号）的规定，建筑安装工程费用项目组成（按造价形成划分）见表5.1。

表5.1　建筑安装工程费用项目组成

序号	费用	组成内容
1	分部分项工程费	人工费
		材料费
		施工机具使用费
		企业管理费
		利润
2	措施项目费	单价措施项目费
		总价措施项目费
3	其他项目费	暂列金额
		计日工
		总承包服务费
4	规费	社会保险费
		住房公积金
		工程排污费
5	税金	营业税
		城市建设维护税
		教育费附加
		地方教育附加

5.1.2　营改增后建筑安装工程费用构成

营改增后工程造价计算方法（微课）

营改增后建筑安装工程费用项目组成见表5.2。

表5.2　营改增后建筑安装工程费用项目组成

序号	费用	组成内容
1	分部分项工程费	人工费
		材料费
		施工机具使用费
		企业管理费（含城市建设维护税、教育费附加、地方教育附加）
		利润
2	措施项目费	单价措施项目费
		总价措施项目费
3	其他项目费	暂列金额
		计日工
		总承包服务费
4	规费	社会保险费
		住房公积金
		工程排污费
5	税金	增值税

5.2 分部分项工程费

5.2.1　人工费

人工费是指按工资总额构成规定，支付给从事建筑安装工程施工的生产工人和附属生产单位工人的各项费用。内容包括计时工资或计件工资、奖金、津贴补贴、加班加点工资和特殊情况下支付的工资。

（1）计时工资或计件工资是指按计时工资标准和工作时间或对已做工作按计件单价支付给个人的劳动报酬。

（2）奖金是指对超额劳动和增收节支支付给个人的劳动报酬，如节约奖、劳动竞赛奖等。

（3）津贴补贴是指为了补偿职工特殊或额外的劳动消耗和因其他特殊原因支付给个人的津贴，以及为了保证职工工资水平不受物价影响支付给个人的物价补贴，如流动施工津贴、特殊地区施工津贴、高温（寒）作业临时津贴、高空津贴等。

（4）加班加点工资是指按规定支付的在法定节假日工作的加班工资和在法定日工作时间外延时工作的加点工资。

（5）特殊情况下支付的工资是指根据国家法律、法规和政策规定，因病、工伤、产假、计划生育假、婚丧假、事假、探亲假、定期休假、停工学习、执行国家或社会义务等原因按计时工资标准或计时工资标准的一定比例支付的工资。

5.2.2　材料费

材料费是指施工过程中耗费的原材料、辅助材料、构配件、零件、半成品或成品、工程设备的费用。内容包括材料原价、运杂费、运输损耗费和采购及保管费。

（1）材料原价是指材料、工程设备的出厂价格或商家供应价格。

（2）运杂费是指材料、工程设备自来源地运至工地仓库或指定堆放地点所发生的全部费用。

（3）运输损耗费是指材料在运输装卸过程中不可避免的损耗。

（4）采购及保管费是指为组织采购、供应和保管材料、工程设备的过程中所需要的各项费用。内容包括采购费、仓储费、工地保管费、仓储损耗。

工程设备是指构成或计划构成永久工程一部分的机电设备、金属结构设备、仪器装置及其他类似的设备和装置。

5.2.3 施工机具使用费

施工机具使用费是指施工作业所发生的施工机械、仪器仪表使用费或其租赁费。内容包括施工机械使用费和仪器仪表使用费。

1. 施工机械使用费

施工机械使用费以施工机械台班耗用量乘以施工机械台班单价表示。施工机械台班单价应由下列七项费用组成。

（1）折旧费。折旧费指施工机械在规定的使用年限内，陆续收回其原值的费用。

（2）大修理费。大修理费指施工机械按规定的大修理间隔台班进行必要的大修理，以恢复其正常功能所需的费用。

（3）经常修理费。经常修理费指施工机械除大修理以外的各级保养和临时故障排除所需的费用。内容包括为保障机械正常运转所需替换设备与随机配备工具附具的摊销和维护费用，机械运转中日常保养所需润滑与擦拭的材料费用及机械停滞期间的维护和保养费用等。

（4）安拆费及场外运费。安拆费指施工机械（大型机械除外）在现场进行安装与拆卸所需的人工、材料、机械和试运转费用以及机械辅助设施的折旧、搭设、拆除等费用；场外运费指施工机械整体或分体自停放地点运至施工现场或由一施工地点运至另一施工地点的运输、装卸、辅助材料及架线等费用。

（5）人工费。人工费指机上司机（司炉）和其他操作人员的人工费。

（6）燃料动力费。燃料动力费指施工机械在运转作业中所消耗的各种燃料及水、电费等。

（7）税费。税费指施工机械按照国家规定应缴纳的车船使用税、保险费及年检费等。

2. 仪器仪表使用费

仪器仪表使用费是指工程施工所需使用的仪器仪表的摊销及维修费用。

5.2.4 企业管理费

企业管理费是指建筑安装企业组织施工生产和经营管理所需的费用。内容包括管理人员工资、办公费、差旅交通费、固定资产使用费、工具用具使用费、劳动保险和职工福利费、劳动保护费、检验试验费、工会经费、职工教育经费、财产保险费、财务费、税金和其他。

（1）管理人员工资是指按规定支付给管理人员的计时工资、奖金、津贴补贴、加班加点工资及特殊情况下支付的工资等。

（2）办公费是指企业管理办公用的文具、纸张、账表、印刷、邮电、书报、办公软件、现场监控、会议、水电、烧水和集体取暖降温（包括现场临时宿舍取暖降温）等费用。

（3）差旅交通费是指职工因公出差、调动工作的差旅费、住勤补助费，市内交通费和误餐补助费，职工探亲路费，劳动力招募费，职工退休、退职一次性路费，工伤人员就医路费，工地转移费以及管理部门使用的交通工具的油料、燃料等费用。

（4）固定资产使用费是指管理和试验部门及附属生产单位使用的属于固定资产的房屋、设备、仪器等的折旧、大修、维修或租赁费。

（5）工具用具使用费是指企业施工生产和管理使用的不属于固定资产的工具、器具、家具、交通工具和检验、试验、测绘、消防用具等的购置、维修和摊销费。

（6）劳动保险和职工福利费是指由企业支付的职工退职金、按规定支付给离休干部的经费，集体福利费、夏季防暑降温、冬季取暖补贴、上下班交通补贴等。

（7）劳动保护费是指企业按规定发放的劳动保护用品的支出，如工作服、手套、防暑降温饮料以及在有碍身体健康的环境中施工的保健费用等。

（8）检验试验费是指施工企业按照有关标准规定，对建筑以及材料、构件和建筑安装物进行一般鉴定、检查所发生的费用，包括自设实验室进行试验所耗用的材料等费用。不包括新结构、新材料的试验费，对构件做破坏性试验及其他特殊要求检验试验的费用和建设单位委托检测机构进行检测的费用，对此类检测发生的费用，由建设单位在工程建设其他费用中列支。但对施工企业提供的具有合格证明的材料进行检测不合格的，该检测费用由施工企业支付。

（9）工会经费是指企业按《中华人民共和国工会法》规定的全部职工工资总额比例计提的工会经费。

（10）职工教育经费是指按职工工资总额的规定比例计提，企业为职工进行专业技术和职业技能培训，专业技术人员继续教育、职工职业技能鉴定、职业资格认定以及根据需要对职工进行各类文化教育所发生的费用。

（11）财产保险费是指施工管理用财产、车辆等的保险费用。

（12）财务费是指企业为施工生产筹集资金或提供预付款担保、履约担保、职工工资支付担保等所发生的各种费用。

（13）税金是指企业按规定缴纳的城市维护建设税、教育费附加、地方教育附加，还包括房产税、车船使用税、土地使用税、印花税等。

（14）其他包括技术转让费、技术开发费、投标费、业务招待费、绿化费、广告费、公证费、法律顾问费、审计费、咨询费、保险费等。

5.2.5　利润

利润是指施工企业完成所承包工程获得的盈利。

 措施项目费

措施项目费是指为完成建设工程施工，发生于该工程施工前和施工过程中的技术、生活、安全、环境保护等方面的费用。内容包括安全文明施工费、夜间施工增加费、二次搬运费、冬雨季施工增加费、已完工程及设备保护费、工程定位复测费、特殊地区施工增加费、大型机械设备进出场及安拆费和脚手架工程费。

1. 安全文明施工费

安全文明施工费包括环境保护费、文明施工费、安全施工费和临时设施费。

（1）环境保护费是指施工现场为达到环保部门要求所需要的各项费用。

（2）文明施工费是指施工现场文明施工所需要的各项费用。

（3）安全施工费是指施工现场安全施工所需要的各项费用。

（4）临时设施费是指施工企业为进行建设工程施工所必须搭设的生活和生产用的临时建筑物、构筑物和其他临时设施费用。内容包括临时设施的搭设、维修、拆除、清理费或摊销费等。

2. 夜间施工增加费

夜间施工增加费是指因夜间施工所发生的夜班补助费、夜间施工降效、夜间施工照明设备摊销及照明用电等费用。

3. 二次搬运费

二次搬运费是指因施工场地条件限制而发生的材料、构配件、半成品等一次运输不能到达堆放地点，必须进行二次或多次搬运所发生的费用。

4. 冬雨季施工增加费

冬雨季施工增加费是指在冬季或雨季施工需增加的临时设施、防滑、排除雨雪，人工及施工机械效率降低等费用。

5. 已完工程及设备保护费

已完工程及设备保护费是指竣工验收前，对已完工程及设备采取的必要保护措施所发生的费用。

6. 工程定位复测费

工程定位复测费是指工程施工过程中进行全部施工测量放线和复测工作的费用。

7. 特殊地区施工增加费

特殊地区施工增加费是指工程在沙漠或其边缘地区、高海拔、高寒、原始森林等特殊地区施工增加的费用。

8. 大型机械设备进出场及安拆费

大型机械设备进出场及安拆费是指机械整体或分体自停放场地运至施工现场或由一个施工地点运至另一个施工地点，所发生的机械进出场运输及转移费用，以及机械在施工现场进行安装、拆卸所需的人工费、材料费、机械费、试运转费和安装所需的辅助设施的费用。

9. 脚手架工程费

脚手架工程费是指施工需要的各种脚手架搭、拆、运输费用以及脚手架购置费的摊销（或租赁）费用。

措施项目及其包含的内容详见各类专业工程的现行国家或行业计量规范。

5.4 其他项目费

其他项目费包括暂列金额、计日工、总承包服务费等。

1. 暂列金额

暂列金额是指建设单位在工程量清单中暂定并包括在工程合同价款中的一笔款项，用于施工合同签订时尚未确定或者不可预见的所需材料、工程设备、服务的采购，施工中可能发生的工程变更、合同约定调整因素出现时的工程价款调整以及发生的索赔、现场签证确认等的费用。

2. 计日工

计日工是指在施工过程中，施工企业完成建设单位提出的施工图纸以外的零星项目或工作所需的费用。

3. 总承包服务费

总承包服务费是指总承包人为配合、协调建设单位进行的专业工程发包，对建设单位自行采购的材料、工程设备等进行保管以及施工现场管理、竣工资料汇总整理等服务所需的费用。

5.5 规费

规费是指按国家法律、法规规定，由省级政府和省级有关权力部门规定必须缴纳或计取的费用。内容包括社会保险费、住房公积金和工程排污费。

1. 社会保险费

（1）养老保险费。养老保险费是指企业按照规定标准为职工缴纳的基本养老保险费。
（2）失业保险费。失业保险费是指企业按照规定标准为职工缴纳的失业保险费。
（3）医疗保险费。医疗保险费是指企业按照规定标准为职工缴纳的基本医疗保险费。
（4）生育保险费。生育保险费是指企业按照规定标准为职工缴纳的生育保险费。
（5）工伤保险费。工伤保险费是指企业按照规定标准为职工缴纳的工伤保险费。

2. 住房公积金

住房公积金是指企业按规定标准为职工缴纳的住房公积金。

3. 工程排污费

工程排污费是指按规定缴纳的施工现场工程排污费。
其他应列而未列入的规费，按实际发生计取。

5.6 增值税

5.6.1 增值税的含义

增值税是对纳税人生产经营活动的增值额征收的一种税，是流转税的一种。增值额是指纳税人生产经营活动实现的销售额与其从其他纳税人购入货物、劳务、服务之间的差额。

建筑安装工程费用中的增值税是指国家税法规定应计入建筑安装工程造价内的增值税。

5.6.2　增值税计算方法

《住房城乡建设部办公厅关于做好建筑业营改增建设工程计价依据调整准备工作的通知》（建办标〔2016〕4 号）要求，工程造价计算方法如下：

$$工程造价=税前工程造价\times(1+9\%)$$

其中，9%为建筑业拟征增值税税率，税前工程造价为人工费、材料费、施工机具使用费、企业管理费、利润和规费之和，各费用项目均以不包含增值税可抵扣进项税额的价格计算，相应计价依据按上述方法调整。

5.7 装配式建筑工程造价计算程序

装配式建筑工程造价计算程序见表 5.3。

表 5.3　装配式建筑工程造价计算程序

<table>
<tr><th>序号</th><th colspan="3">费用项目</th><th>计算基础</th><th>计算式</th></tr>
<tr><td rowspan="7">1</td><td rowspan="7">分部分项工程费</td><td colspan="2">人工费</td><td rowspan="5">直接费</td><td rowspan="5">定额直接费
=∑(分部分项工程量×定额基价)
工料价差调整
=定额人工费×调整系数
+∑(材料用量×材料价差)</td></tr>
<tr><td colspan="2">人工价差调整</td></tr>
<tr><td colspan="2">材料费</td></tr>
<tr><td colspan="2">材料价差调整</td></tr>
<tr><td colspan="2">施工机具使用费</td></tr>
<tr><td colspan="2">企业管理费
包含：城市维护建设税、
教育费附加、
地方教育附加</td><td>定额人工费</td><td>定额人工费×企业管理费费率</td></tr>
<tr><td colspan="2">利润</td><td>定额人工费</td><td>定额人工费×利润率</td></tr>
<tr><td rowspan="7">2</td><td rowspan="7">措施项目费</td><td rowspan="7">单价措施项目</td><td>人工费</td><td rowspan="5">单价措施项目直接费</td><td rowspan="5">定额直接费
=∑(单价措施项目工程量×定额基价)
工料价差调整
=定额人工费×调整系数
+∑(材料用量×材料价差)</td></tr>
<tr><td>人工价差调整</td></tr>
<tr><td>材料费</td></tr>
<tr><td>材料价差调整</td></tr>
<tr><td>施工机具使用费</td></tr>
<tr><td>企业管理费</td><td>单价措施项目定额人工费</td><td>单价措施项目定额人工费×间接费费率</td></tr>
<tr><td>利润</td><td>单价措施项目定额人工费</td><td>单价措施项目定额人工费×利润率</td></tr>
</table>

续表

<table>
<tr><th>序号</th><th colspan="3">费用项目</th><th>计算基础</th><th>计算式</th></tr>
<tr><td rowspan="4">2</td><td rowspan="4">措施项目费</td><td rowspan="4">总价措施项目</td><td>安全文明施工费</td><td rowspan="4">分部分项工程定额人工费+单价措施项目定额人工费</td><td rowspan="4">(分部分项工程定额人工费+单价措施项目定额人工费)×措施项目费费率</td></tr>
<tr><td>夜间施工增加费</td></tr>
<tr><td>二次搬运费</td></tr>
<tr><td>冬雨季施工增加费</td></tr>
<tr><td rowspan="4">3</td><td rowspan="4">其他项目费</td><td colspan="2">总承包服务费</td><td>分包工程造价</td><td>分包工程造价×费率</td></tr>
<tr><td colspan="2">暂列金额</td><td colspan="2" rowspan="3">根据招标工程量清单列出的项目计算</td></tr>
<tr><td colspan="2">暂估价</td></tr>
<tr><td colspan="2">计日工</td></tr>
<tr><td rowspan="3">4</td><td rowspan="3">规费</td><td colspan="2">社会保险费</td><td rowspan="3">分部分项工程定额人工费+单价措施项目定额人工费</td><td rowspan="3">(分部分项工程定额人工费+单价措施项目定额人工费)×费率</td></tr>
<tr><td colspan="2">住房公积金</td></tr>
<tr><td colspan="2">工程排污费</td></tr>
<tr><td>5</td><td></td><td colspan="2">税前造价</td><td>序 1+序 2+序 3+序 4</td><td></td></tr>
<tr><td>6</td><td>税金</td><td colspan="2">增值税</td><td>税前造价</td><td>税前造价×9%</td></tr>
<tr><td colspan="6">工程造价=序 1+序 2+序 3+序 4+序 6</td></tr>
</table>

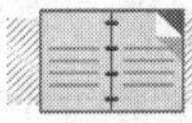

复习思考题

1. 装配式建筑工程造价由哪些费用构成？
2. 什么是分部分项工程费？它由哪些费用构成？
3. 什么是措施项目费？它由哪些费用构成？
4. 什么是其他项目费？它由哪些费用构成？
5. 什么是规费？它由哪些费用构成？
6. 什么是增值税？简述增值税的计算方法。
7. 简述装配式建筑工程造价的计算程序。
8. 是不是每一个工程都要计算工程排污费？为什么？
9. 是不是每一个工程都要计算社会保险费？为什么？

第 2 篇
装配式混凝土建筑计量与计价应用

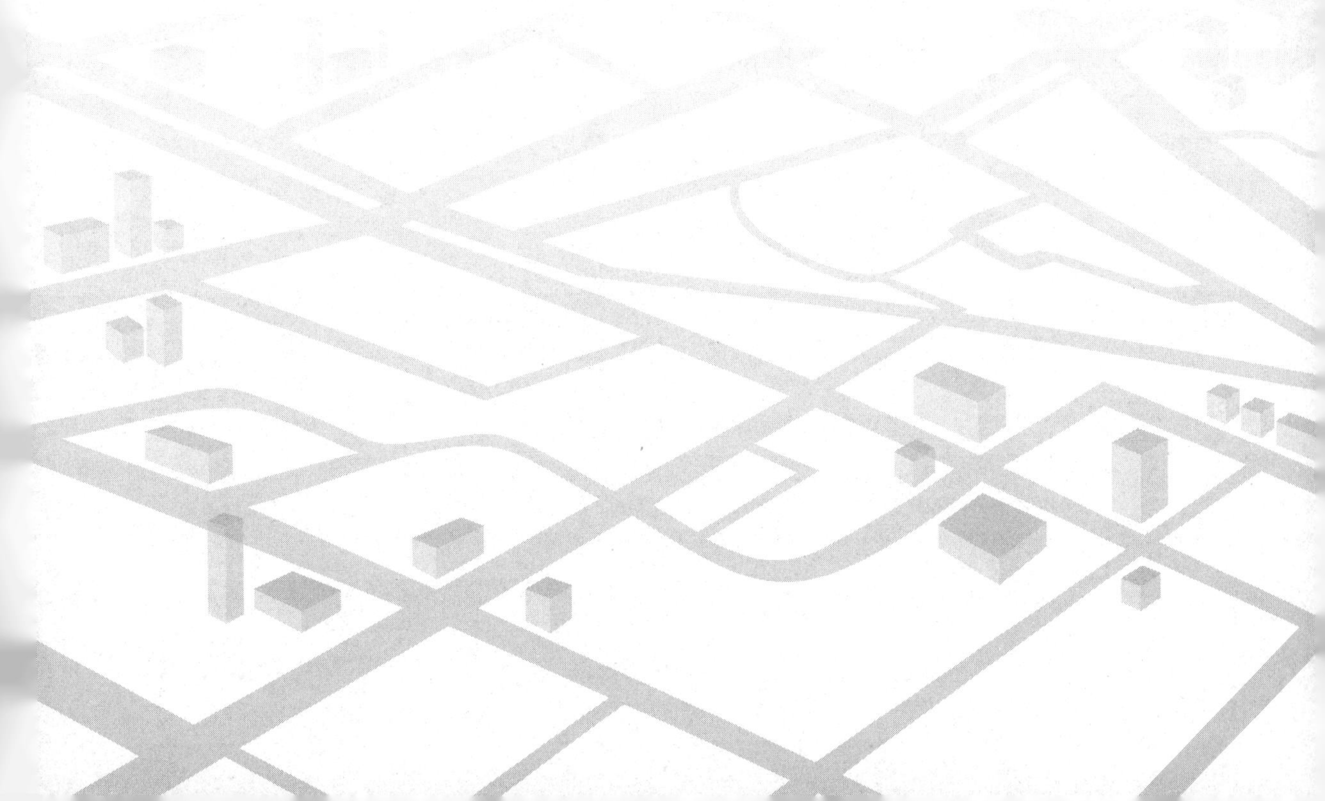

第 6 章 装配式建筑计价定额应用

课程思政

《营造法式》是中国古代最完善的关于土木建筑工程著作之一，由北宋著名建筑学家李诫编著，全书共三十四卷，由释名、各作制度、功限、料例和图样等五部分构成。其中，功限相当于现在的人工定额；料例相当于现在的材料消耗定额。《营造法式》关于人工和材料消耗量定额的应用，彰显了古代劳动人民的聪明才智，对研究古代建筑有重要参考价值。

知识目标

了解广义计价定额与狭义计价定额的区别，熟悉计价定额的类型，熟悉装配式建筑计价消耗量定额换算类型。

能力目标

掌握装配式建筑消耗量定额的直接套用方法，掌握装配式建筑计价消耗量定额换算方法。

6.1 装配式建筑计价定额概述

6.1.1 广义计价定额概念

广义的计价定额是在建设项目决策阶段、设计阶段、交易阶段、施工阶段和竣工验收阶段，确定建设工程估算造价、概算造价、预算造价、招标控制价、投标报价、承包合同价、工程变更价、工程索赔价、工程结算价以及施工成本控制价等不同时期的工程造价定额依据的总称，主要包括投资估算指标、概算指标、概算定额、预算定额、消耗量定额、单位估价表、费用定额和工期定额。

6.1.2 狭义计价定额概念

狭义的计价定额主要包括概算定额、预算定额、消耗量定额、单位估价表等定额（本书所提到的都是指狭义的计价定额）。

计价定额（消耗量定额、预算定额、单位估价表等）是规定在单位建筑产品中人工消耗量、材料消耗量、机械台班消耗量及其货币量的数量标准。

6.2 计价定额的类型

什么是工序（微课）

技术测定法（微课）

6.2.1 消耗量定额

定额中只有定额编号、项目名称、单位、人工消耗量、材料消耗量、机械台班消耗量数据，没有对应消耗量的人材机货币量数据，称为消耗量定额。

1. 装配式建筑消耗量定额的作用

装配式建筑消耗量定额是规定在一定计量单位分项工程或结构构件所需的人工、材料、机械台班消耗的数量标准，是编制施工图预算、招标标底、投标报价，确定装配式建筑工程造价的基本依据。

2. 装配式建筑消耗量定额的构成

装配式建筑消耗量定额主要包括人工消耗量指标、材料消耗量指标和机械台班消耗量指标。

（1）人工消耗量指标。人工消耗量指标包括基本用工和其他用工。基本用工是指完成分项工程的主要用工量。其他用工是指辅助基本用工完成生产任务所耗用的人工。其他用工按工作内容的不同可分为辅助用工、超运距用工和人工幅度差三项。

（2）材料消耗量指标。预算定额是计价性定额，其材料消耗量是指施工现场为完成合格产品所必需的“一切在内”的消耗，主要包括材料净用量和材料损耗量。材料净用量是指直接耗用于建筑安装工程上的构成工程实体的材料。材料损耗量包括不可避免产生的施工废料及不可避免的材料施工操作损耗等。

（3）机械台班消耗量指标。机械台班消耗量以台班为单位进行计算，每台班为 8h。编制预算定额时，除了以统一的台班产量为基础进行计算，还应考虑在合理的施工组织设计条件下机械的停歇因素，增加一定的机械幅度差。

3. 装配式建筑消耗量定额的表现形式

装配式建筑消耗量定额有多种不同表现形式，具体如下。

（1）细分工人技术等级类型的消耗量定额。例如，《装配式建筑工程消耗量定额》［TY 01-01（01）-2016］中预制混凝土柱安装消耗量定额见表 6.1。

表 6.1　装配式建筑预制混凝土柱安装消耗量定额

工作内容：支撑杆连接件预埋，结合面清理，构件吊装、就位、校正、垫实、固定，座浆料铺筑，搭设及拆除钢支撑。

计量单位：$10m^3$

定额编号				1-1
项目				实心柱
名称			单位	消耗量
人工	合计工日		工日	9.340
	其中	普工	工日	2.802
		一般技工	工日	5.604
		高级技工	工日	0.934
材料	预制混凝土柱		m^3	10.050
	干混砌筑砂浆 DM M20		m^3	0.080
	垫铁		kg	7.480
	垫木		m^3	0.010
	斜支撑杆件 ϕ48×3.5		套	0.340
	预埋铁件		kg	13.050
	其他材料费		%	0.600
机械	干混砂浆罐式搅拌机		台班	0.008

（2）细分工人工种类型的消耗量定额。例如，某地区装配式建筑后浇钢筋混凝土消耗量定额见表 6.2。

表 6.2　某地区装配式建筑后浇钢筋混凝土消耗量定额

工作内容：略。

定额编号			5062	5063	5064	5065
项目		单位	装配式建筑后浇钢筋混凝土			
			平板		圆弧形板	
			板厚 10cm	每增减 1cm	板厚 10cm	每增减 1cm
			m^2	m^2	m^2	m^2
人工	混凝土工	工日	0.0227	0.0023	0.0227	0.0023
	钢筋工	工日	0.0802	0.0082	0.0658	0.0067
	其他工	工日	0.0266	0.0027	0.0253	0.0025
	人工工日	工日	0.1295	0.0132	0.1138	0.0115
材料	泵送预拌混凝土	m^3	0.0964	0.0096	0. 0964	0.0096
	铁丝 18#～22#	kg	0.0599	0.0062	0.0655	0.0067
	水	m^3	0.1663	0.0167	0.1663	0.0167
	草袋	m^2	0.1853	0.0185	0.1853	0.0185
	成型钢筋	t	0.0108	0.0011	0.0118	0.0012
	其他材料费	%	0.0258	0.0488	0.0279	0.0391
机械	混凝土输送泵车 $75m^3/h$	台班	0.0010	0.0001	0.0010	0.0001
	混凝土振捣器　插入式	台班	0.0095	0.0010	0.0095	0.0010

（3）按综合用工表达人工类型的消耗量定额。例如，某地区装配式建筑预制叠合楼板安装消耗量定额见表 6.3。

表 6.3　某地区装配式建筑预制叠合楼板安装消耗量定额

工作内容：构件卸车，吊装、就位，结合面清理，校正、垫实、固定、接头钢筋调直、焊接，搭设及拆除钢支撑。　计量单位：m^3

定额编号				1-1
项目				预制叠合楼板
名称			单位	消耗量
人工	870001	综合工日	工日	1.252
材料	390199	装配式预制混凝土叠合楼板	m^3	1.0050
	030001	板枋材	m^3	0.0091
	010138	垫铁	kg	0.3140
	091672	低合金钢焊条 E43 系列	kg	0.6100
	830086	立支撑杆件 $\phi 48\times3.5$	套	0.2730
	830007	零星卡具	kg	3.7310
	830087	钢支撑及配件	kg	3.9850
	100321	柴油	kg	1.3231
	841001	其他材料费	%	0.6000
机械	800150	汽车起重机 12t	台班	0.0439
	800033	交流电焊机 32kV・A	台班	0.0581
	841002	其他机具费	%	4.0000

6.2.2 单位估价表类型计价定额

某地区装配式建筑预制墙安装计价定额见表 6.4。

表 6.4　某地区装配式建筑预制墙安装计价定额

工作内容：（1）按规定地点堆放、支垫稳固、构件保护、进场检验。

（2）构件翻身、铺设座浆料、就位、加固、安装、校正、垫实结点，斜支撑安拆。　计量单位：$10m^3$

定额编号				装配补-1-3	装配补-1-4
项目名称				预制 PC 外墙板	预制 PC 内墙板
基价/元				1024.42	1256.82
其中	人工费/元			731.12	794.96
	材料费/元			292.90	461.33
	机械费/元			0.40	0.53
名称		单位	单价/元	数量	
人工	综合工日	工日	76.00	9.6200	10.4600
材料	预制 PC 外墙板	m^3	—	（10.0500）	—
	预制 PC 内墙板	m^3	—	—	（10.0500）
	垫木	m^3	1600.00	0.0160	0.1300
	垫铁	kg	5.65	14.7400	14.7400
	水泥砂浆 1∶2	m^3	313.17	0.0600	0.0780
	紧固螺丝 M16	套	1.70	10.5000	13.6500
	膨胀螺栓 M16	套	3.64	21.0000	27.3000
	钢管	kg	6.48	0.1433	0.1433
	橡胶垫 各种规格综合	个	0.27	63.0000	81.9000
	橡胶止水条 50mm×20mm	m	2.00	26.5000	—
机械	灰浆搅拌机 200L	台班	125.19	0.0032	0.0042

6.2.3　综合单价类型计价定额

（1）某地区装配式建筑预制混凝土构件安装计价定额见表 6.5。

表 6.5　某地区装配式建筑预制混凝土构件安装计价定额

工作内容：构件辅助吊装、就位、校正、螺栓固定、预埋铁件、构件安装等全部操作过程。　　计量单位：m^3

定额编号				AE0555	AE0556	AE0557	AE0558
项目				装配式预制混凝土			
				柱	梁	叠合梁（底梁）	阳台板
基价/元				2332.65	2342.10	2348.89	2672.59
其中	人工费/元			81.90	78.16	83.86	94.47
	材料费/元			2235.19	2225.83	2225.83	2543.90
	机械费/元				19.55	19.55	13.67
	综合费/元			15.56	18.56	19.65	20.55
名称		单位	单价/元	数量			
材料	装配式钢筋混凝土预制柱	m^3	2150.00	1.000	—	—	—
	装配式钢筋混凝土预制梁	m^3	2200.00	—	1.000	—	—
	装配式钢筋混凝土预制叠合梁	m	2200.00	—	—	1.0010	—
	装配式钢筋混凝土预制阳台板	m^2	2450.00	—	—	—	1.000
	无收缩水泥砂浆	t	1100.00	0.051	—	—	—
	板枋材	m^3	1300.00	0.008	0.001	0.001	0.002
	低合金钢焊条 E43 系列	kg	8.50		2.260	2.260	1.582
	预埋铁件	kg	5.00	0.002	—	—	—
	垫铁	kg	4.00	0.886	1.331	1.331	2.024
	镀锌六角螺栓带螺母 2 平垫 1 弹垫 M20×100 以内	套	3.00	5.046	—	—	23.250

（2）某省装配式建筑预制柱安装全费用计价定额见表 6.6。

表 6.6　某省装配式建筑预制柱安装全费用计价定额

工作内容：支撑杆连接件预埋，结合面清理，构件吊装、就位、校正、垫实、固定，座浆料铺筑，搭设及拆除钢支撑。　　计量单位：$10m^2$

定额编号				Z1-1
项目				装配式实心柱
全费用/元				30648.63
其中	人工费/元			1069.43
	材料费/元			25585.29
	机械费/元			1.50
	管理费/元			955.16
	增值税/元			3037.25
名称		单位	单价/元	数量
人工	普工	工日	92.00	5.137
	技工	工日	142.00	4.203
材料	装配式预制混凝土柱	m^3	2516.34	10.050
	干混砌筑砂浆 DM M20	t	290.69	0.136

续表

名称		单位	单价/元	数量
材料	垫铁	kg	3.85	7.480
	垫木	m^3	1855.33	0.010
	水	m^3	3.39	0.020
	斜支撑杆件ϕ48×3.5	套	17.97	0.340
	预埋铁件	kg	3.85	13.050
	其他材料费占材料费比例	%	—	0.600
	电	kW·h	0.75	0.228
机械	干混砂浆罐式搅拌机 20000L	台班	187.32	0.008

6.2.4 全费用类型计价定额

某市装配式建筑预制混凝土梁安装全费用计价定额见表6.7。

表6.7 某市装配式建筑预制混凝土梁安装全费用计价定额

工作内容：结合面清理；构件吊装、就位、支撑加固、校正、垫实固定；接头钢筋调直；搭设及拆除钢支撑。 计量单位：$10m^3$

子目编号				100001-3	100001-4	100001-5	2016年3月人材机参考价格
子目名称				预制混凝土梁安装			
				单构件体积 $0.5m^3$ 以内	单构件体积 $2m^3$ 以内	单构件体积 $2m^3$ 以外	
2016年3月全费用参考综合单价			元	4414.95	4085.17	3858.80	
全费用参考综合单价构成	2016年3月参考综合单价		元	3965.58	3669.37	3466.03	
	其中	人工费	元	2875.69	2656.23	2520.35	
		材料费	元	211.83	201.36	187.16	
		机械费	元	225.50	208.71	187.22	
		管理费	元	463.72	428.34	406.25	
		利润	元	188.84	174.73	165.05	
	安全文明施工措施费		元	95.17	88.06	83.18	
	规费		元	207.91	192.38	181.72	
	税金		元	146.29	135.36	127.87	
	人材机名称		单位	人工费及材料、机械消耗量构成			
人工费	普工人工费		元	264.01	200.21	245.90	
	技工人工费		元	1699.84	1634.88	1495.86	
	高级技工人工费		元	911.84	821.14	778.59	
材料	预制混凝土梁		m^3	10.050	10.050	10.050	—
	支撑钢管及扣件		kg	33.560	31.160	28.024	4.80
	垫铁		kg	7.110	6.920	6.680	3.15
	松杂枋板材（周转材）		m^3	0.015	0.016	0.017	1750.00
	其他材料费		%	1.000	1.000	1.000	—
机械	汽车式起重机 提升质量16t		台班	0.188	0.174	—	1199.46
	汽车式起重机 提升质量25t		台班	—	—	0.131	1429.18

6.2.5 各计价定额类型示例

以装配式预制实心柱为例，各计价定额类型表示如下。

（1）消耗量式计价定额。装配式预制实心柱吊装消耗量定额见表 6.8。

（2）单位估价表式计价定额。装配式预制实心柱吊装单位估价表式计价定额见表 6.9。

表 6.8　装配式预制实心柱吊装消耗量定额

工作内容：支撑杆连接件预埋，结合面清理，构件吊装、就位、校正、垫实、固定，座浆料铺筑，搭设和拆除钢支架。

计量单位：$10m^3$

定额编号				2-5
项目				预制实心柱
名称			单位	消耗量
人工	合计工日		工日	9.34
	其中	普工	工日	2.802
		技工	工日	6.538
材料	预制混凝土柱		m^3	10.050
	干混砌筑砂浆 DM M20		m^3	0.080
	垫铁		kg	7.480
	垫木		m^3	0.010
	斜支撑杆件ϕ48×3.5		套	0.340
	预埋铁件		kg	13.050
	其他材料费		%	0.600
机械	干混砂浆罐式搅拌机		台班	0.008

表 6.9　装配式预制实心柱吊装单位估价表式计价定额

工作内容：支撑杆连接件预埋，结合面清理，构件吊装、就位、校正、垫实、固定，座浆料铺筑，搭设和拆除钢支架。

计量单位：$10m^3$

定额编号				2-5
项目				预制实心柱
基价/元				1545.23
其中	人工费/元			1401.00
	材料费/元			142.71
	机械费/元			1.52
名称		单位	单价/元	数量
人工	综合用工	工日	150.00	9.34
材料	预制混凝土柱	m^3	—	10.050
	干混砌筑砂浆 DM M20	m^3	350.15	0.080
	垫铁	kg	4.05	7.480
	垫木	m^3	1600.00	0.010
	斜支撑杆件ϕ48×3.5	套	21.97	0.340
	预埋铁件	kg	4.05	13.050
	其他材料费	元	—	8.08
机械	干混砂浆罐式搅拌机	台班	190.32	0.008

（3）综合单价式计价定额。装配式预制实心柱吊装综合单价定额见表 6.10。

表 6.10　装配式预制实心柱吊装综合单价定额

工作内容：支撑杆连接件预埋，结合面清理，构件吊装、就位、校正、垫实、固定，座浆料铺筑，搭设和拆除钢支架。

计量单位：$10m^3$

定额编号				2-5
项目				预制实心柱
基价/元				1825.73
其中	人工费/元			1401.00
	材料费/元			142.71
	机械费/元			1.52
	综合费/元			280.50
	名称	单位	单价/元	数量
人工	综合用工	工日	150.00	9.34
材料	预制混凝土柱	m^3	—	10.050
	干混砌筑砂浆 DM M20	m^3	350.15	0.080
	垫铁	kg	4.05	7.480
	垫木	m^3	1600.00	0.010
	斜支撑杆件ϕ48×3.5	套	21.97	0.340
	预埋铁件	kg	4.05	13.050
	其他材料费	元		8.08
机械	干混砂浆罐式搅拌机	台班	190.32	0.008

（4）全费用式计价定额。装配式预制实心柱吊装全费用定额见表 6.11。

表 6.11　装配式预制实心柱吊装全费用定额

工作内容：支撑杆连接件预埋，结合面清理，构件吊装、就位、校正、垫实、固定，座浆料铺筑，搭设和拆除钢支架。

计量单位：$10m^3$

定额编号				2-5
项目				预制实心柱
全费用/元				2170.11
其中	人工费/元			1401.00
	材料费/元			142.71
	机械费/元			1.52
	综合费/元			280.50
	安全文明施工措施费			46.23
	规费			100.87
	增值税			197.28
	名称	单位	单价/元	数量
人工	综合用工	工日	150.00	9.34
材料	预制混凝土柱	m^3	—	10.050
	干混砌筑砂浆 DM M20	m^3	350.15	0.080
	垫铁	kg	4.05	7.480
	垫木	m^3	1600.00	0.010
	斜支撑杆件ϕ48×3.5	套	21.97	0.340
	预埋铁件	kg	4.05	13.050
	其他材料费	元		8.08
机械	干混砂浆罐式搅拌机	台班	190.32	0.008

装配式建筑消耗量定额的直接套用

6.3.1　概述

当施工图的设计要求与消耗量定额的项目内容一致时，可直接套用定额的人工、材料、机械消耗量，并可以根据消耗量定额及参考价目表或当时当地人工、材料、机械的市场价格，计算该分项工程的直接工程费以及人工、材料、机械所需量。在套用消耗量定额时要注意以下两点。

（1）根据施工图样，分项工程的实际做法与工作内容必须与定额项目规定的完全相符时才能直接套用，否则，必须根据有关规定进行换算或补充。

（2）分项工程名称和计量单位要与消耗量定额一致。

6.3.2　示例

【例 6-1】　采用 C30 泵送商品混凝土浇筑 50m^3 PC 楼板后浇带，试根据相应消耗量定额计算完成该分项工程的人工、材料、机械台班消耗量及定额基价。

（1）人工市场价。普工：120 元/工日；一般技工：160 元 /工日；高级技工：200 元 / 工日。

（2）材料市场价。C30 预拌混凝土：330 元/m^3；塑料薄膜：0.10 元/m^2；水：2.00 元/m^3；电：0.80 元/（kW·h）。

解：（1）根据分项工程的工作内容和消耗量定额（表 6.12）的相应内容，确定套用定额编号为 1-30 的消耗量定额，其内容为：每 10m^3 PC 楼板后浇带消耗人工为普工 1.881 工日，一般技工 3.762 工日，高级技工 0.627 工日；消耗材料为预拌混凝土 C30 10.150m^3，塑料薄膜 175.000m^2，水 3.680m^3，电 4.320kW·h。

（2）计算该分项工程人材机消耗量。人工消耗量如下：

普工　　　　1.881×(50/10)=9.405（工日）

一般技工　　3.762×(50/10)=18.810（工日）

高级技工　　0.627×(50/10)=3.135（工日）

材料消耗量为

预拌混凝土 C30　　10.150×(50/10)=50.750（m^3）

塑料薄膜　　175.000×(50/10)=875.000（m^2）

水　　3.680×(50/10)=18.400（m^3）

电　　4.320×(50/10)=21.600（kW·h）

（3）计算该分项工程定额基价。

人工费：1.881×120+3.762×160+0.627×200=953.04（元）

材料费：10.15×330+175×0.1+3.68×2+4.32×0.8=3377.82（元）

定额基价：953.04+3377.82=4330.86（元/10m^3）

表 6.12　装配式建筑后浇混凝土浇捣计价定额

工作内容：浇筑、振捣、养护等。　　　　计量单位：10m^3

定额编号				1-29	1-30	1-31	1-32
项目				梁、柱接头	叠合梁、板	叠合剪力墙	连接墙、柱
名称			单位	消耗量			
人工	合计工日		工日	27.720	6.270	9.427	12.593
	其中	普工	工日	8.316	1.881	2.828	3.778
		一般技工	工日	16.632	3.762	5.656	7.556
		高级技工	工日	2.772	0.627	0.943	1.259
材料	泵送商品混凝土 C30		m^3	10.150	10.150	10.150	10.150
	聚乙烯薄膜		m^2	—	175.000	—	—
	水		m^3	2.000	3.680	2.200	1.340
	电		kW·h	8.160	4.320	6.528	6.528

装配式建筑消耗量定额换算

6.4.1　概述

当施工图设计要求与消耗量定额中的工程内容、材料规格、施工方法等条件不完全相符时，则不可以直接套用消耗量定额，应按照消耗量定额规定的换算方法对项目进行调整换算。

6.4.2　砂浆换算

当装配式建筑施工图设计的砂浆配合比与装配式建筑预算定额的砂浆配合比不同时，可以按定额规定进行换算。砂浆换算公式为

换算后定额基价=原定额基价+定额砂浆用量×(换入砂浆单价−换出砂浆单价)

【例 6-2】　某装配式住宅工程施工图设计要求，PC 柱座浆采用干混砌筑砂浆 DM M20，需要对原预算定额（单位估价表）中的砂浆 DM M10 进行换算。

（1）换算用定额。某地区装配式建筑预制实心柱安装单位估价表见表 6.13。

表 6.13　某地区装配式建筑预制实心柱安装单位估价表

工作内容：支撑杆连接件预埋，结合面清理，构件吊装、就位、校正、垫实、固定，
座浆料铺筑，搭设和拆除钢支架。　　计量单位：$10m^3$

定额编号				2-5
项目				预制实心柱
基价/元				976.87
其中	人工费/元			840.60
	材料费/元			134.75
	机械费/元			1.52
名称		单位	单价/元	数量
人工	综合用工	工日	90.00	9.34
材料	预制混凝土柱	m^3	—	（10.050）
	干混砌筑砂浆 DM M10	m^3	256.30	0.080
	垫铁	kg	4.05	7.480
	垫木	m^3	1600.00	0.010
	斜支撑杆件ϕ48×3.5	套	21.97	0.340
	预埋铁件	kg	4.05	13.050
	其他材料费	元		7.63
机械	干混砂浆罐式搅拌机	台班	190.32	0.008

（2）换算用半成品配合比表见表 6.14。

表 6.14　砌筑砂浆配合比表

定额编号				F-110	F-111	F-112	F-113
项目		单位	单价/元	干混水泥砂浆			
				DM M5	DM M10	DM M15	DM M20
基价		元		223.92	256.30	282.74	332.18
材料	42.5 级水泥	kg	0.50	270.00	341.00	397.00	499.00
	中砂	m^3	78.00	1.140	1.100	1.080	1.060

解：换算定额号：表 6.13 的 2-5 定额（表 6.14 的 F-113 换 F-111）。

换算后定额基价=原定额基价+定额砂浆用量×(换入砂浆单价−换出砂浆单价)

=976.87+0.08×(332.18−256.30)

=976.87+0.08×75.88

=976.87+6.07

=982.94（元/$10m^3$）

6.4.3　混凝土换算

当设计要求采用的混凝土强度等级、粗骨料种类与消耗量定额相应子目不符时，应进行换算。换算时混凝土用量不变，人工费、机械费不变，只换算混凝土强度等级、粗

骨料种类。换算公式为

换算后基价=原定额基价+定额混凝土用量×(换入混凝土单价−换出混凝土单价)

半成品混凝土配合比表见表6.15。某省消耗量定额主要材料取定单价见表6.16。

表6.15 普通塑性混凝土配合比表（摘录） 计量单位：m^3

定额编号		附-1	附-2	附-3	附-4	附-5
项目		C15	C20	C25	C30	C35
		碎石粒径<40mm				
材料	单位	数量	数量	数量	数量	数量
32.5MPa水泥	t	0.263	0.330	0.388	0.446	—
42.5MPa水泥	t	—	—	—	—	0.396
中砂	m^3	0.584	0.500	0.450	0.410	0.444
<40mm碎石	m^3	0.787	0.814	0.820	0.816	0.820
水	m^3	0.190	0.190	0.190	0.190	0.190

表6.16 某省消耗量定额主要材料取定单价

序号	材料名称及规格	计量单位	取定单价/元
1	普通硅酸盐水泥32.5级	t	290
2	普通硅酸盐水泥42.5级	t	320
3	碎石	m^3	40
4	中（粗）砂	m^3	38
5	水	m^3	2

【例6-3】 试求现浇C30混凝土无梁满堂基础（表6.17）的基价。

（1）人工市场价。普工：120元/工日；一般技工：160元/工日；高级技工：200元/工日。

（2）材料市场价。塑料薄膜：0.10元/ m^2；水：2.00元/ m^3；电：0.80元/（kW·h）。

（3）机械台班市场价。混凝土抹平机：50元/台班。

表6.17 现浇混凝土基础消耗量定额

工作内容：浇筑、振捣、养护等。 计量单位：$10m^3$

定额编号				5-7	5-8	5-9	5-10
项目				满堂基础		设备基础	二次灌浆
				有梁式	无梁式		
名称			单位	消耗量			
人工	合计工日		工日	3.107	2.537	2.611	19.352
	其中	普工	工日	0.932	0.761	0.783	5.806
		一般技工	工日	1.864	1.522	1.567	11.611
		高级技工	工日	0.311	0.254	0.261	1.935
材料	预拌细石混凝土C20		m^3	—	—	—	10.100
	预拌混凝土C20		m^3	10.100	10.100	10.100	—
	塑料薄膜		m^2	25.295	25.095	14.761	—
	水		m^3	1.339	1.520	0.900	5.930
	电		kW·h	2.310	2.310	2.310	—
机械	混凝土抹平机		台班	0.035	0.030	—	—

解：（1）根据表 6.15 及表 6.16，可知每立方米预拌 C20 混凝土基价为

$$0.330\times290+0.500\times38+0.814\times40+0.190\times2=147.64\text{（元）}$$

每立方米预拌 C30 混凝土基价为

$$0.446\times290+0.410\times38+0.816\times40+0.190\times2=177.94\text{（元）}$$

（2）根据表 6.17 可知换算定额编号为 5-8，计算该项目定额基价。

人工费：$0.761\times120+1.522\times160+0.254\times200=385.64$（元）

材料费：$10.1\times147.64+25.095\times0.1+1.52\times2+2.31\times0.8=1498.56$（元）

机械费：$0.03\times50=1.5$（元）

定额基价：$385.64+1498.56+1.5=1885.7$（元/$10m^3$）

（3）折算后定额基价为

$$1885.7+10.1\times(177.94-147.64)=1885.7+306.03=2191.73\text{（元/}10m^3\text{）}$$

（4）折算后材料用量（每 $10m^3$）。

32.5 级水泥：$10.1\times446=4504.6$（kg）

中砂：$10.1\times0.410=4.141$（m^3）

碎石：$10.1\times0.816=8.242$（m^3）

6.4.4　灌浆料换算

柱、墙板、女儿墙等构件安装定额中，构件底部座浆按砌筑砂浆铺筑考虑，遇设计采用灌浆料的，除灌浆材料单价换算以及扣除干混砂浆罐式搅拌机台班外，每 $10m^3$ 构件安装定额另行增加人工 0.7 工日，其余不变。

【例 6-4】　某装配式住宅工程施工图设计要求，PC 柱座浆采用高强无收缩灌浆料，需要对原预算定额（单位估价表）中的砂浆进行换算，扣除砂浆搅拌机台班，增加人工 0.7 工日。

已知：高强无收缩灌浆料：2500 元/m^3；普工单价：60 元/工日。

解：　灌浆料换算后定额基价

=原定额基价+定额砂浆用量×(换入砂浆单价−换出砂浆单价)

−砂浆搅拌机台班费+增加的人工费

$=970.00+0.08\times(2500.00-256.30)-1.52+0.7\times60.00$

$=970.00+0.08\times2243.7-1.52+42.00$

$=970.00+179.50-1.52+42.00$

$=1189.98$（元/$10m^3$）

6.4.5　其他换算

外墙嵌缝、打胶定额中注胶缝的断面按 20mm×15mm 编制，若设计断面与定额不同

时，密封胶用量按比例调整，其余不变。定额中的密封胶按硅酮耐候胶考虑，遇设计采用的种类与定额不同时，材料单价应进行换算。换算公式为

换算后定额基价=原定额基价+密封胶单价×(换入密封胶用量−定额密封胶用量)

式中，换入密封胶用量=定额密封胶用量×密封胶系数；密封胶系数=设计密封胶断面÷定额密封胶断面。

【例 6-5】 某装配式住宅工程施工图设计要求，外墙嵌缝断面按 25mm×20mm 施工，需要对原预算定额（单位估价表）中的密封胶进行换算。

某地区装配式建筑嵌缝、打胶单位估价表见表 6.18。

表 6.18 某地区装配式建筑嵌缝、打胶单位估价表

定额编号				1-22
项目				嵌缝、打胶（每 10m）
基价/元				534.38
其中	人工费/元			103.70
	材料费/元			430.68
	机械费/元			—
名称		单位	单价/元	
人工	综合用工	工日	85.00	1.22
材料	泡沫条	m	1.50	10.20
	双面胶带	m	7.80	20.40
	硅酮密封胶	L	80.00	3.15
	其他材料费	元	—	4.26

解：（1）确定密封胶系数。

密封胶系数=设计密封胶断面÷定额密封胶断面=(25×20)÷(20×15)=1.67

换入密封胶用量=定额密封胶用量×密封胶系数=3.15×1.67=5.26（L）

（2）定额基价换算。

换算后定额基价=原定额基价+密封胶单价×(换入密封胶用量−定额密封胶用量)

=534.38+80.00×(5.26−3.15)

=534.38+80.00×2.11

=534.38+168.80

=703.18（元/10m）

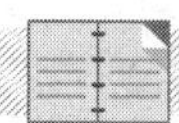

复习思考题

1．什么是广义计价定额？它包含哪些内容？

2．什么是狭义计价定额？它包含哪些内容？

3．什么是消耗量定额？

4．举例说明消耗量定额。
5．什么是单位估价表类型计价定额？
6．举例说明单位估价表类型计价定额。
7．什么是全费用类型计价定额？它包含什么内容？
8．单位估价表与消耗量定额是什么关系？
9．如何直接套用装配式建筑消耗量定额？
10．简述装配式建筑消耗量定额换算内容与方法。

第 7 章 现浇混凝土（构件）工程量计算

课程思政

《孙子算经》是中国古代重要的数学著作，成书于公元 400 年前后，作者不详，“河上荡杯”“鸡兔同笼”问题广泛流传。《孙子算经》记载了最早的工程量计算方法和用工数量计算方法，如：“今有筑城，上广二丈，下广五丈四尺，高三丈八尺，长五千五百五十尺。秋程人功三百尺，问须功几何？”按题意得出：(20+54)×1/2 × 38=1406（平方尺）；1406×5550=7803300（立方尺）；7803300 ÷ 300=26011（个）。这就是计算工程量和所需人工的方法。

知识目标

熟悉现浇混凝土基础的类型，熟悉装配式混凝土建筑后浇段的种类。

能力目标

掌握现浇独立基础工程量计算方法，掌握装配式混凝土建筑后浇段工程量计算方法。

工程量有何作用（微课）

7.1 现浇独立基础工程量计算

挖基坑土方工程量计算（微课）

7.1.1 基坑土方工程量计算

1. 基坑定义

底长≤3 倍底宽且底面面积≤150m^2为基坑，见图 7.1。基坑土方按体积（m^3）计算工程量。

2. 基坑放坡

基坑开挖时，为了防止其在施工中塌方，挖到一定深度时，需要放坡，见图 7.2。

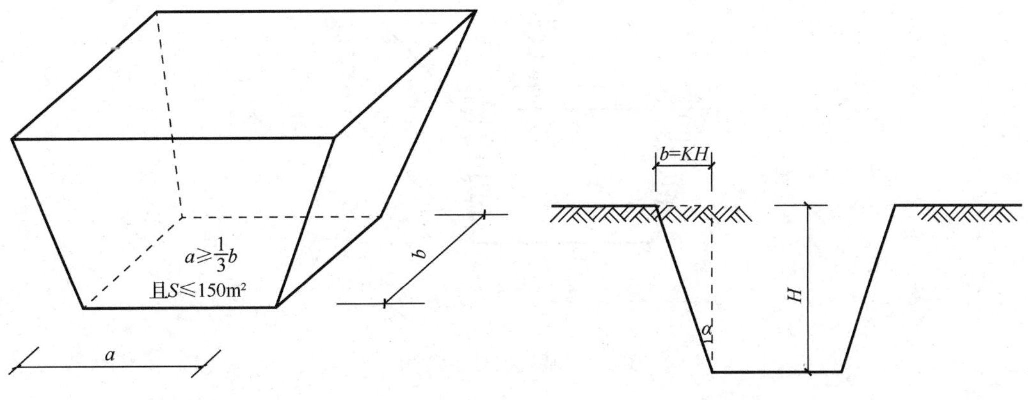

图 7.1　基坑示意图　　　　图 7.2　基坑断面放坡示意图

放坡系数 $K=b/H$，则放坡宽度 $b=KH$。当放坡系数 K 为 0.50、挖土深度 H 为 2.0m 时，放坡宽度 $b=0.50\times2.0=1.0$（m）。放坡系数 K 值通过坡形设计和稳定性计算得出（表 7.1）。

表 7.1　土方放坡起点深度和放坡坡度

土壤类别	放坡起点/m	人工挖土	机械挖土	
			基坑内作业	基坑上作业
一、二类土	>1.20	1∶0.5	1∶0.33	1∶0.75
三类土	>1.50	1∶0.33	1∶0.25	1∶0.67
四类土	>2.00	1∶0.25	1∶0.10	1∶0.33

注：1. 沟槽、基坑中土壤类别不同时，分别按其放坡起点、放坡系数，依不同土壤厚度加权平均计算。

2. 计算放坡时，在交接处的重复工程量不予扣除，原槽、坑作基础垫层时，放坡从垫层上表面开始计算。

3. 基坑开挖土方工程量计算公式

基坑开挖土方工程量计算公式为

$$V=(a+2c+KH)(b+2c+KH)H+\frac{1}{3}K^2H^3$$

式中，V——基坑开挖土方工程量（m^3）；

a——垫层宽（m）；

b——垫层长（m）；

c——工作面宽度（m）；

K——放坡系数；

H——坑深（m）。

基坑放坡示意图见图 7.3。

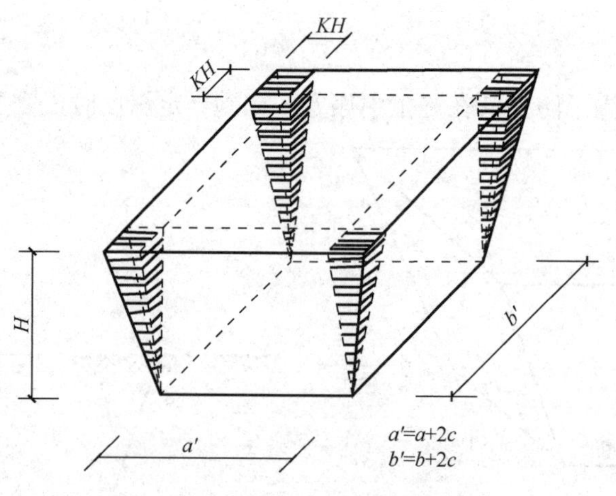

图 7.3　基坑放坡示意图

4. 基坑土方工程量计算示例

【例 7-1】　某独立基础土方为四类土，混凝土基础垫层长和宽分别为 2.00m 和 1.60m，基坑深 2.10m，计算该基坑挖土方工程量（图 7.4）。

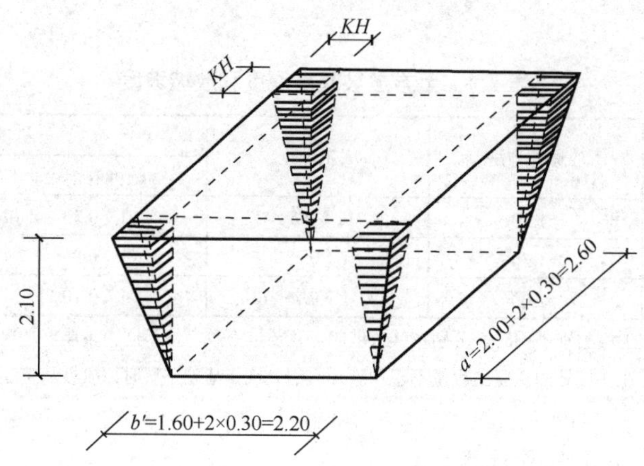

图 7.4　基坑尺寸图

解：已知 a=2.00m，b=1.60m，H=2.1m，K=0.25（查表），c=0.30（查表）。

V=(垫层长+2×工作面宽度+KH)(垫层宽+2×工作面宽度+KH)$H+\frac{1}{3}K^2H^3$

$=(2.00+2\times0.30+0.25\times2.10)\times(1.60+2\times0.30+0.25\times2.10)\times2.10+\frac{1}{3}\times0.25^2\times2.10^3$

= 18.08（m^3）

7.1.2　现浇混凝土台阶式杯形基础工程量计算

1. 计算公式

现浇混凝土台阶式杯形基础工程量计算公式为

$$V=\text{基础外形体积}-\text{杯口体积}=\left(\sum\text{基础各层台阶体积}\right)-\frac{1}{3}\times\left(S_1+S_2+\sqrt{S_1\times S_2}\right)\times h$$

式中，S_1——下杯口面积（m^2）；

S_2——上杯口面积（m^2）；

h——杯口深（m）。

2. 现浇混凝土台阶式杯形基础施工图

现浇混凝土台阶式杯形基础施工图见图 7.5、图 7.6。

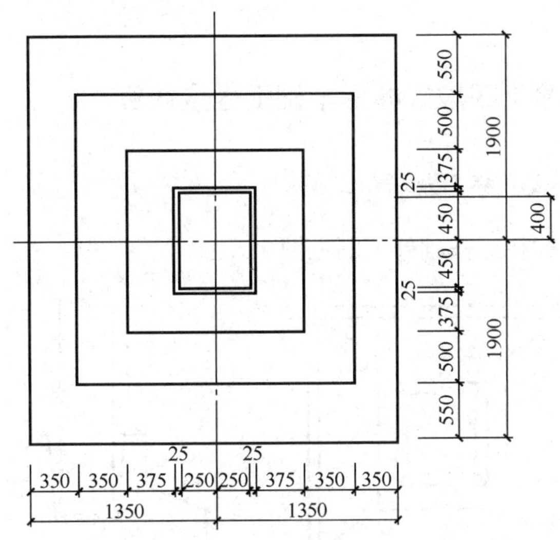

图 7.5　现浇混凝土台阶式杯形基础平面图

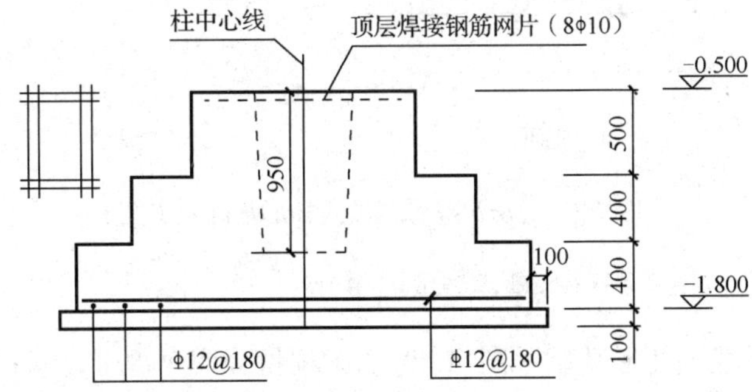

图 7.6　现浇混凝土台阶式杯形基础剖面图

现浇混凝土台阶式杯形基础的工程量分四个部分计算：①底部立方体；②中部立方体；③上部立方体；④杯口空心棱台体。

3. 现浇混凝土台阶式杯形基础工程量计算

【例 7-2】 根据图 7.5、图 7.6 所示尺寸，计算现浇混凝土台阶式杯形基础工程量。

解：V=基础外形体积-杯口体积

$=\left(\sum\text{基础各层台阶体积}\right)-\frac{1}{3}\times\left(S_1+S_2+\sqrt{S_1\times S_2}\right)h$

$=(2.7\times3.8\times0.4+2.0\times2.7\times0.4+1.3\times1.7\times0.5)-\frac{1}{3}\times\left(0.55\times0.95+0.5\times0.9+\sqrt{0.5225\times0.45}\right)\times0.95$

$=7.369-\frac{1}{3}\times1.4574\times0.95$

$=7.369-0.4858\times0.95$

$=7.369-0.4615$

$=6.91\,(m^3)$

7.1.3 现浇混凝土四坡式杯形基础工程量计算

1. 现浇混凝土四坡式杯形基础施工图

现浇混凝土四坡式杯形基础施工图见图 7.7。

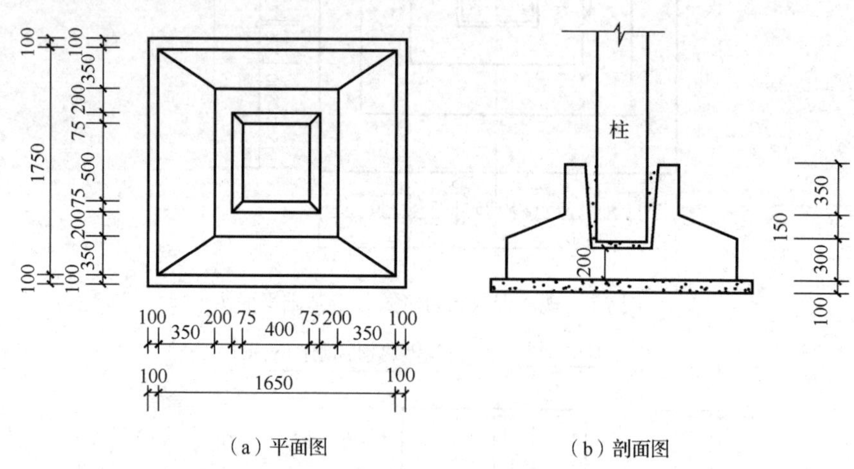

（a）平面图　　（b）剖面图

图 7.7　现浇混凝土四坡式杯形基础施工图

2. 现浇混凝土四坡式杯形基础工程量计算

现浇混凝土四坡式杯形基础（图 7.7）的工程量分四个部分计算：①底部立方体；②中部棱台体；③上部立方体；④杯口空心棱台体。

【例 7-3】　计算图 7.7 所示现浇混凝土四坡式杯形基础的工程量。

解： V=底部立方体+中部棱台体+上部立方体−杯口空心棱台体

$$=1.65\times1.75\times0.30+\frac{1}{3}\times0.15\times\left[1.65\times1.75+0.95\times1.05+\sqrt{(1.65\times1.75)\times(0.95\times1.05)}\right]$$

$$+0.95\times1.05\times0.35-\frac{1}{3}\times(0.8-0.2)\times\left[0.4\times0.5+0.55\times0.65+\sqrt{(0.4\times0.5)\times(0.55\times0.65)}\right]$$

$$=0.866+0.279+0.349-0.165=1.33\text{（m}^3\text{）}$$

7.2 有肋带形基础工程量计算

1. 有肋带形基础

有肋带形基础示意图见图 7.8。

2. 有肋带形基础 T 形接头

有肋带形基础 T 形接头示意图见图 7.9。

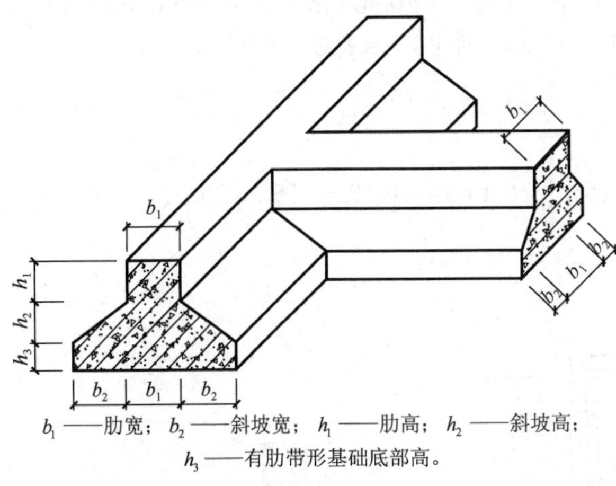

图 7.8　有肋带形基础示意图

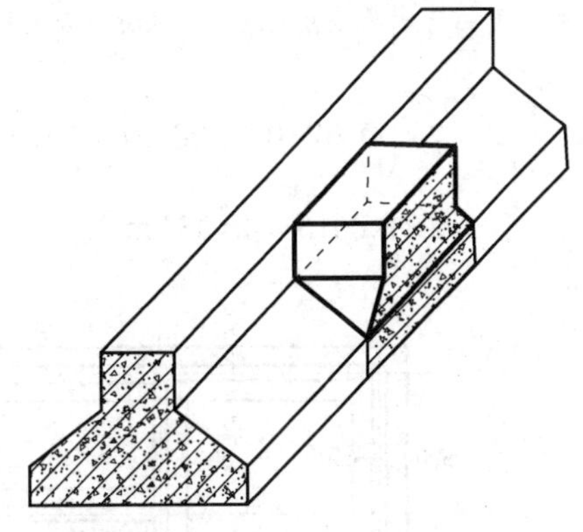

图 7.9　有肋带形基础 T 形接头示意图

3. T 形接头分解

将 T 形接头分解为可以采用体积公式计算的形状，见图 7.10。

4. T 形接头工程量计算公式

T 形接头工程量计算公式为

$$V = V_1 + V_2 + 2 \times V_3$$

式中，

$$V_1 = b_1 \times b_1 \times h_1 ;\quad V_2 = h_2 \times b_2 \times \frac{1}{2} \times b_1 ;\quad V_3 = h_2 \times b_2 \times \frac{1}{2} \times b_2 \times \frac{1}{3}$$

则

$$V = V_1 + V_2 + 2 \times V_3 = b_1 \times h_1 \times b_1 + b_2 \times h_2 \times \frac{1}{2} \times b_1 + \frac{1}{3} \times b_2 \times h_2 \times b_2$$

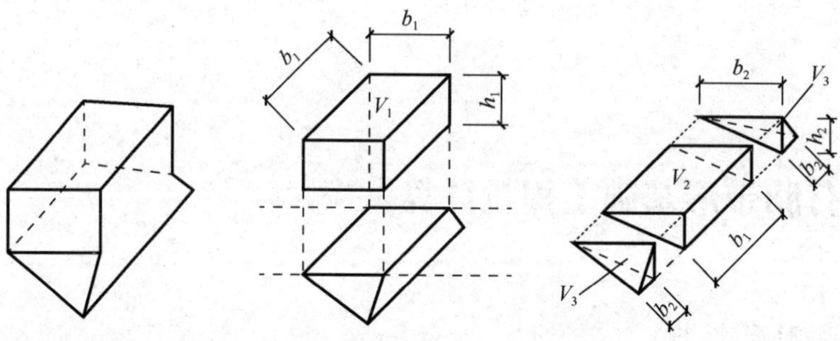

图 7.10　T 形接头分解示意图

5. 有肋带形基础工程量计算示例

【例 7-4】　计算图 7.11 所示的混凝土基础 T 形接头处工程量。

解： b_1=0.24+2×0.08=0.40（m）；b_2=（1.00−0.40）÷2=0.30（m）：h_1=0.30m；h_2=0.15m。图 7.11 所示的混凝土基础有 2 处 T 形接头，则 T 形接头处工程量为

$$\begin{aligned} V &= 2 \times \left(b_1 \times h_1 \times b_1 + b_2 \times h_2 \times \frac{1}{2} \times b_1 + \frac{1}{3} \times b_2 \times h_2 \times b_2 \right) \\ &= 2 \times \left(0.40 \times 0.30 \times 0.40 + 0.30 \times 0.15 \times \frac{1}{2} \times 0.40 + \frac{1}{3} \times 0.30 \times 0.15 \times 0.30 \right) \\ &= 2 \times 0.0615 = 0.123 (\text{m}^3) \end{aligned}$$

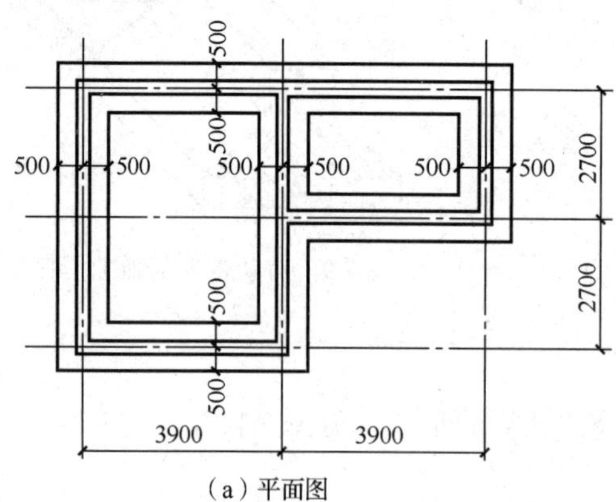

（a）平面图

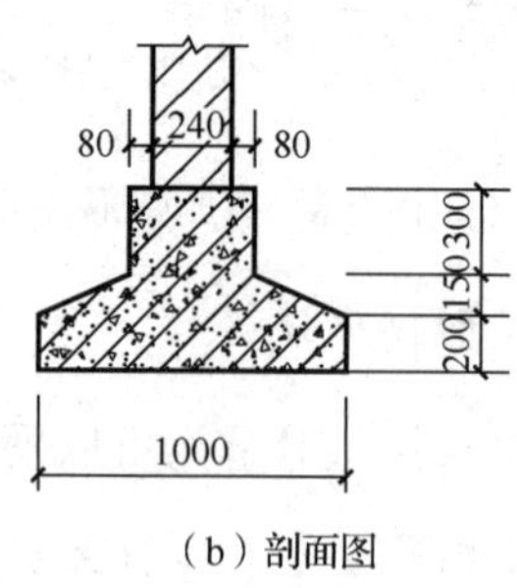

（b）剖面图

图 7.11　某工程有肋带形基础施工图

7.3 装配式混凝土建筑后浇段工程量计算

7.3.1　工程量计算规则概述

后浇混凝土浇捣工程量按设计图示尺寸以实体积计算，不扣除混凝土内钢筋、预埋件及单个面积小于 0.3m^2 的孔洞所占的体积。后浇混凝土的体积计算主要包括连接墙、连接柱的后浇段，叠合剪力墙、叠合梁、叠合板的后浇段，梁、柱的接头部分，剪力键（槽）的混凝土体积。

7.3.2　预制墙后浇段种类

预制墙的接头有很多种类，主要包括预制墙的竖向接缝构造、预制墙的水平接缝构造、连梁及楼面梁与预制墙的连接构造。

连接墙、柱的接缝相对比较规整，截面以矩形为主，组合面通常存在于拐角处，后浇混凝土的工程量计算较简单，见图 7.12～图 7.14。

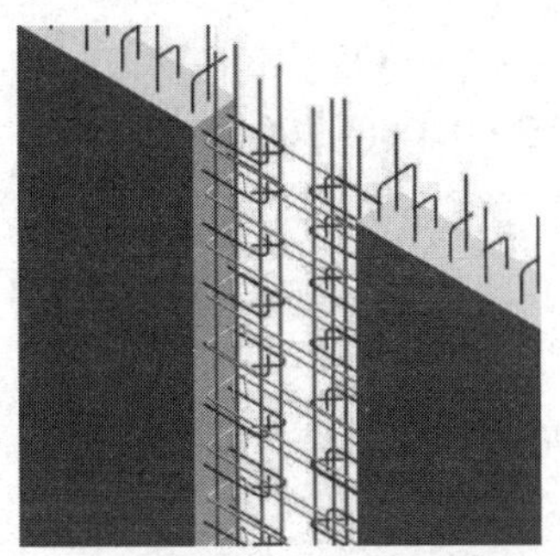

图 7.12　墙竖向一字型接缝

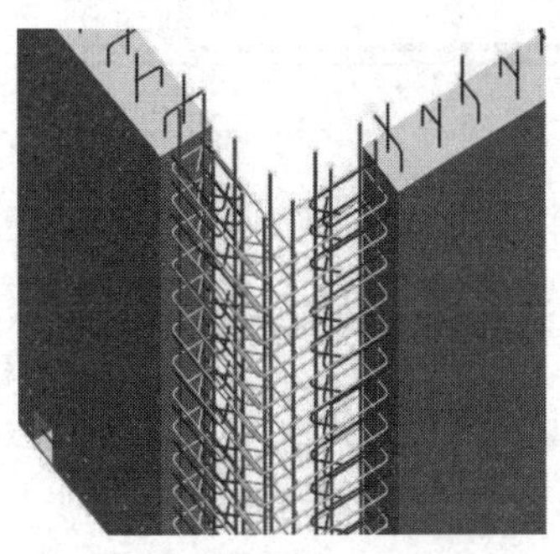

图 7.13　墙竖向直角型接缝

图 7.14　预制墙与楼面梁（墙）的水平连接后浇带

7.3.3 预制墙的竖向接缝混凝土工程量计算

后浇混凝土体积以实体积计算，不扣除混凝土内钢筋、预埋件及单个面积小于 $0.3m^2$ 的孔洞所占的体积。后浇混凝土体积计算公式为

后浇混凝土体积=墙厚×接缝宽度×接缝上下标高高差

1. 墙厚相同时后浇混凝土体积工程量计算

当墙厚相同时，后浇混凝土体积计算公式为后浇混凝土体积=墙厚×接缝宽度×接缝上下标高高差，即

$$V = b_{\mathrm{W}} \times l_{\mathrm{E}} \times \Delta h_{\mathrm{V}}$$

式中，b_{W}——预制墙厚度（m）；

l_{E}——接缝宽度（m）；

Δh_{V}——竖向接缝上下标高高差（m）。

【例 7-5】 预制剪力墙厚 200mm，抗震等级为三级，混凝土强度等级为 C35，剪力墙接头的标高范围为±0.000～4.200m，预制剪力墙的竖向接缝详图见图 7.15。计算该竖向接缝的后浇混凝土体积。

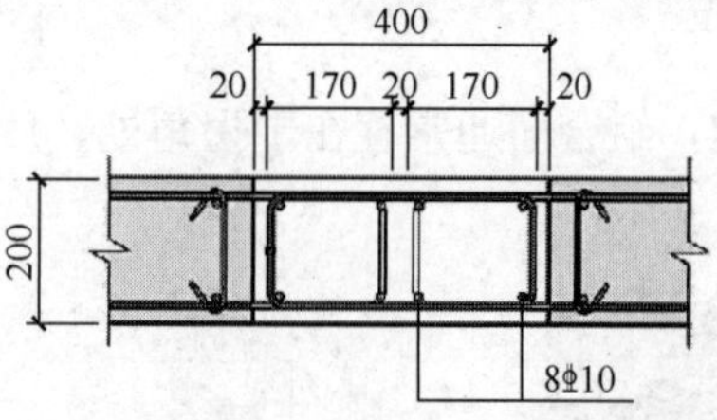

图 7.15 预制剪力墙的竖向接缝详图

解：根据计算公式得，

$$\begin{aligned} V &= b_{\mathrm{W}} \times l_{\mathrm{E}} \times \Delta h_{\mathrm{V}} \\ &= 0.2 \times 0.4 \times (4.200 - 0.000) \\ &= 0.336(\mathrm{m}^3) \end{aligned}$$

2. 墙厚不相同时后浇混凝土的体积工程量计算

当墙厚不相同时，应当对接缝进行分割体积计算。后浇混凝土体积计算公式为

$$V = b_{\mathrm{W}} \times l_{中} \times \Delta h_{\mathrm{V}}$$

或

$$V = \sum_{i=1}^{n} V_i = V_1 + V_2 + \cdots + V_n$$

式中，b_{W}——预制墙厚度（m）；

$l_{中}$——接缝中线长度（m）；

Δh_{V}——竖向接缝上下标高高差（m）；

V_i——被分割的小块接缝的混凝土体积（m^3）。

3. 预制墙直角型竖向接缝工程量计算

【例 7-6】 预制剪力墙厚 200mm，抗震等级为三级，混凝土强度等级为 C35，预

制剪力墙在转角墙处的竖向接缝详图见图 7.16，预制剪力墙接头的标高范围为 ±0.000 ～ 4.200m，计算该竖向接缝的后浇混凝土体积。

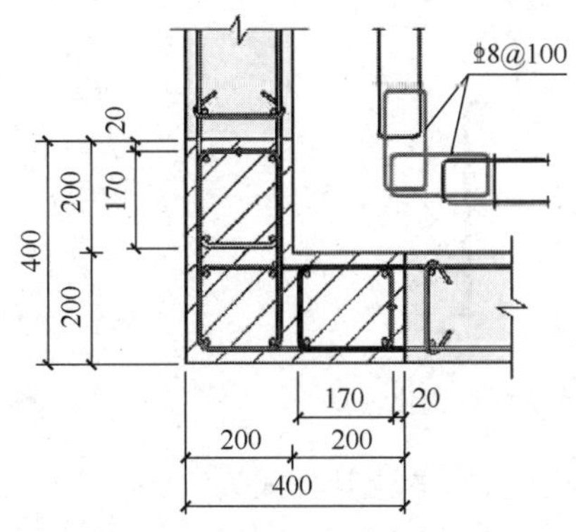

图 7.16　预制剪力墙在转角墙处的竖向接缝详图

解：

$$V = b_{\mathrm{W}} \times l_{中} \times \Delta h_{\mathrm{V}} = 0.2 \times [(0.4-0.1)+(0.4-0.1)] \times (4.200-0.000) = 0.504\ (\mathrm{m}^3)$$

或

$$V = V_1 + V_2 = 0.2 \times (0.4+0.2) \times (4.200-0.000) = 0.504\ (\mathrm{m}^3)$$

7.3.4　预制墙的水平接缝混凝土工程量计算

水平接缝上下预制剪力墙厚度相同（图 7.17）时，后浇混凝土的体积计算公式为后浇混凝土体积=墙厚×接缝上下墙宽×后浇段上下标高高差；水平接缝上下预制墙的厚度发生变化（图 7.18）时，后浇混凝土的厚度为上下预制墙墙厚的大值；当预制墙水平接缝位于顶层（图 7.19）时，后浇段的墙厚无变化，后浇混凝土的体积计算公式为后浇混凝土体积=墙厚×接缝上下墙宽×后浇段上下标高高差。

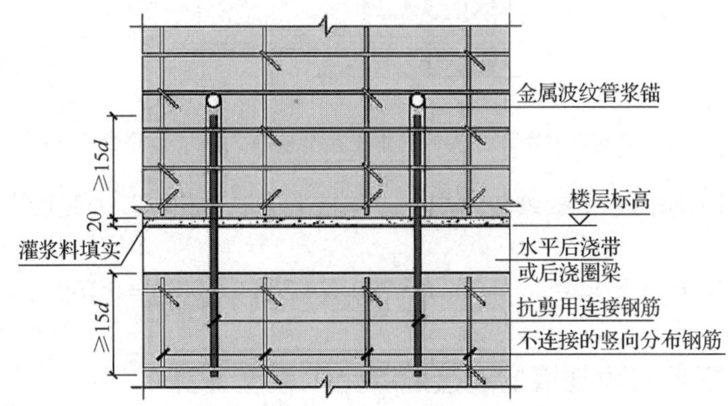

图 7.17　预制墙水平接缝墙厚无变化

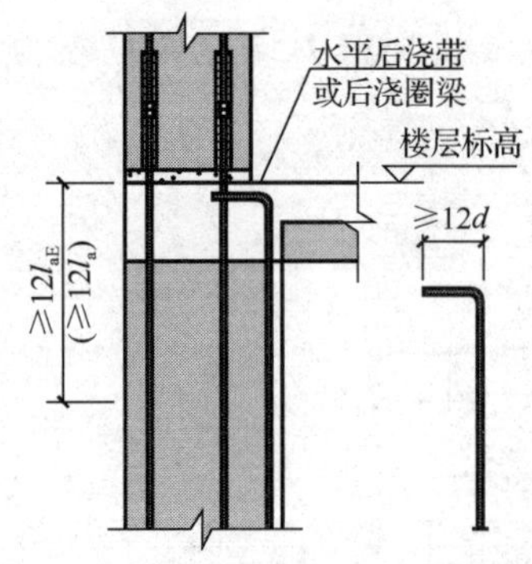

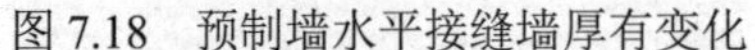

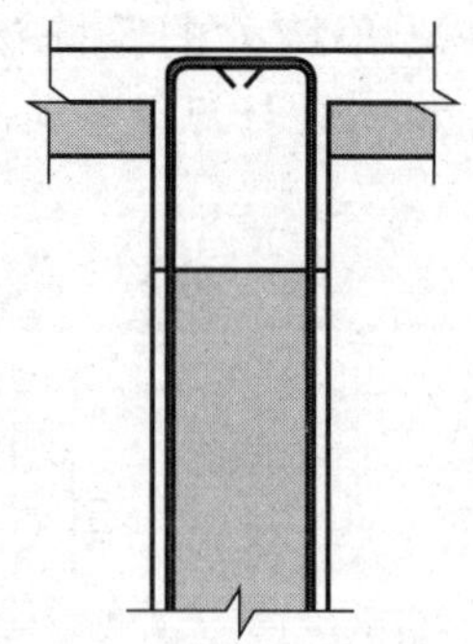

图 7.18　预制墙水平接缝墙厚有变化　　图 7.19　预制墙水平接缝位于顶层

预制墙的水平接缝混凝土工程量计算公式为

$$V = b_W \times l_W \times \Delta h_H$$

式中，b_W——接缝上下预制墙厚度的大值（m），若相等则取墙厚；

l_W——预制墙的宽度（m）；

Δh_H——水平接缝上下标高高差（m）。

【例 7-7】　预制剪力墙厚 200mm，接缝上下墙厚相同，预制墙的宽度为 2700mm，抗震等级为三级，混凝土强度等级为 C35，预制剪力墙在转角墙处的竖向接缝详图见图 7.20，剪力墙接头的标高范围为 4.000～4.200m，计算该水平接缝的后浇混凝土体积。

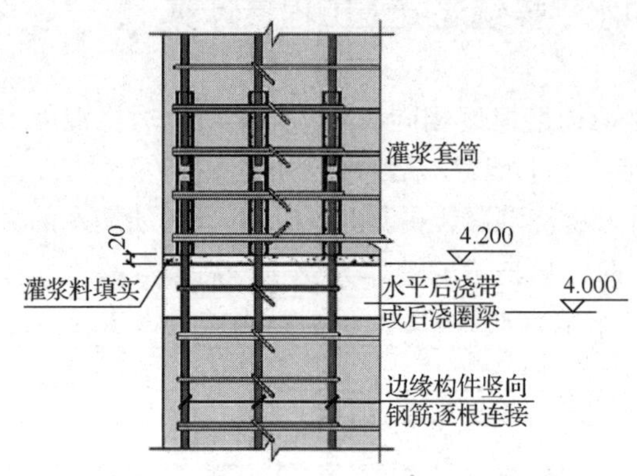

图 7.20　预制剪力墙边缘构件的水平接缝构造大样（套筒灌浆连接）

解：预制剪力墙的水平接缝较为规整，并且上下墙厚相同，因此后浇混凝土的体积为

$$V = b_W \times l_W \times \Delta h_H = 0.200 \times 2.700 \times (4.200 - 4.000) = 0.108 \text{（m}^3\text{）}$$

7.3.5　预制梁与预制墙的连接混凝土工程量计算

预制梁（或现浇梁）与预制墙的接缝（图 7.21）后浇混凝土的体积计算主要包括两个部分，水平后浇圈梁的体积和预制墙缺口的体积。后浇混凝土的体积计算公式为

$$V = V_1 + V_2$$

$$V_1 = b \times \Delta h \times l \;;\; V_2 = b_W \times h'_W \times l'_W$$

式中，V_1——水平后浇圈梁（带）的体积；

b——水平后浇圈梁（带）的宽度；

Δh——水平后浇圈梁（带）的高度，即水平后浇圈梁（带）的标高高差；

l——水平后浇圈梁（带）的长度；

V_2——预制墙缺口的体积；

b_W——预制墙缺口的厚度；

h'_W——预制墙缺口的高度；

l'_W——预制墙缺口的长度。

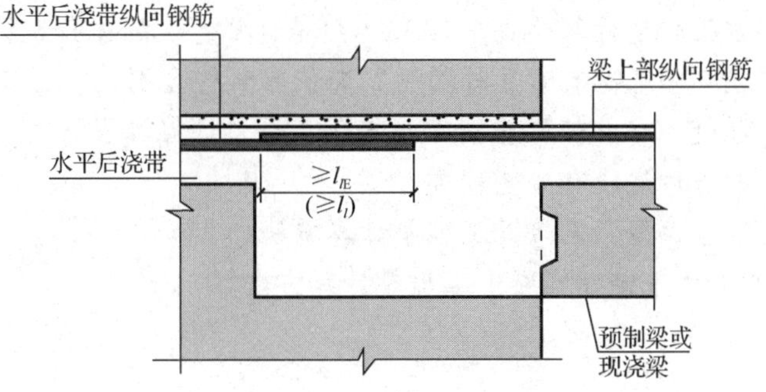

图 7.21　预制梁与缺口墙的接缝构造大样

【例 7-8】　已知预制梁与缺口墙的接缝构造详图见图 7.22，剪力墙的墙厚为 200mm，缺口墙的尺寸为 600mm×300mm，后浇圈梁的截面为 300mm×300mm，后浇圈梁的长度为 1200mm。计算后浇段的混凝土体积。

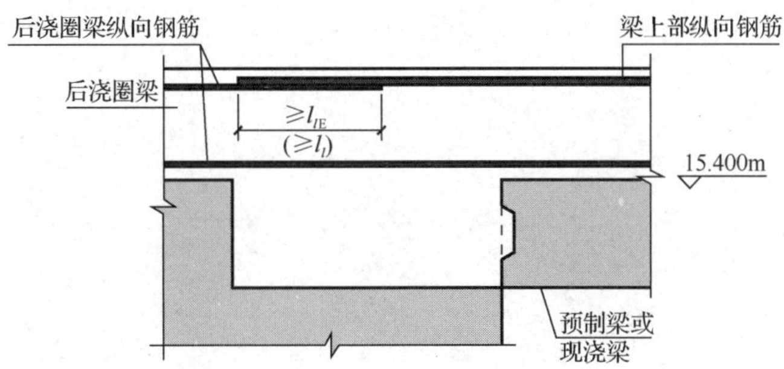

图 7.22　预制梁与缺口墙的接缝构造详图

解：预制梁与缺口墙接缝处后浇混凝土的体积主要由两部分构成。

$$V = V_1 + V_2 = 0.3 \times 0.3 \times 1.2 + 0.6 \times 0.3 \times 0.2 = 0.144 \text{（m}^3\text{）}$$

复习思考题

1．简述基坑的定义。
2．解释放坡系数 K 的含义。
3．一、二类土与三类土土方放坡起点深度和放坡坡度有什么不同？
4．写出挖基坑土方工程量的计算公式。
5．挖基坑土方工程量计算公式中 $1/3K^2H^3$ 是计算什么的体积？计算了几个？
6．现浇混凝土杯形基础有哪几种类型？它们有哪些区别？
7．简述现浇混凝土有肋带形基础 T 形接头工程量计算过程。
8．预制墙混凝土后浇段有哪些种类？
9．简述预制墙直角型竖向接缝工程量计算方法。
10．简述预制墙水平接缝混凝土工程量计算方法。

第 8 章 钢筋与模板工程量计算

课程思政

上海中心大厦是一座巨型高层地标式摩天大楼，总高为 632m，建筑面积为 $5.78\times10^5\text{m}^2$。上海中心大厦是我国乃至世界的超级工程，其钢筋用量约 10 万吨。上海中心大厦项目存在参与方众多、分支系统复杂、信息量大、有效信息传递困难、成本控制困难等问题。项目从全生命周期角度出发，以 BIM 技术为手段，应用 Revit 建立模型，并在三维空间环境里完成对项目的深化设计和修改，针对项目的设计、施工及运营的全过程，有效控制工程信息的采集、加工、存储和交流，帮助项目最高决策者对项目进行合理的协调、规划和控制，是新技术、新工艺出色应用以及大国工匠杰出成就的典范。

知识目标

了解受力筋及箍筋的构造要求，熟悉后浇段模板工程量计算规则。

能力目标

掌握剪力墙后浇段钢筋工程量计算方法，掌握后浇段模板工程量计算方法。

8.1 钢筋工程量计算

8.1.1 概述

装配式结构后浇段的钢筋主要是节点处的钢筋，本节主要以剪力墙结构为例讲解后浇段钢筋工程量的计算。剪力墙接缝主要包括预制墙的竖向接缝、预制墙的水平接缝、连梁及楼面梁与预制墙的连接。

剪力墙接缝处的钢筋称为附加钢筋，其包括箍筋、竖向受力筋和纵向受力筋。附加钢筋主要由设计说明，且要满足配箍率及配筋率的要求。后浇混凝土钢筋工程量按设计图示钢筋的长度、数量乘以钢筋单位理论质量计算得出。1 米钢筋理论质量=$0.00617\times d^2$。

钢筋接头的数量应按设计图示及规范要求计算，设计图示及规范要求未标明的，$\phi10$

以内的长钢筋按每 12m 一个接头计算，ϕ10 以上的长钢筋按每 9m 一个接头计算。钢筋接头的搭接长度应按设计图示及规范要求计算，如设计要求钢筋采用机械连接、电渣压力焊及气压焊焊接时，按数量计算，不再计算该处的钢筋搭接长度。

钢筋工程量应包括双层及多层钢筋的铁马的数量，不包括预制构件外露钢筋的数量。

8.1.2 受力筋及箍筋的构造要求

受拉钢筋的基本锚固长度见表 8.1。受拉钢筋的基本锚固长度根据结构的抗震等级、钢筋的种类及混凝土的强度等级进行查找，不同的锚固条件下需选用不同的修正系数。

表 8.1 受拉钢筋基本锚固长度 l_{ab}、l_{abE}

钢筋种类	抗震等级	混凝土强度等级							
		C25	C30	C35	C40	C45	C50	C55	>C60
HPB300、	一、二级	39*d*	35*d*	32*d*	29*d*	28*d*	26*d*	25*d*	24*d*
	三级	36*d*	32*d*	29*d*	26*d*	25*d*	24*d*	23*d*	22*d*
	四级、非抗震	34*d*	30*d*	28*d*	25*d*	24*d*	23*d*	22*d*	21*d*
HRB335、HRBF335	一、二级	38*d*	33*d*	31*d*	29*d*	26*d*	25*d*	24*d*	24*d*
	三级	35*d*	31*d*	28*d*	26*d*	24*d*	23*d*	22*d*	22*d*
	四级、非抗震	33*d*	29*d*	27*d*	25*d*	23*d*	22*d*	21*d*	21*d*
HRB400、HRBF400、RRB400	一、二级	46*d*	40*d*	37*d*	33*d*	32*d*	31*d*	30*d*	29*d*
	三级	42*d*	37*d*	34*d*	30*d*	29*d*	28*d*	27*d*	26*d*
	四级、非抗震	40*d*	35*d*	32*d*	29*d*	28*d*	27*d*	26*d*	25*d*
HRB500、HRBF500	一、二级	55*d*	49*d*	45*d*	41*d*	39*d*	37*d*	36*d*	35*d*
	三级	50*d*	45*d*	41*d*	38*d*	36*d*	34*d*	33*d*	32*d*
	四级、非抗震	48*d*	43*d*	39*d*	36*d*	34*d*	32*d*	31*d*	30*d*

箍筋及拉筋弯钩构造如图 8.1 所示，纵向钢筋末端弯钩锚固与机械锚固如图 8.2 所示。

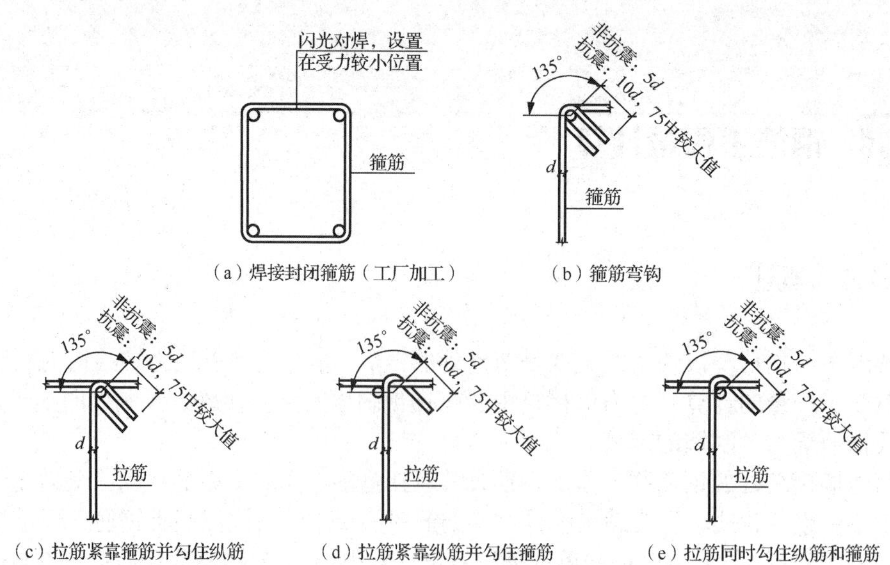

图 8.1 箍筋及拉筋弯钩构造

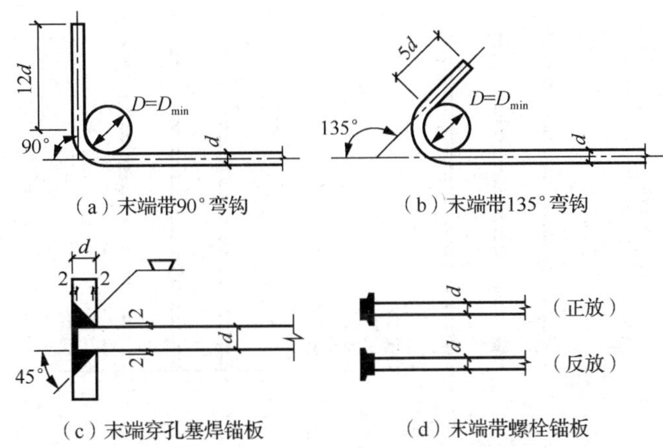

图 8.2　纵向钢筋末端弯钩锚固与机械锚固

图 8.1 和图 8.2 说明如下。

在非抗震设计条件下，当构件受扭或柱中纵向受力筋的配筋率大于 3%时，箍筋及拉筋弯钩平直段长度应为 10d，拉筋弯钩构造做法应由设计指定。

当纵向受拉普通钢筋末端采用弯钩或机械锚固时，包括弯钩锚固端头在内的锚固长度可取基本锚固长度的 60%。

箍筋弯折处的弯弧内径应符合表 8.2 的要求，且不应小于所勾住纵筋的直径。箍筋弯折处纵向钢筋为搭接钢筋或并筋时，应按钢筋实际排布情况确定箍筋弯弧内径。

表 8.2　箍筋弯折处的最小弯弧内径 D_{min}　　单位：mm

钢筋类别		D_{min}
光圆钢筋		2.5d
335MPa 级、400MPa 级带肋钢筋	d≤25	4d
	d>25	6d
500MPa 级带肋钢筋	d≤25	6d
	d>25	7d

焊缝和螺纹长度应满足承载力的要求，螺栓锚头的规格应符合相关标准的要求。螺栓锚板和焊接锚板的承压面积不应小于锚固钢筋截面面积的 4 倍。

钢筋的连接包含机械连接、搭接和焊接三种方式，其中非边缘构件和边缘构件的钢筋连接要求不同，具体要求见图 8.3 和图 8.4，后浇段编号见表 8.3。

表 8.3　后浇段编号

后浇段类型	编号	序号
约束边缘构件后浇段	YHJ	××
构造边缘构件后浇段	GHJ	××
非边缘构件后浇段	AHJ	××

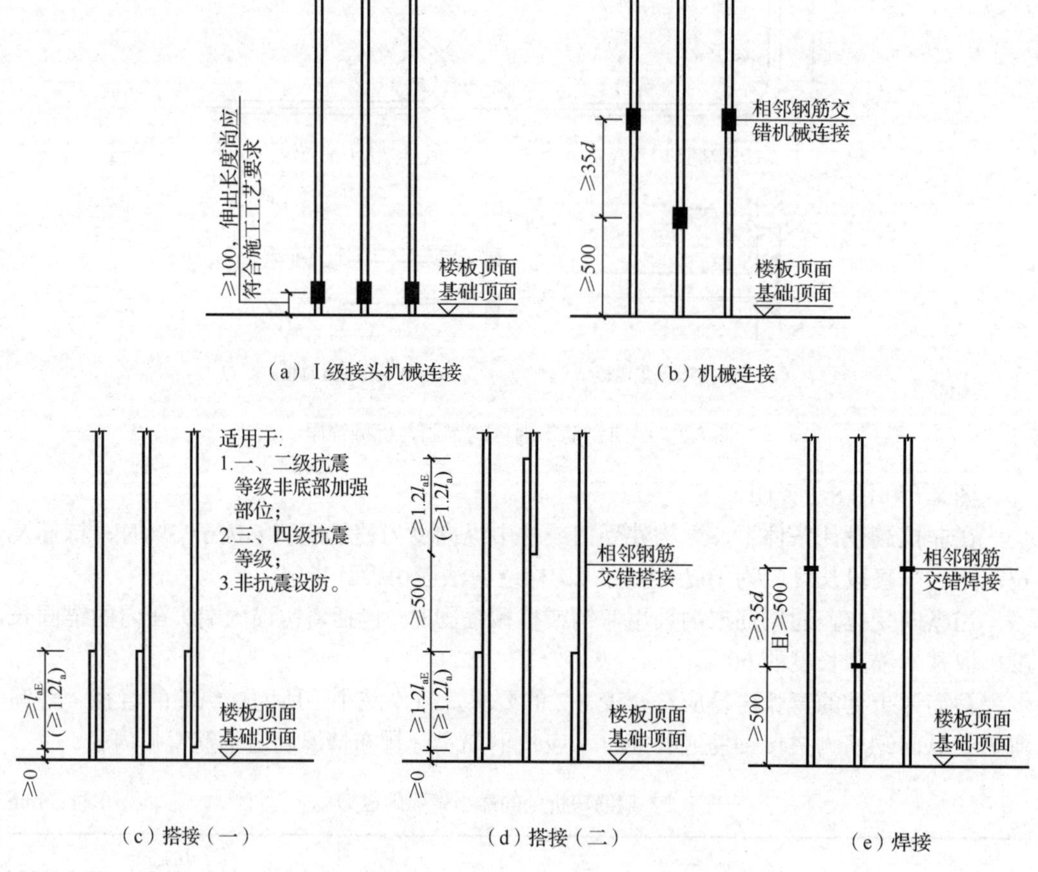

图 8.3　后浇剪力墙竖向分布钢筋连接构造

（适用于非边缘构件和约束边缘构件非阴影部分的后浇段竖向分布钢筋）

注：1. 搭接长度范围内，边缘构件端柱的箍筋直径不应小于竖向搭接钢筋最大直径的 0.25 倍，箍筋间距不应大于竖向钢筋最小直径的 5 倍，且不应大于 100mm。

2. 当采用机械连接时，钢筋横向间距等应满足钢筋连接作业的空间要求。

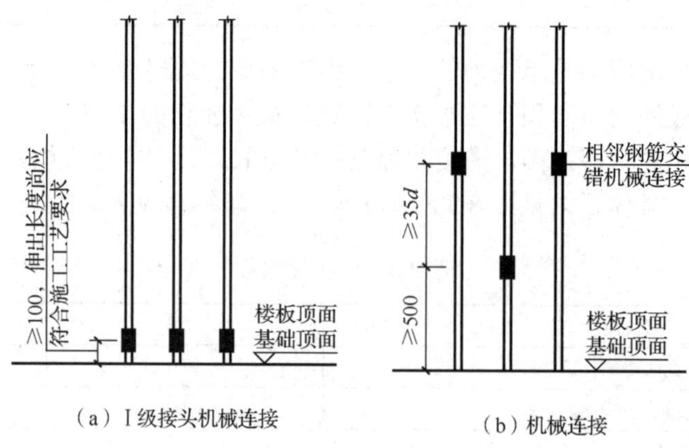

图 8.4　后浇剪力墙边缘构件纵向钢筋连接构造

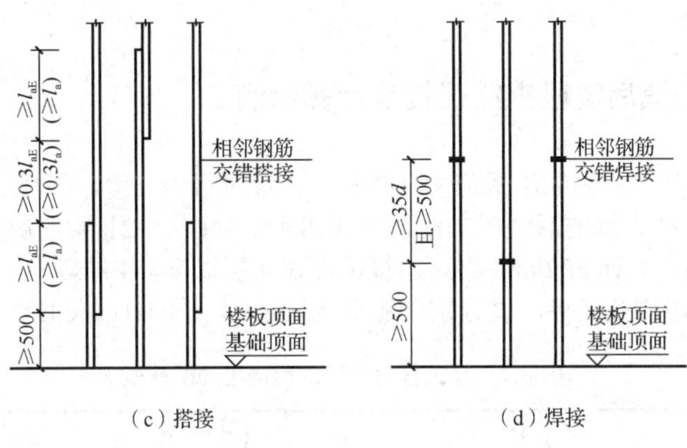

（c）搭接　　（d）焊接

图 8.4（续）

（适用于构造边缘构件和约束边缘构件阴影部分的纵向钢筋）

注：1. 搭接长度范围内，边缘构件端柱的箍筋直径不应小于竖向搭接钢筋最大直径的 0.25 倍，箍筋间距不应大于竖向钢筋最小直径的 5 倍，且不应大于 100mm。

2. 当采用机械连接时，钢筋横向间距等应满足钢筋连接作业的空间要求。

非边缘构件的竖向后浇段的钢筋连接分为有附加连接钢筋［图 8.5（c）］和无附加连接钢筋［图 8.5（a）（b）］两类。无附加连接钢筋主要计算竖向分布筋、箍筋和拉筋的工程量，有附加连接钢筋还要包括附加受力筋的钢筋工程量。

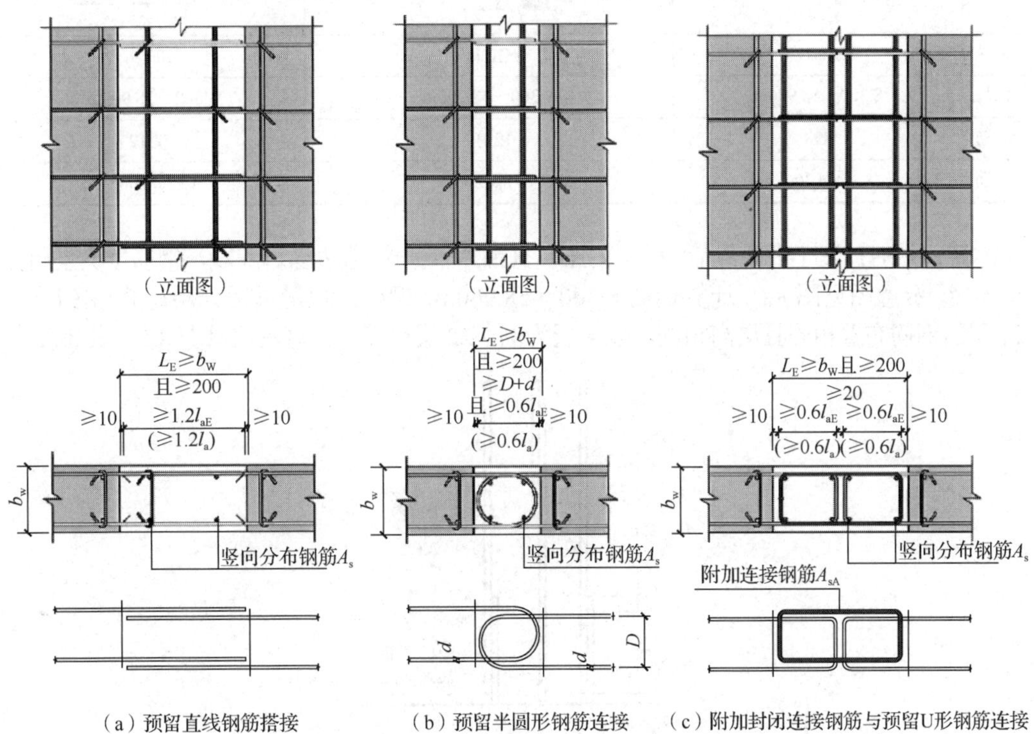

（a）预留直线钢筋搭接　　（b）预留半圆形钢筋连接　　（c）附加封闭连接钢筋与预留U形钢筋连接

图 8.5　非边缘构件部分预制墙之间钢筋的连接构造

8.1.3　剪力墙后浇段钢筋工程量计算示例

【例 8-1】　某工程为装配式剪力墙结构，抗震等级为三级，环境类别为二 b，剪力墙墙厚 200mm，剪力墙的后浇段的配筋见表 8.4，其中 4～21 层的层高均为 2.8m，22 层的层高为 3.0m，共计 50.6m。约束边缘构件在 4 层以下，4 层以上不设置约束边缘构件。钢筋接头采用搭接连接，试分别计算后浇段 AHJ1、GHJ1、GHJ3 的钢筋工程量。

表 8.4　某工程剪力墙的后浇段的配筋表

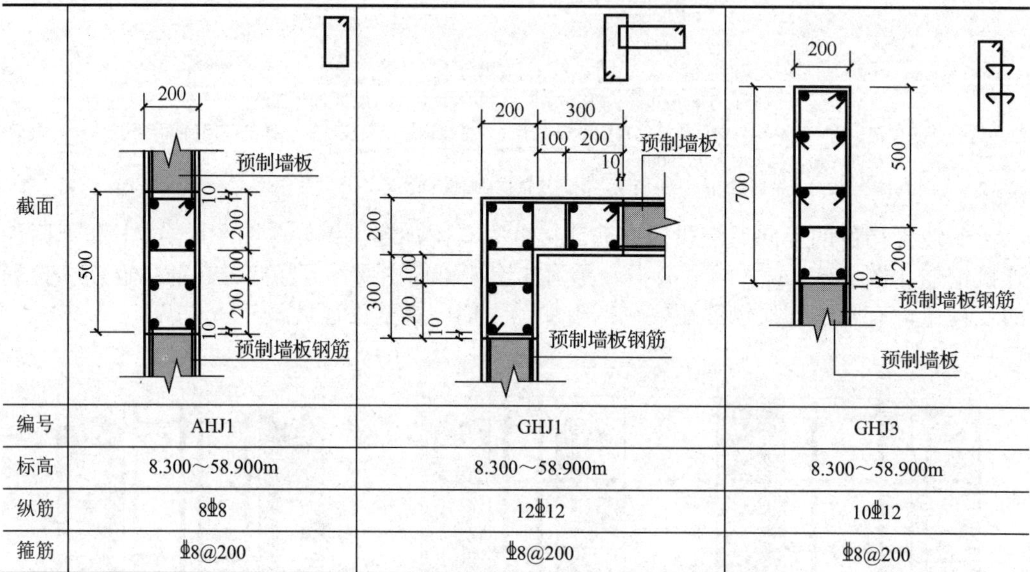

截面	（见图）	（见图）	（见图）
编号	AHJ1	GHJ1	GHJ3
标高	8.300～58.900m	8.300～58.900m	8.300～58.900m
纵筋	8⌀8	12⌀12	10⌀12
箍筋	⌀8@200	⌀8@200	⌀8@200

解：AHJ1 属于非边缘后浇段，GHJ1、GHJ3 属于构造边缘后浇段，钢筋接头采用搭接连接，示意图见图 8.6。计算标高 8.300～58.900m，钢筋工程量采用分层计算。由于 4～21 层的钢筋布置相同且层高相同，以 4 层为例，22 层单算，计算过程见表 8.5～表 8.7。

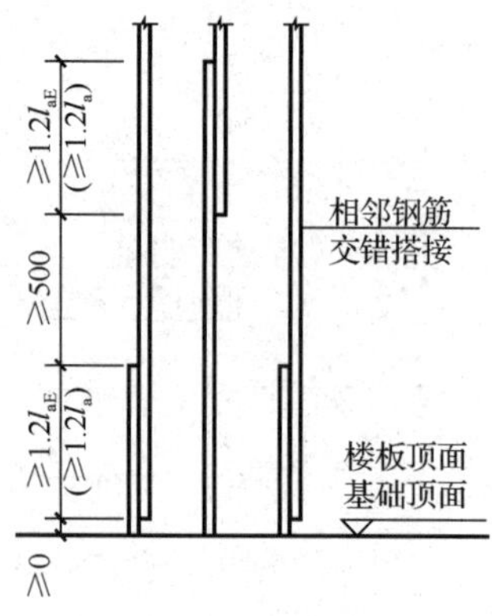

图 8.6　钢筋接头示意图

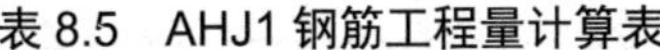

表 8.5　AHJ1 钢筋工程量计算表

<table>
<tr><td>后浇带编号</td><td>AHJ1</td></tr>
<tr><td>基本参数</td><td>（1）混凝土保护层厚度取 25mm
（2）竖向受力钢筋伸出楼板顶面高度为 $1.2l_{aE}=1.2\times37d=1.2\times37\times8=355.2$（mm），取 360mm
（3）假定搭接的起始位置距楼面的距离为 0
（4）钢筋相邻交错搭接的间距取 500mm，顶层的纵筋的锚固长度为 12d
（5）假定钢筋错开搭接的数量各占 50%
（6）箍筋为双肢箍，箍筋的弯头长度为 max(75mm,10d)=80mm
（7）箍筋布置从距楼面 50mm 开始</td></tr>
<tr><td>竖向受力筋</td><td>（1）4～21 层：
低位受力钢筋：2800+360=3160（mm）
高位受力钢筋：2800−360−500+360×2+500=3160（mm）
受力钢筋总长：3160×8×18/1000=455.04（m）
（2）22 层：
低位受力钢筋：3100−360−25+12×8=2811（mm）
高位受力钢筋：3100−360−500−25+12×8=2311（mm）
受力钢筋总长：(2811×4+2311×4)/1000=20.488（m）
（3）4～22 层受力钢筋的总长：455.04+20.488=475.528（m）
（4）4～22 层受力钢筋的总质量：$475.528\times0.00617\times8^2=187.78$（kg）</td></tr>
<tr><td>箍筋</td><td>（1）每根箍筋的长度：
(200+500)×2−8×25+2×80+1.9×8×2=1390.4（mm）
（2）4～21 层：
每层箍筋根数：(2800−50×2−140)/200+1=13.8（根），取 14 根，共 14×18=252（根）
（3）22 层：
箍筋根数：(3100−50×2−140)/200+1=15.3（根），取 16 根
（4）4～22 层箍筋总根数：252+16=268（根）
（5）4～22 层箍筋总长：268×1390.4/1000=372.63（m）
（6）4～22 层箍筋总质量：$372.63\times0.00617\times8^2=147.14$（kg）</td></tr>
<tr><td>钢筋总质量</td><td>187.78+147.14= 334.92（kg）</td></tr>
<tr><td>结果汇总</td><td>
<table>
<tr><td>钢筋种类</td><td>层数</td><td>直径/mm</td><td>数量/根</td><td>单根长度/mm</td><td>总长度/m</td><td>质量/kg</td></tr>
<tr><td>受力钢筋</td><td>4～21</td><td>8</td><td>144</td><td>3160</td><td>455.04</td><td>179.69</td></tr>
<tr><td>低位受力钢筋</td><td>22</td><td>8</td><td>4</td><td>2811</td><td>11.24</td><td>4.44</td></tr>
<tr><td>高位受力钢筋</td><td>22</td><td>8</td><td>4</td><td>2311</td><td>9.24</td><td>3.65</td></tr>
<tr><td>箍筋</td><td>4～22</td><td>8</td><td>268</td><td>1390.4</td><td>372.63</td><td>147.14</td></tr>
<tr><td>合计</td><td></td><td></td><td></td><td></td><td>848.15</td><td>334.92</td></tr>
</table>
</td></tr>
</table>

表 8.6　GHJ1 钢筋工程量计算表

<table>
<tr><td>后浇带编号</td><td>GHJ1</td></tr>
<tr><td>基本参数</td><td>（1）混凝土保护层厚度取 25mm
（2）竖向受力钢筋伸出楼板顶面高度为 $1.2l_{aE}$=1.2×37d=1.2×37×12=532.8（mm），取 535mm
（3）假定搭接的起始位置距楼面的距离为 0
（4）钢筋相邻交错搭接的间距取 500mm，顶层的纵筋的锚固长度为 12d
（5）假定钢筋错开搭接的数量各占 50%
（6）箍筋为双肢箍，箍筋的弯头长度为 max(75mm,10d)=120mm
（7）箍筋布置从距楼面 50mm 开始</td></tr>
<tr><td>竖向受力筋</td><td>（1）4～21 层：
低位受力钢筋：2800+535=3335（mm）
高位受力钢筋：2800−535−500+535×2+500=3335（mm）
受力钢筋总长：3335×12×18/1000=720.36（m）
（2）22 层：
低位受力钢筋：3100−360−25+12×12=2859（mm）
高位受力钢筋：3100−360−500−25+12×12=2359（mm）
受力钢筋总长：(2859×6+2359×6)/1000=31.308（m）
（3）4～22 层受力钢筋总长：720.36+31.308=751.668（m）
（4）4～22 层受力钢筋总质量：751.668×0.00617×12^2=667.84（kg）</td></tr>
<tr><td>箍筋</td><td>（1）由表 8.4 可知，GHJ1 的箍筋长度及质量都是 AHJ1 箍筋的 2 倍
（2）每根箍筋长度：同 AHJ1 的箍筋，1390.40mm
（3）4～21 层：
每层箍筋根数：是 AHJ1 的 2 倍，28 根
共 28×18=504（根）
（4）22 层：
箍筋根数：是 AHJ1 的 2 倍，32 根
（5）4～22 层：共计 504+32=536（根）
（6）4～22 层箍筋的总长：536×1390.4/1000=745.25（m）
（7）4～22 层箍筋的总质量：745.25×0.00617×8^2=294.28（kg）</td></tr>
<tr><td>钢筋总质量</td><td>667.84+294.28 = 962.12（kg）</td></tr>
<tr><td>结果汇总</td><td>
<table>
<tr><td>钢筋种类</td><td>层数</td><td>直径/mm</td><td>数量/根</td><td>单根长度/mm</td><td>总长度/m</td><td>质量/kg</td></tr>
<tr><td>受力钢筋</td><td>4～21</td><td>12</td><td>216</td><td>3335</td><td>720.36</td><td>640.03</td></tr>
<tr><td>低位受力钢筋</td><td>22</td><td>12</td><td>6</td><td>2859</td><td>17.15</td><td>15.24</td></tr>
<tr><td>高位受力钢筋</td><td>22</td><td>12</td><td>6</td><td>2359</td><td>14.15</td><td>12.57</td></tr>
<tr><td>箍筋</td><td>4～22</td><td>8</td><td>536</td><td>1390.40</td><td>745.25</td><td>294.28</td></tr>
<tr><td>合计</td><td></td><td></td><td></td><td></td><td></td><td>962.12</td></tr>
</table>
</td></tr>
</table>

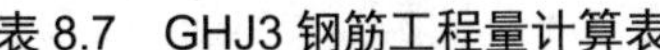

表 8.7　GHJ3 钢筋工程量计算表

后浇带编号	GHJ3
基本参数	（1）混凝土保护层厚度取 25mm （2）竖向受力钢筋伸出楼板顶面高度为 $1.2l_{aE}$=1.2×37*d*=1.2×37×12=532.8（mm），取 535mm （3）假定搭接的起始位置距楼面的距离为 0 （4）钢筋相邻交错搭接的间距取 500mm，顶层的纵筋的锚固长度为 12*d* （5）假定钢筋错开搭接的数量各占 50% （6）箍筋为双肢箍，箍筋、拉筋的弯头长度为 max(75mm,10*d*)=120mm （7）箍筋布置从距楼面 50mm 开始
竖向受力筋	（1）4～21 层： 低位受力钢筋：2800+535=3335（mm） 高位受力钢筋：2800−535−500+535×2+500=3335（mm） 受力钢筋总长：3335×10×18/1000=600.30（m） （2）22 层： 低位受力钢筋：3100−360−25+12×12=2859（mm） 高位受力钢筋：3100−360−500−25+12×12=2359（mm） 受力钢筋总长：(2859×5+2359×5)/1000=26.09（m） （3）4～22 层钢筋总长：600.30+26.09=626.39（m） （4）4～22 层钢筋总质量：626.39×0.00617×12^2=556.54（kg）
箍筋	（1）每根箍筋长度：(200+700)×2−8×25+2×120+1.9×12×2=1885.6（mm） （2）4～21 层： 每层箍筋根数：同 AHJ1，取 14 根，共 14×18=252（根） （3）22 层： 箍筋根数同 AHJ1，取 16 根 （4）4～22 层：共计 252+16=268（根） （5）4～22 层箍筋总长：268×1885.6/1000=505.34（m） （6）4～22 层箍筋总质量：505.34×0.00617×8^2=199.55（kg）
拉筋	（1）每根拉筋的长度：200−25×2+80×2+1.9×8×2=340.4（mm） （2）拉筋的根数：拉筋的根数是箍筋的 2 倍，268×2=536（根） （3）4～22 层拉筋总长：536×340.4/1000=182.45（m） （4）4～22 层拉筋总质量：182.45×0.00617×8^2=72.05（kg）
钢筋总质量	556.54+199.55+72.05=828.14（kg）
结果汇总	（见下表）

结果汇总：

钢筋种类	层数	直径/mm	数量/根	单根长度/mm	总长度/m	质量/kg
受力钢筋	4～21	12	180	3335	600.30	533.35
低位受力钢筋	22	12	5	2859	14.30	12.71
高位受力钢筋	22	12	5	2359	11.80	10.48
箍筋	4～22	8	268	1885.6	505.34	199.55
拉筋	4～22	8	536	340.4	182.45	72.05
合计						828.14

8.2 后浇段模板工程量计算

后浇混凝土模板工程量按后浇混凝土与模板接触面的面积以平方米计算，伸出后浇混凝土与预制构件抱合部分的模板面积不增加计算。不扣除单孔面积小于等于 $0.3m^2$ 的孔洞，孔洞侧壁模板也不增加；应扣除单孔面积大于 $0.3m^2$ 的孔洞，孔洞侧壁模板面积应并入相应的墙、板模板工程量内计算。

本节以实心剪力墙结构后浇段的模板工程为计算实例讲解后浇段模板工程量的计算。在实际工程中，预制墙的竖向接缝和水平接缝是分开施工的，不存在接缝重合的部分，因此模板工程量可分别进行计算。

8.2.1 预制墙的竖向接缝模板工程量计算

竖向接缝无孔洞且规整，伸出后浇混凝土与预制构件抱合部分的模板面积不增加计算。

竖向接缝后浇段模板工程量的计算公式为

$$S_{后} = L_{总} \times \Delta h_{V}$$

式中，$S_{后}$——后浇混凝土模板面积（m^2）；

$L_{总}$——竖向接缝水平剖面外露周长（m）；

Δh_{V}——竖向接缝上下标高高差（m）。

【例 8-2】 某工程为装配式剪力墙结构，抗震等级为三级，环境类别为二 b，剪力墙墙厚 200mm，剪力墙后浇段的配筋见表 8.8，试分别计算后浇段 GBZ1、GBZ7 的模板工程量。

表 8.8 剪力墙后浇段的配筋

截面	300 200 200 300	400 200
编号	GBZ1	GBZ7
标高	11.500～65.200m	11.500～65.200m
纵筋	12⌀12	6⌀12
箍筋	⌀8@200	⌀8@200

解：模板工程量计算过程见表 8.9。

表 8.9　模板工程量计算过程

后浇段编号	模板工程量计算
GBZ1	$(0.5+0.5+0.3+0.3)\times(65.2-11.5)=85.92$（$m^2$）
GBZ7	$(0.4+0.2+0.4)\times(65.2-11.5)=53.7$（$m^2$）

8.2.2　预制墙的水平接缝模板工程量计算

预制墙水平接缝模板一般用于相同宽度的预制墙连接，模板面积主要为后浇混凝土竖向外露的面积。

水平接缝后浇段模板面积的计算公式为

$$S_{后}=l_{W}\times\Delta h_{H}$$

式中，$S_{后}$——后浇混凝土模板面积（m^2）；

l_{W}——预制墙墙宽（m）；

Δh_{H}——水平接缝上下标高高差（m）。

【例 8-3】　预制剪力墙墙厚 200mm，接缝上下墙厚相同，预制墙的宽度为 2700mm，抗震等级为三级，混凝土强度等级为 C35，剪力墙接头的标高范围为 4.000～4.200m，计算该水平接缝的模板工程量。

解：该水平接缝的模板工程量为

$$S_{后}=l_{W}\times\Delta h_{H}=2.7\times0.2=0.54\text{（}m^2\text{）}$$

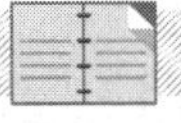

复习思考题

1．简述预制剪力墙后浇混凝土钢筋工程量的计算内容与计算方法。
2．直径为 12mm 的光圆钢筋每米质量是多少？
3．直径为 14mm 的螺纹钢筋每米质量是多少？
4．简述后浇段模板工程量计算规则。
5．写出预制墙竖向接缝后浇段模板工程量的计算公式。
6．写出预制墙水平接缝后浇段模板工程量的计算公式。

第9章 PC构件工程量计算

课程思政

培养什么人的问题，是教育的根本问题。全面贯彻党的教育方针是教学工作的首要任务。本章内容旨在提高学生计算装配式建筑工程量的能力。工程量计算的准确性直接影响工程造价的准确性。所以，实事求是、精益求精地完成工程量计算的任务是准确计量与计价的基础。

知识目标

熟悉PC叠合板、PC柱、PC叠合梁、PC楼梯段、PC阳台板、PC墙板工程量计算规则。

能力目标

掌握PC叠合板、PC柱、PC叠合梁、PC楼梯段、PC阳台板、PC墙板工程量计算方法。

工程量计算要素（一）（微课）

工程量计算要素（二）（微课）

工程量计算要素（三）（微课）

9.1 PC叠合板

PC叠合板的制作与堆放、安装见图9.1和图9.2，PC叠合板与现浇楼板连接示意图见图9.3。

图9.1　PC叠合板的制作与堆放

图 9.2　PC 叠合板的安装

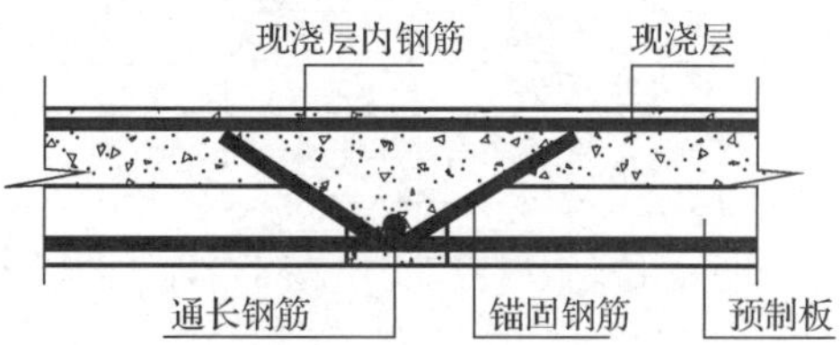

图 9.3　PC 叠合板与现浇楼板连接示意图

9.1.1　PC 叠合板施工图

PC 叠合板施工图见图 9.4。

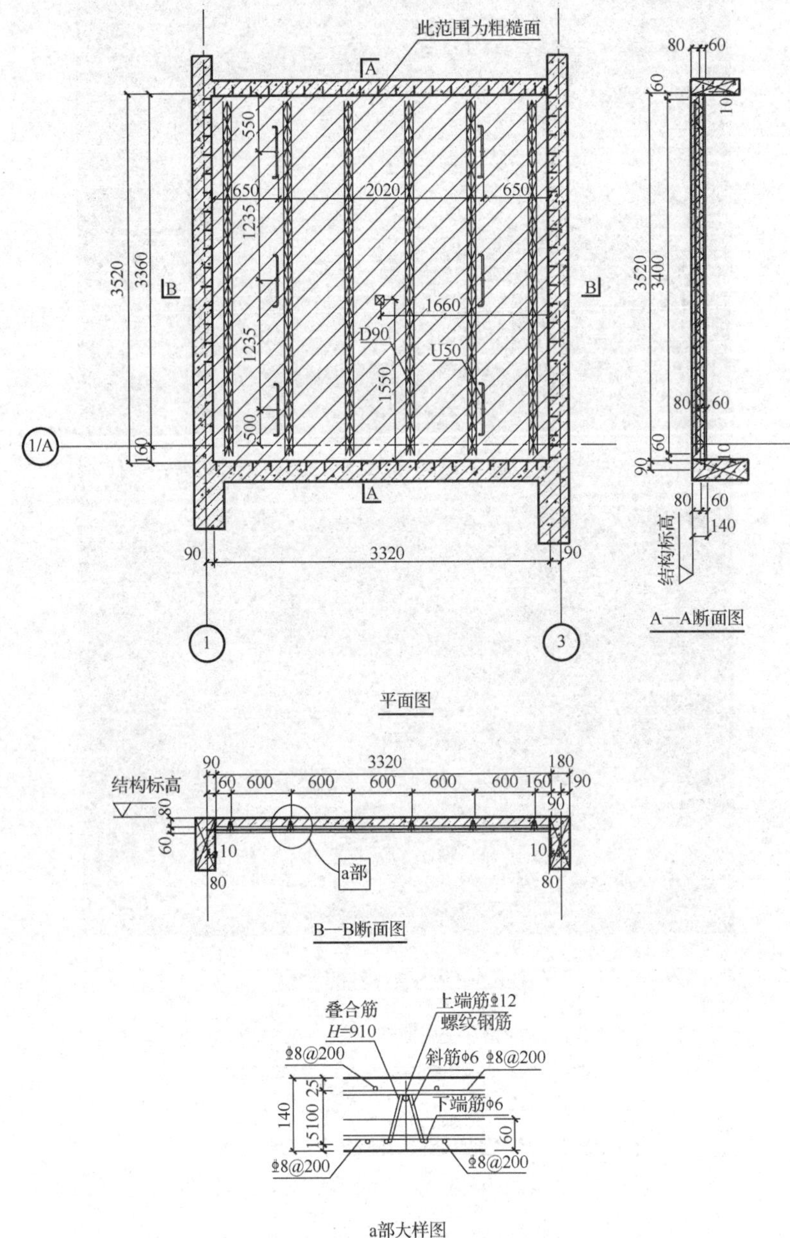

图 9.4　PC 叠合板施工图（一）

说明：大样图中预制叠合板厚度为 60mm，现浇楼板厚度为 80mm。

9.1.2　PC 叠合板工程量计算

PC 叠合板按图纸设计尺寸以体积（m^3）计算，不扣除≤$0.30m^2$ 孔洞所占体积。PC 叠合板工程量计算公式为

PC 叠合板工程量=板长×板宽×板厚-面积大于 $0.30m^2$ 孔洞所占体积

【例 9-1】 计算图 9.4 中 8 块预制 C30 混凝土叠合板的工程量。

解： 预制板板长 3.52m，板宽 3.32m，板厚 0.06m。图 9.4 中 PC 叠合板的工程量为

$$V=8\times3.52\times3.32\times0.06=5.61\ (m^3)$$

【例 9-2】 计算图 9.5 中 12 块（每层 2 块，共 6 层）预制 C30 混凝土叠合板的工程量。

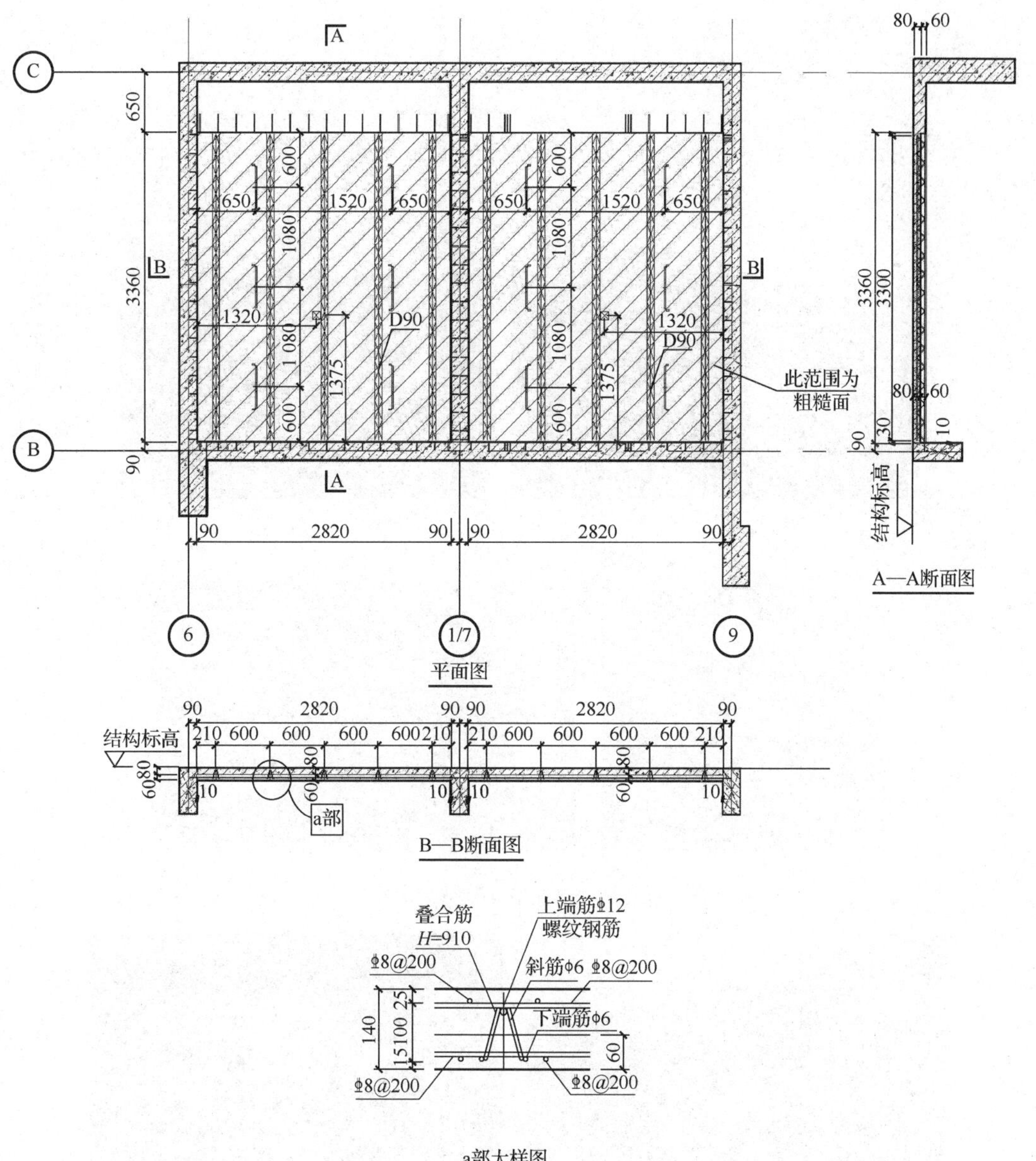

图 9.5　PC 叠合板施工图（二）

说明：大样图中预制叠合板厚度为 60mm，现浇楼板厚度为 80mm。

解：预制板板长 3.36m，板宽 2.82m，板厚 0.06m。图 9.5 中 PC 叠合板的工程量为

$$V=12\times3.36\times2.82\times0.06=6.82\ (\mathrm{m}^3)$$

9.2 PC 柱

PC 柱堆放与安装见图 9.6，PC 柱安装就位后灌浆见图 9.7，PC 柱与 PC 叠合梁连接节点见图 9.8。

图 9.6　PC 柱堆放与安装

图 9.7　PC 柱安装就位后灌浆

图 9.8　PC 柱与 PC 叠合梁连接节点

9.2.1　PC柱施工图

PC柱施工图见图9.9～图9.11。

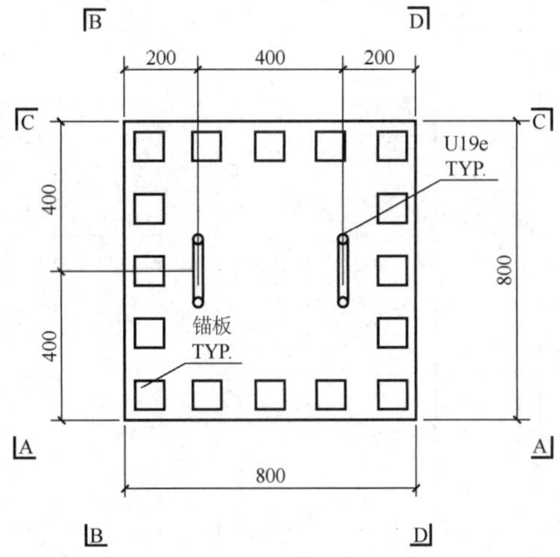

图9.9　PC柱平面图

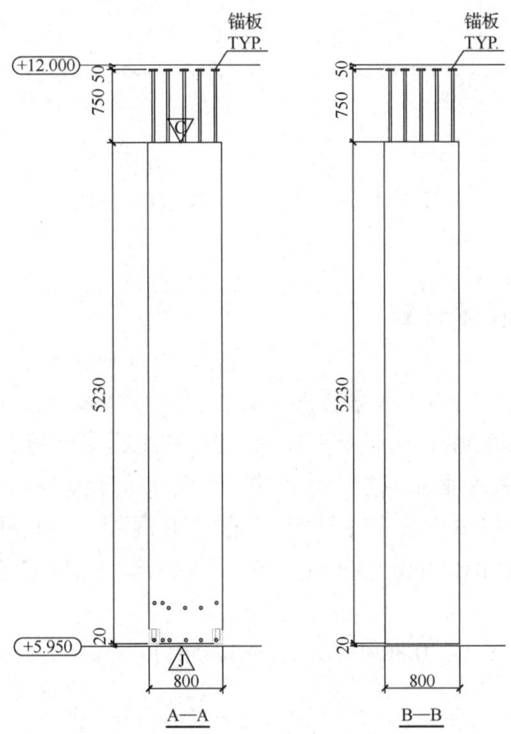

图9.10　PC柱A—A、B—B立面图

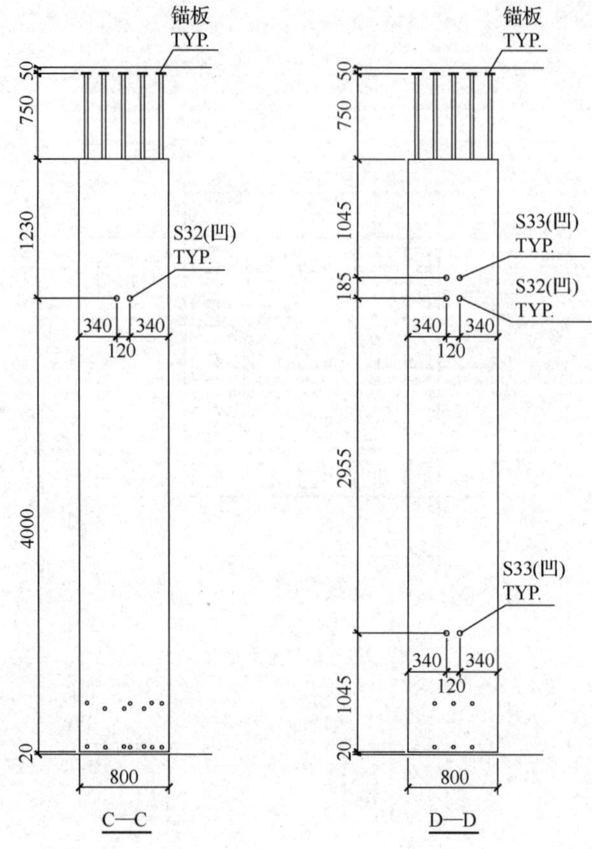

图 9.11　PC 柱 C—C、D—D 立面图

9.2.2　PC 柱工程量计算

PC 柱制作、运输、安装工程量按图纸设计尺寸以体积（m^3）计算，不扣除构件内钢筋、铁件以及面积≤$0.30m^2$孔洞所占体积。PC 柱工程量计算公式为

PC 柱工程量=柱断面长×柱断面宽×柱高-面积大于 $0.30m^2$ 孔洞所占体积

【例 9-3】　根据图 9.9～图 9.11 计算 12 根 C30 混凝土预制柱的工程量。

解：预制柱断面尺寸 800mm×800mm，柱高 5.23m。12 根 C30 混凝土预制柱的工程量为

$$0.80\times0.80\times5.23\times12=40.17\ (m^3)$$

9.3 PC 叠合梁

PC 叠合梁见图 9.12，PC 叠合梁吊装见图 9.13，PC 叠合梁与 PC 柱套筒连接见图 9.14。

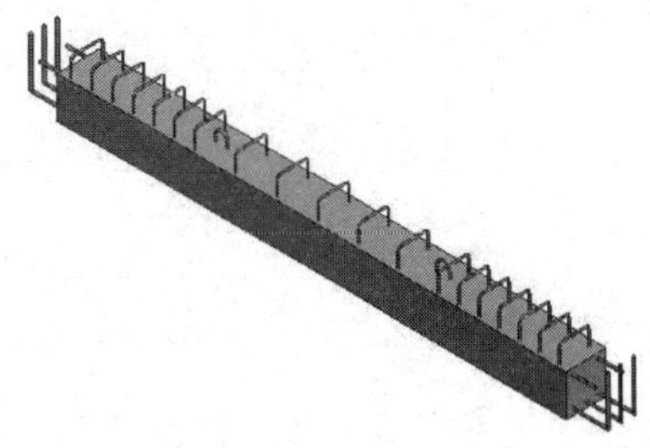

图 9.12　PC 叠合梁

图 9.13　PC 叠合梁吊装

图 9.14　PC 叠合梁与 PC 柱套筒连接

9.3.1　PC 叠合梁施工图

PC 叠合梁施工图见图 9.15。

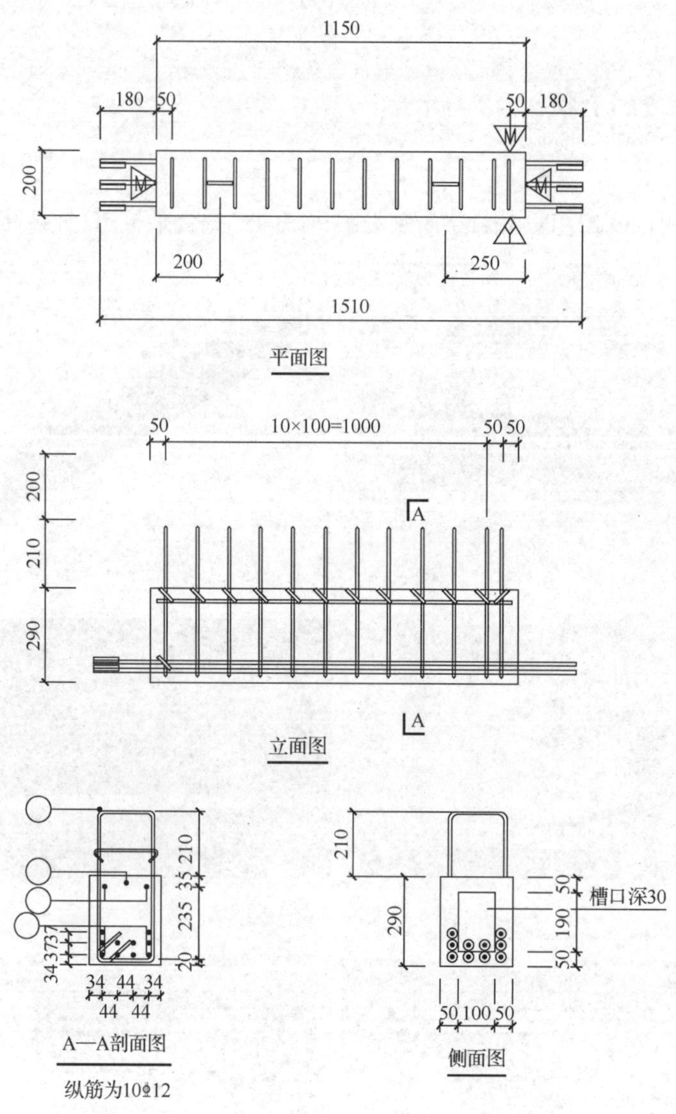

图 9.15 PC 叠合梁平面图、立面图、剖面图和侧面图

9.3.2 PC 叠合梁工程量计算

PC 叠合梁工程量按图纸设计尺寸以体积（m^3）计算，不扣除构件内钢筋、铁件以及面积≤$0.30m^2$ 孔洞所占体积。PC 叠合梁工程量计算公式为

PC 叠合梁工程量=梁高×梁宽×梁长-槽口体积

【例 9-4】 计算图 9.15 中 5 根 C30 混凝土预制叠合梁的工程量。

解：预制叠合梁梁高 0.29m，梁宽 0.20m，梁长 1.15m，梁端槽口尺寸 190×100×30。5 根 PC 叠合梁的工程量为

PC 叠合梁工程量=(梁高×梁宽×梁长−两端槽口体积)×5

=(0.29×0.20×1.15−2×0.19×0.10×0.03)×5

=(0.0667−2×0.00057)×5

=0.33（m^3）

9.4 PC 楼梯段

PC 楼梯段生产、堆放、吊装、安装现场图见图 9.16～图 9.21。

图 9.16　PC 楼梯段模具

图 9.17　PC 楼梯段脱模

图 9.18　PC 楼梯段厂内堆放

图 9.19　PC 楼梯段施工现场堆放

图 9.20　PC 楼梯段吊装

图 9.21　PC 楼梯段安装就位

9.4.1　PC 楼梯段施工图

PC 楼梯段施工图见图 9.22～图 9.26。

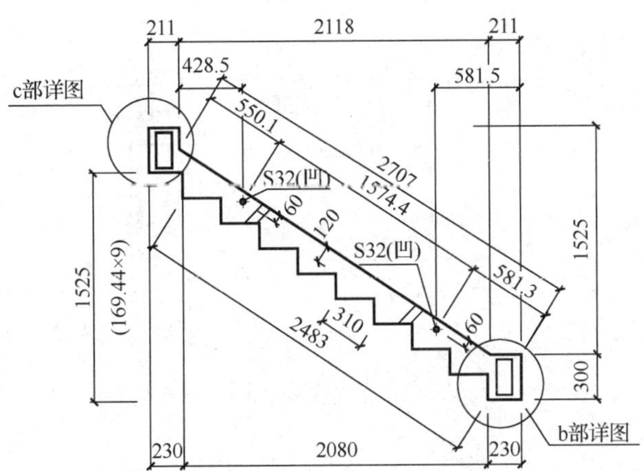

图 9.22　PC 楼梯段侧面图

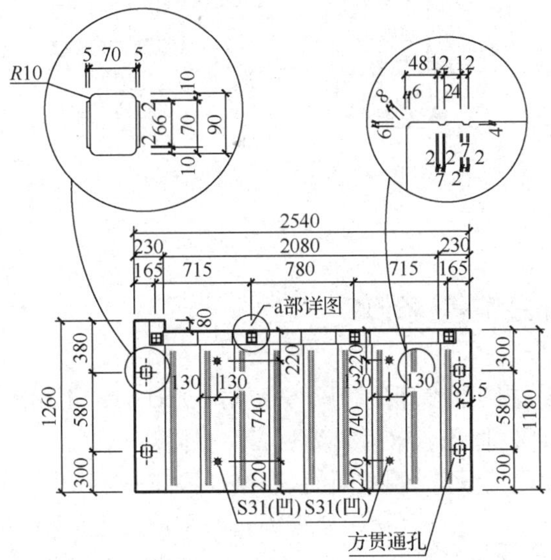

图 9.23　PC 楼梯段上端平面图

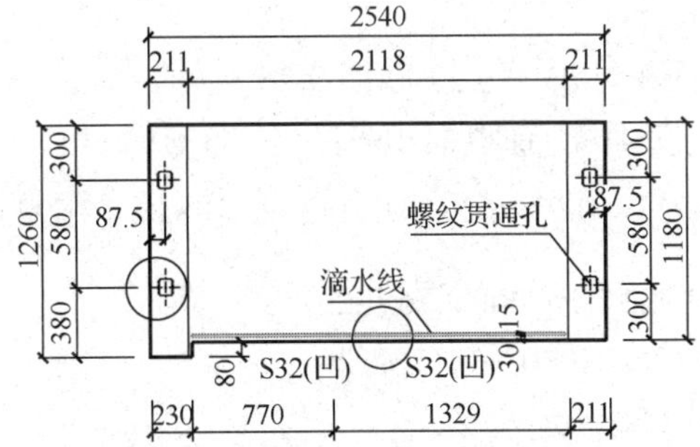

图 9.24　PC 楼梯段下端平面图

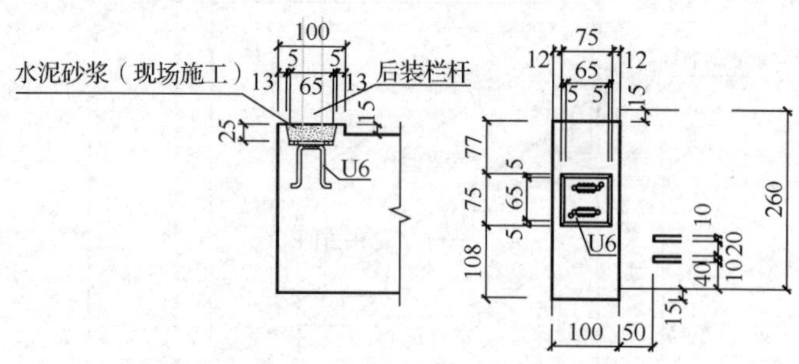

图 9.25　PC 楼梯段 a 部详图（栏杆预埋件详图）

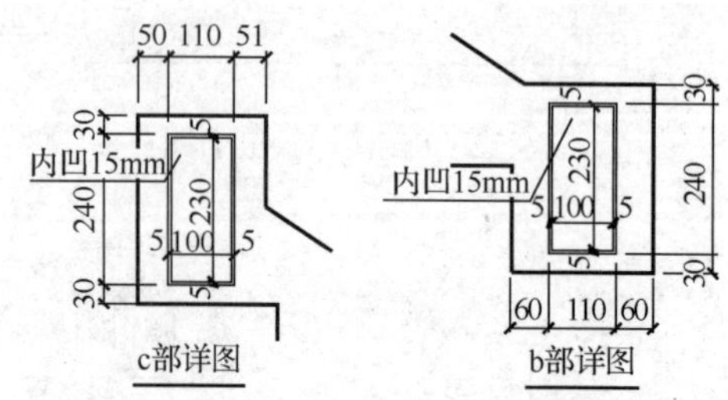

图 9.26　楼梯段端头详图

9.4.2　PC 楼梯段工程量计算

PC 楼梯段工程量按图纸设计尺寸以体积（m^3）计算，不扣除构件内钢筋、铁件以及面积≤0.30m^2孔洞所占体积。PC 楼梯段工程量计算公式为

PC 楼梯段工程量=侧截面面积×楼梯段宽+端头凸出部分

+楼梯栏杆处止水带混凝土体积-端头内凹部分

【例 9-5】　计算图 9.22～图 9.26 中 4 块 C30 混凝土预制楼梯段的工程量。

解：PC 楼梯段工程量=侧截面面积×楼梯段宽+端头凸出部分+楼梯栏杆处止水带混凝土体积-端头内凹部分。

（1）求楼梯段侧面面积。由图 9.22 和图 9.26 可知，

楼梯段侧面面积=两头面积+梯板面积+踏步三角形面积

$$=0.211\times(0.03+0.24+0.03)\times2+2.118\times\left(\sqrt{0.16944^2+0.260^2}\div0.26\right)$$

$$\times0.12+0.16944\times0.26\times0.50\times8$$

$$=0.1266+0.303+0.1762$$

$$=0.6058\ (m^2)$$

（2）求楼梯一端凸出部分体积。由图 9.23 和图 9.26 中 c 部详图可知，

楼梯凸出端凸出体积=0.23×0.30×0.08=0.0055（m^3）

（3）求楼梯栏杆处止水带混凝土体积。由图 9.23 和图 9.25 可知，

楼梯栏杆处止水带混凝土体积=[0.715×2+0.78+0.075(预埋件位置)+0.08(端头)]×0.10(宽)×0.015(厚)

=0.0036（m^3）

（4）求端头内凹部分体积。由图 9.26 可知，

端头内凹部分体积=0.11×0.24×0.015×2×2= 0.0016（m^3）

（5）计算 PC 楼梯段工程量。

PC 楼梯段工程量=4×[（1）×梯段宽+（2）+（3）-（4）]

=4×(0.6058×1.18+0.0055+0.0036−0.0016)

=2.89（m^3）

9.5 PC 阳台板

PC 阳台板生产、现场堆放、吊装、安装见图 9.27～图 9.31。

图 9.27　PC 阳台板与其生产模具

图 9.28　工厂预制阳台板

图 9.29　PC 阳台板现场堆放

图 9.30　PC 阳台板吊装

图 9.31　PC 阳台板安装就位

9.5.1　PC 阳台板施工图

PC 阳台板施工图见图 9.32 ~ 图 9.34。

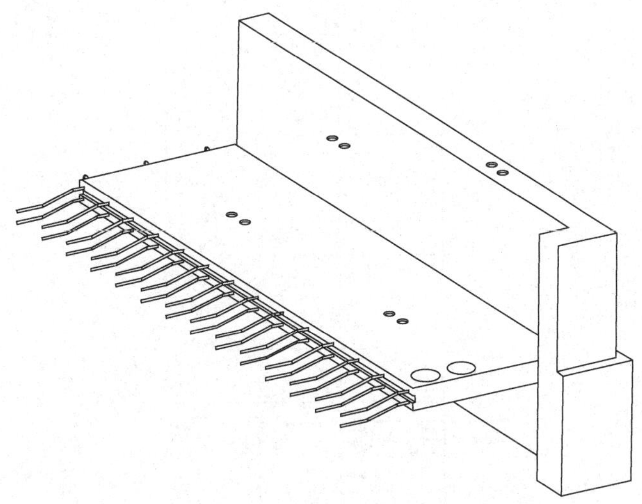

图 9.32　PC 阳台板三维图

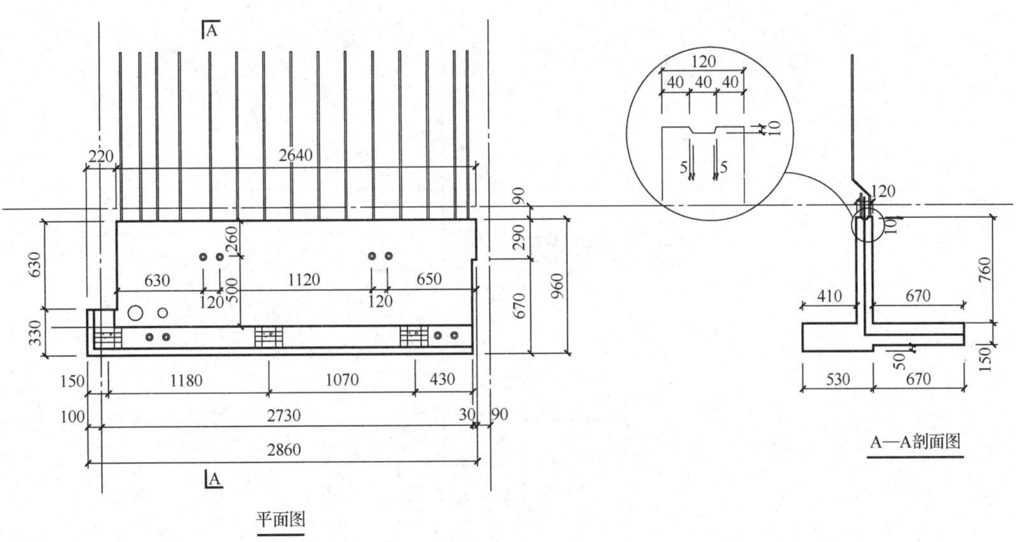

图 9.33　PC 阳台板平面图、剖面图

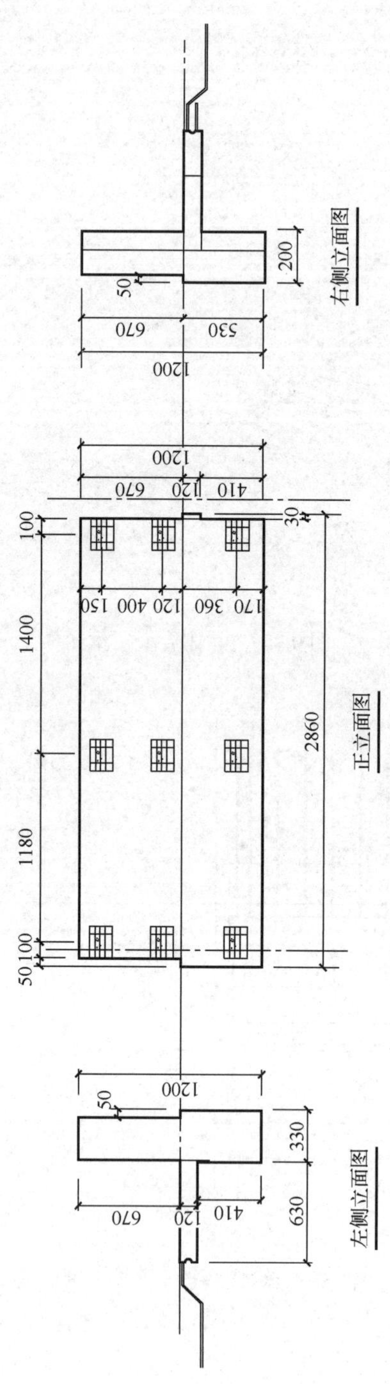

图 9.34　PC 阳台板立面图

9.5.2 PC 阳台板工程量计算

PC 阳台板工程量按图纸设计尺寸以体积（m^3）计算，不扣除构件内钢筋、铁件以及面积≤$0.30m^2$ 孔洞所占体积。PC 阳台板工程量计算公式为

PC 阳台板工程量=底板体积+侧板体积-面积＞$0.30m^2$ 孔洞所占体积

【例 9-6】 计算图 9.33、图 9.34 中 6 块 C30 混凝土预制阳台板的工程量。

解： PC 阳台板工程量=底板体积+上侧板体积+下侧板体积－底板凹槽体积

（1）求底板体积。由图 9.33 可知，

底板体积=[(2.64−0.03)×0.76+(0.03×0.29)]×0.12= 1.9923×0.12=0.2391（m^3）

（2）求上侧板体积。由图 9.33 和图 9.34 可知，

上侧板体积=(2.64−0.03+0.33−0.05)× 0.67×0.15=2.89×0.67×0.15=0.2904（m^3）

（3）求下侧板体积。由图 9.33 和图 9.34 可知，

下侧板体积=(2.64−0.03+0.33)× 0.53×0.20=2.94×0.53×0.20=0.3116（m^3）

（4）求底板凹槽体积。由图 9.33 可知，

底板凹槽体积=2.64×0.035×0.01=0.0009（m^3）

（5）6 块 PC 阳台板工程量。

6 块 PC 阳台板工程量=6×[（1）+（2）+（3）-（4）]

=6×(0.2391+0.2904+0.3116−0.0009)

=6×0.8402=5.04（m^3）

9.6 PC 墙板

PC 墙板生产线，以及 PC 墙板堆放、运输、吊装、安装见图 9.35～图 9.40。

图 9.35　PC 墙板生产线

图 9.36　PC 墙板工厂堆放

图 9.37　PC 墙板运输

图 9.38　PC 墙板吊装

图 9.39　PC 墙板固定

图 9.40　PC 墙板连接

9.6.1　PC 墙板施工图

PC 墙板施工图见图 9.41。

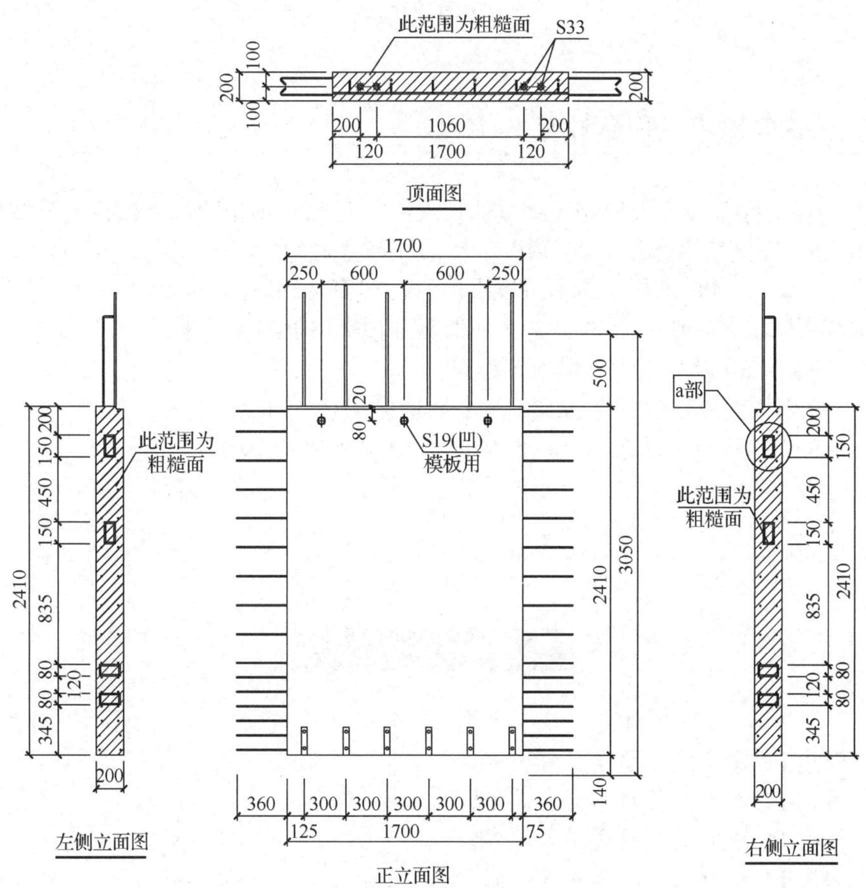

图 9.41　预制剪力墙墙板施工图

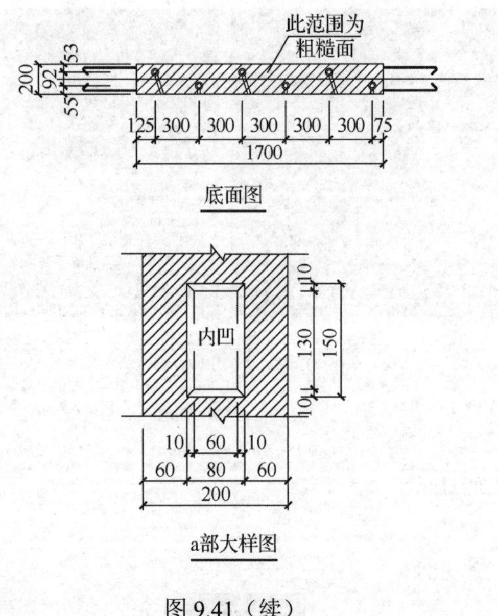

图 9.41（续）

9.6.2　PC 墙板工程量计算

PC 墙板工程量按图纸设计尺寸以体积（m^3）计算，不扣除构件内钢筋、铁件以及面积≤0.30m^2孔洞所占体积。PC 墙板工程量计算公式为

PC 墙板工程量=(板宽×板高-门窗及洞口面积)×墙厚

【例 9-7】　计算图 9.41 中 9 块 C30 混凝土预制墙板的工程量。

解：　9 块 C30 混凝土预制墙板工程量

=9×[(板宽×板高-门窗及洞口面积)×墙厚-凹口体积]

=9×[1.70×2.41×0.20-4×(0.15×0.08+0.13×0.06)×0.5×0.03]

=7.36（m^3）

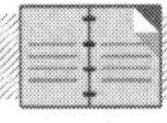

复习思考题

1．写出 PC 叠合板工程量计算公式。

2．写出 PC 柱工程量计算公式。

3．写出 PC 叠合梁工程量计算公式。

4．写出 PC 楼梯段工程量计算公式。

5．写出 PC 阳台板工程量计算公式。

6．PC 墙板工程量计算要扣除哪些体积？

第10章 预埋铁件与套筒注浆工程量计算

课程思政

“杂交水稻之父”袁隆平，一个属于中国，也属于世界的名字，他发起的“第二次绿色革命”，给整个人类带来了福音。我国大江南北的农田普遍种上了中国工程院院士袁隆平研制的杂交水稻，杂交水稻的大面积推广为我国粮食增产发挥了重要作用。因此，我国政府授予袁隆平“全国先进科技工作者”、“全国劳动模范”和“全国先进工作者”等光荣称号。联合国世界知识产权组织授予他金质奖章和“杰出的发明家”荣誉称号。

知识目标

熟悉预埋铁件、螺栓工程量计算规则，了解钢筋套筒分类，了解套筒注浆施工工艺。

能力目标

掌握预埋铁件、螺栓工程量计算方法，掌握套筒注浆工程量计算方法。

10.1 预埋铁件工程量计算

混凝土构件预埋铁件、螺栓按设计尺寸以质量计算工程量。

1. 计算预埋铁件 M-1 的工程量

预埋铁件 M-1 大样图见图 10.1。

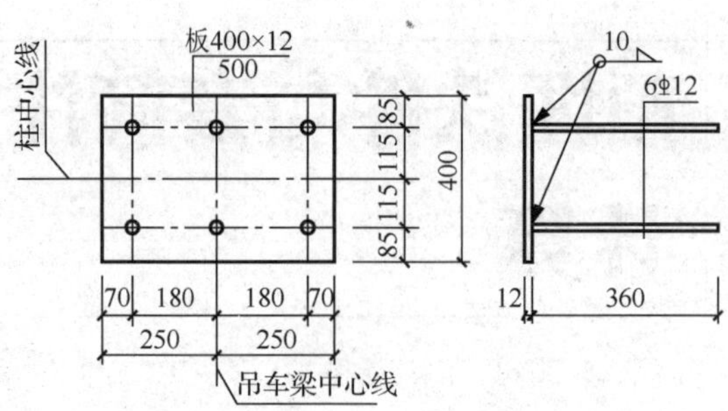

图 10.1 预埋铁件 M-1 大样图

【例 10-1】 计算 6 块图 10.1 中预埋铁件 M-1 的工程量。

解： 6 块预埋铁件 M-1 工程量=(0.4×0.5×0.012×7850+0.36×6×0.888)×6

=20.758×6=124.55（kg）

2. 计算预埋铁件 M-2 工程量

预埋铁件 M-2 大样图见图 10.2。

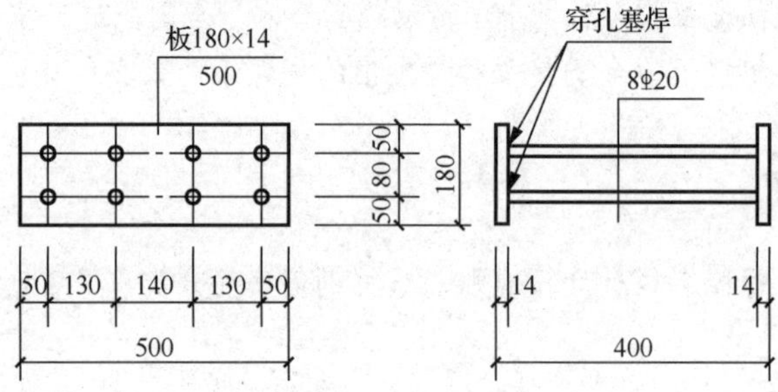

图 10.2 预埋铁件 M-2 大样图

【例 10-2】 计算 6 块图 10.2 中预埋铁件 M-2 的工程量。

解： 6 块预埋铁件 M-2 工程量=$(0.18\times0.5\times0.014\times7850+0.372\times8\times0.00617\times20^2)\times6$

=17.236×6

=103.42（kg）

3. 计算预埋铁件 M-3 工程量

预埋铁件 M-3 大样图与现场图见图 10.3。

【例 10-3】 计算 6 块图 10.3 中预埋铁件 M-3 的工程量。

解： 6 块预埋铁件 M-3 工程量=[0.10×0.16×0.006×7850+(0.20×4+6.25×4×0.008)

×0.00617×8×8]×6

=1.148×6

=6.89（kg）

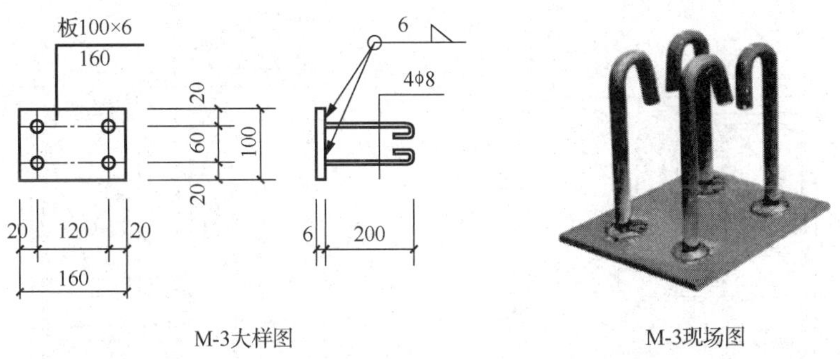

图 10.3　预埋铁件 M-3 大样图与现场图

4. 计算装配式楼梯段连接螺栓工程量

装配式楼梯段及连接螺栓施工图见图 10.4～图 10.6。

【例 10-4】　根据图 10.4～图 10.6 计算 4 跑楼梯段连接螺栓工程量。

解：每一跑楼梯段上部、下部各两根连接螺栓，4 跑楼梯段共 16 根螺栓。

每根螺栓质量=0.68×25×25×0.00617=2.622（kg）

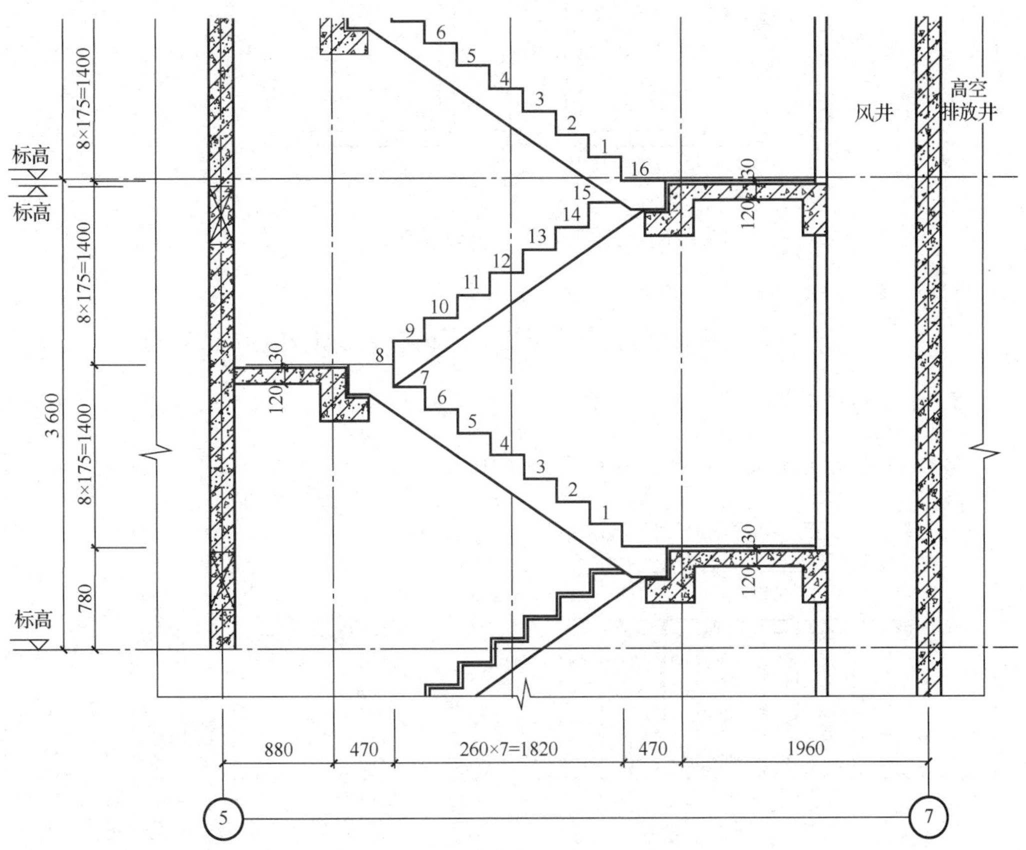

图 10.4　装配式楼梯段剖面图

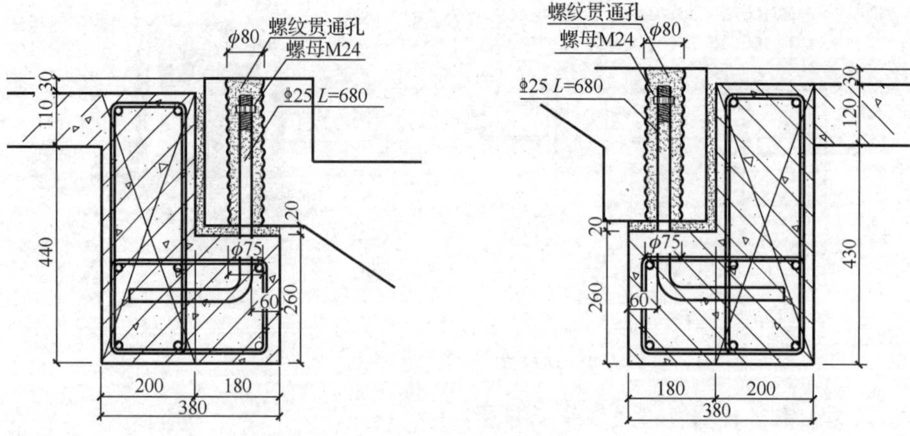

图 10.5 楼梯段上部、下部连接大样图

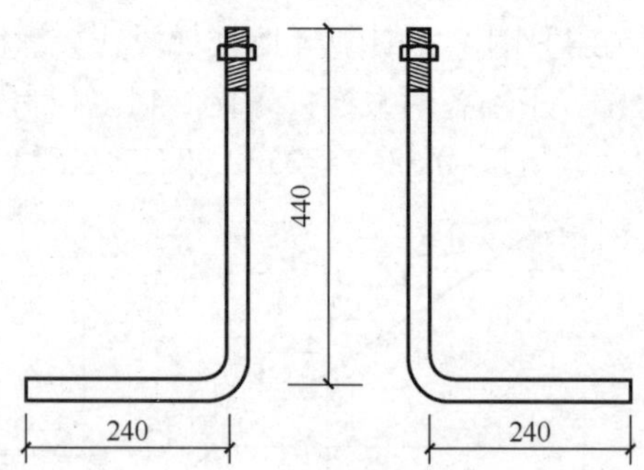

图 10.6 楼梯段上部、下部连接螺栓大样图

每个 M24 螺母质量为 0.089kg（查五金手册）。

16 根楼梯段连接螺栓质量=(2.622+0.089)×16=2.711×16=43.38（kg）

5. 计算楼梯栏杆预埋铁件工程量

楼梯栏杆预埋铁件施工图见图 10.7～图 10.9。

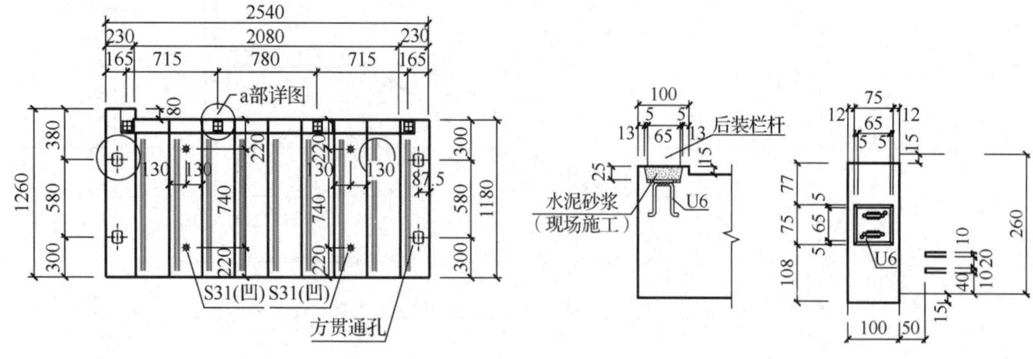

图 10.7 楼梯段平面图　　图 10.8 楼梯栏杆预埋铁件位置图（a 部详图）

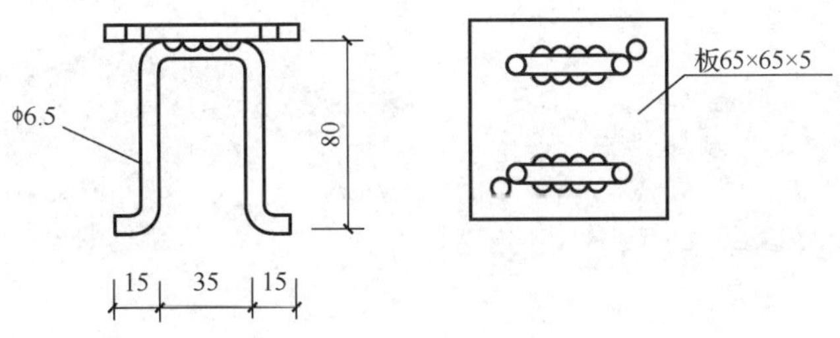

图 10.9　楼梯栏杆预埋铁件大样图

【例 10-5】　根据图 10.7～图 10.9 计算 6 跑楼梯段栏杆预埋铁件工程量。

解：每一跑楼梯段 4 块预埋铁件，6 跑楼梯段共 24 块预埋铁件。

24 块预埋铁件质量=[0.065×0.065×0.005×7850+(0.015+0.035+0.015+0.08×2)
×2×6.5×6.5×0.00617] ×24
=6.80（kg）

10.2　套筒注浆工程量计算

10.2.1　钢筋套筒分类

钢筋套筒有注浆套筒（图 10.10）、螺纹套筒（图 10.11）、冷挤压套筒（图 10.12）等几种。

图 10.10　注浆套筒

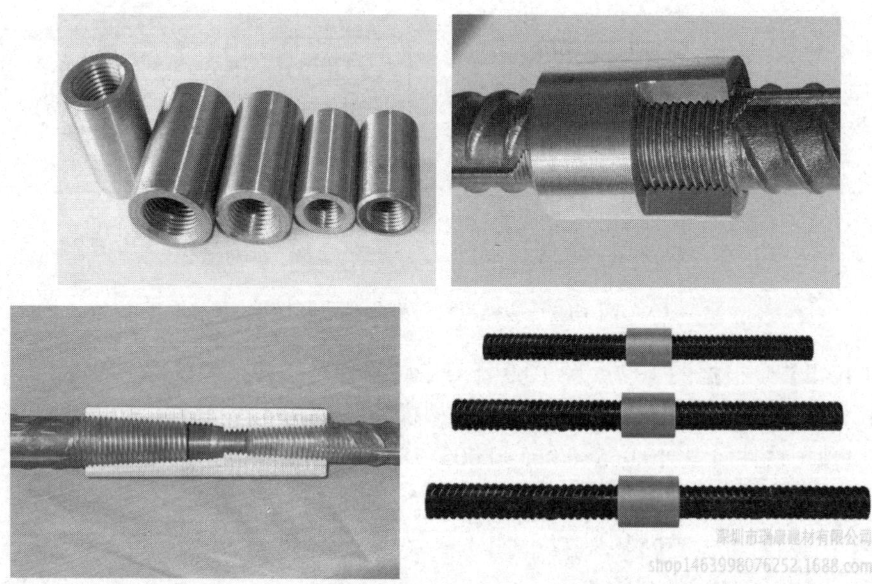

图 10.11　螺纹套筒

图 10.12　冷挤压套筒

10.2.2　注浆套筒

注浆套筒接头一般设在预制构件间的后浇段内，待两侧预制构件安装就位后，纵向钢筋伸入套筒内实施灌浆固定。注浆套筒结构见图 10.13，注浆套筒现场施工见图 10.14～图 10.21。

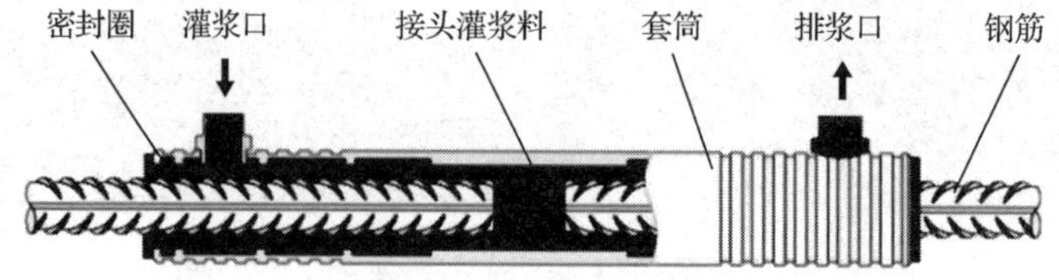

图 10.13　注浆套筒结构

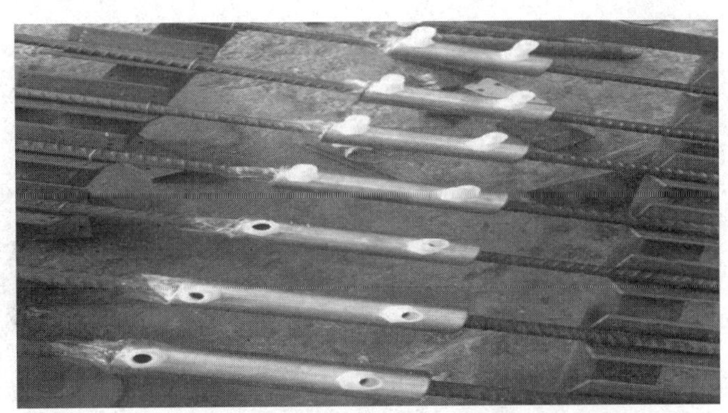

图 10.14　注浆套筒与钢筋连接

图 10.15　注浆套筒注浆

图 10.16　柱钢筋插入注浆套筒

图 10.17　套筒机械注浆

图 10.18　套筒人工注浆

图 10.19　预制梁注浆套筒安装

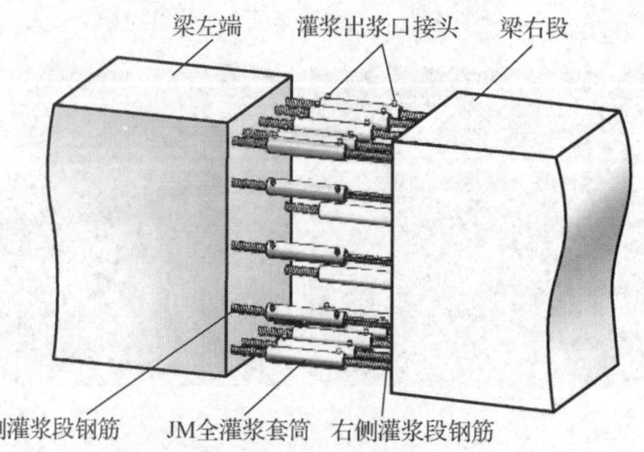

图 10.20　预制梁注浆套筒示意

（a）预制墙吊装

（b）钢筋插入预制墙

（c）预制墙人工注浆

图 10.21　钢筋套筒注浆连接在预制墙中的应用

10.2.3　螺纹套筒

螺纹套筒连接钢筋见图 10.22～图 10.24。

图 10.22　螺纹套筒一端连接钢筋

图 10.23　螺纹套筒两端连接钢筋

图 10.24　螺纹套筒连接的构件钢筋

10.2.4　冷挤压套筒

冷挤压套筒设备见图 10.25，冷挤压套筒连接钢筋见图 10.26～图 10.28。

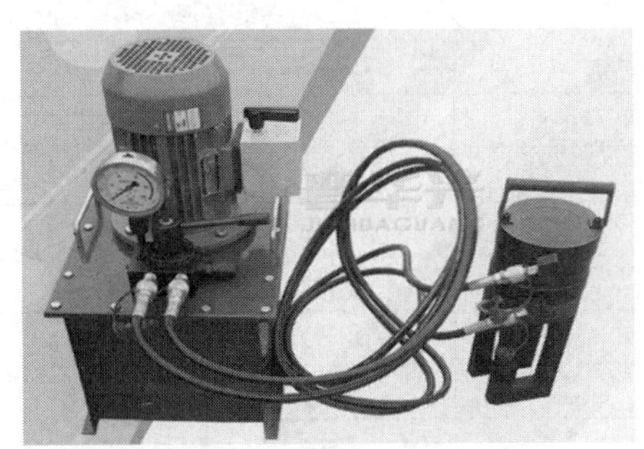

图 10.25　冷挤压套筒设备

图 10.26　冷挤压套筒连接钢筋现场操作

图 10.27　经冷挤压套筒连接后的钢筋

图 10.28　采用冷挤压套筒连接钢筋的构件

10.2.5　套筒注浆工程量计算

套筒注浆消耗量定额见表 10.1。

表 10.1　套筒注浆消耗量定额

工作内容：结合面清理、注浆料搅拌、注浆、养护、现场清理。　　计量单位：10 个

<table>
<tr><td colspan="4">定额编号</td><td>1-26</td><td>1-27</td></tr>
<tr><td colspan="4" rowspan="3">项目</td><td colspan="2">套筒注浆</td></tr>
<tr><td colspan="2">钢筋直径/mm</td></tr>
<tr><td>≤ϕ18</td><td>>ϕ18</td></tr>
<tr><td colspan="3">名称</td><td>单位</td><td colspan="2">消耗量</td></tr>
<tr><td rowspan="4">人工</td><td colspan="2">合计工日</td><td>工日</td><td>0.220</td><td>0.240</td></tr>
<tr><td rowspan="3">其中</td><td>普工</td><td>工日</td><td>0.066</td><td>0.072</td></tr>
<tr><td>一般技工</td><td>工日</td><td>0.132</td><td>0.144</td></tr>
<tr><td>高级技工</td><td>工日</td><td>0.022</td><td>0.024</td></tr>
<tr><td rowspan="3">材料</td><td colspan="2">灌浆料</td><td>kg</td><td>5.630</td><td>9.470</td></tr>
<tr><td colspan="2">水</td><td>m^3</td><td>0.560</td><td>0.950</td></tr>
<tr><td colspan="2">其他材料费</td><td>%</td><td>3.000</td><td>3.000</td></tr>
</table>

【例 10-6】 某装配式混凝土建筑工程需 15 根 PC 梁，每根梁采用 30 个ϕ25 钢筋套筒注浆，计算ϕ25 钢筋套筒注浆的工程量。

解：

ϕ25 钢筋套筒注浆工程量=30×15=450（个）

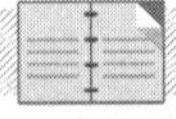

复习思考题

1．简述混凝土构件预埋铁件、螺栓工程量计算规则。
2．写出预埋铁件工程量计算公式。
3．写出 8mm 厚钢板每平方米质量计算公式。
4．写出 180 度钢筋弯钩增加长度计算公式。
5．如何确定螺栓质量？
6．PC 构件钢筋套筒有哪些种类？
7．如何计算钢筋套筒注浆工程量？

第 11 章 装配式建筑工程造价计算实例

课程思政

我国独立建成的天宫空间站，打破了西方国家在空间技术上的垄断，大长了中国人民的志气！空间站可进行各种科学实验活动（包括生命科学、生物工程等），可以开发空间资源、发展空间产业，可作为飞往月球和火星的过渡站，可从事侦察照相等各种军事活动。与国际空间站相比，天宫空间站所有的部件都可替换，能一直在太空作为我们深空探索的前哨基地；太阳能使用三结砷化镓电池更先进；“巡天”光学望远镜比“哈勃”望远镜更方便维修和保养；国际空间站必须要航天飞机或者货运飞船对接才能调整姿态，而我们的天宫空间站有自带的霍尔推进器，自己就有动力，实现空间姿态调整。

知识目标

熟悉装配式建筑工程造价计算依据，熟悉分部分项工程费计算内容，熟悉措施项目费计算内容，熟悉其他项目费计算内容，熟悉 PC 构件与部品市场价计算内容，熟悉装配式建筑工程造价计算程序。

能力目标

掌握综合单价确定方法，掌握分部分项工程费计算方法，掌握措施项目费计算方法，掌握其他项目费计算方法，掌握 PC 构件与部品市场价计算方法，掌握增值税计算方法，掌握装配式建筑工程造价计算方法。

根据某地区装配式住宅实例的建筑施工图、消耗量定额、材料与部品市场价、各项费率，计算该项目的工程造价。

计算依据

11.1.1　分项工程项目与部品项目

某地区装配式住宅建筑分项工程项目与部品项目内容如下。

（1）现浇 C20 混凝土满堂基础（无梁式）206m^3。

（2）成品 PC 楼板（含制作、运输、安装）189m^3。

（3）PC 楼板后浇带 59m^3。

（4）洗漱台部品 10 组。

（5）淋浴间部品 10 组。

11.1.2　消耗量定额摘录

某地区消耗量定额摘录如下。

（1）满堂基础消耗量定额见表 11.1。

（2）PC 楼板后浇带消耗量定额见表 11.2。

（3）洗漱台部品消耗量定额见表 11.3。

表 11.1　现浇混凝土基础消耗量定额摘录

工作内容：浇筑、振捣、养护等。　　　　计量单位：10m^3

定额编号				5-7	5-8	5-9	5-10
项目				满堂基础		设备基础	二次灌浆
				有梁式	无梁式		
名称			单位	消耗量			
人工		合计工日	工日	3.107	2.537	2.611	19.352
	其中	普工	工日	0.932	0.761	0.783	5.806
		一般技工	工日	1.864	1.522	1.567	11.611
		高级技工	工日	0.311	0.254	0.261	1.935
材料		预拌细石混凝土 C20	m^3	—	—	—	10.100
		预拌混凝土 C20	m^3	10.100	10.100	10.100	—
		塑料薄膜	m^2	25.295	25.095	14.761	—
		水	m^3	1.339	1.520	0.900	5.930
		电	kW·h	2.310	2.310	2.310	—
机械		混凝土抹平机	台班	0.035	0.030	—	—

表 11.2　后浇混凝土浇捣消耗量定额

工作内容：浇筑、振捣、养护等。　　　　计量单位：$10m^3$

定额编号				1-29	1-30	1-31	1-32
项目				梁、柱接头	叠合梁、板	叠合剪力墙	连接墙、柱
名称			单位	消耗量			
人工	合计工日		工日	27.720	6.270	9.427	12.593
	其中	普工	工日	8.316	1.881	2.828	3.778
		一般技工	工日	16.632	3.762	5.656	7.556
		高级技工	工日	2.772	0.627	0.943	1.259
材料	泵送商品混凝土 C30		m^3	10.150	10.150	10.150	10.150
	聚乙烯薄膜		m^2	—	175.000	—	—
	水		m^3	2.000	3.680	2.200	1.340
	电		kW·h	8.160	4.320	6.528	6.528

表 11.3　成品橱柜和成品洗漱台柜安装消耗量定额

工作内容：测量、成品定制、装配、五金件安装、表面清理。

定额编号				4-45	4-46	4-47
项目				成品橱柜		成品洗漱台柜
				台面板		
				人造石	不锈钢	
				10m		组
名称			单位	消耗量		
人工	合计工日		工日	1.348	1.213	0.595
	其中	普工	工日	0.270	0.243	0.236
		一般技工	工日	0.472	0.425	0.303
		高级技工	工日	0.606	0.545	0.056
材料	成品人造石台面板宽 550mm 厚 12mm		m	10.500	—	—
	成品不锈钢台面板宽 550mm 厚 12mm		m	—	10.500	—
	成品洗漱台柜 1.5m×0.5m×0.9m		组	—	—	1.000
	密封胶 350mL		支	3.390	3.390	1.000
	其他材料费		%	1.000	1.000	1.000

11.1.3　人工、材料、PC 构件与部品市场价

某地区人工、材料、PC 构件与部品市场价如下。

（1）人工市场价。普工：120 元/工日；一般技工：160 元/工日；高级技工：200 元/工日。

（2）材料市场价。C30 预拌混凝土：320 元/ m^3；塑料薄膜：0.10 元/ m^2；水：2.00 元/ m^3；电：0.80 元/(kW·h)。

（3）机械台班市场价。混凝土抹平机：50 元/台班。

（4）PC 构件出厂价。成品 PC 楼板出厂价（含制作、运输、安装）：610 元/m^3。

（5）住宅部品市场价。洗漱台部品：1500 元/组（产品运到安装地点）；淋浴间部品：7600 元/组（含安装费）。

11.1.4　费用定额

某地区费用定额的费率规定见表 11.4～表 11.9。

表 11.4　各专业工程企业管理费和利润费率

<table>
<tr><th colspan="2">工程专业</th><th>计算基础</th><th>费率/%</th></tr>
<tr><td colspan="2">房屋建筑与装饰工程</td><td rowspan="7">分部分项工程、单项措施和专业暂估价的人工费</td><td>20.78～30.98</td></tr>
<tr><td colspan="2">通用安装工程</td><td>32.33～36.20</td></tr>
<tr><td rowspan="2">市政工程</td><td>土建</td><td>28.29～32.93</td></tr>
<tr><td>安装</td><td>32.33～36.20</td></tr>
<tr><td rowspan="2">城市轨道交通工程</td><td>土建</td><td>28.29～32.93</td></tr>
<tr><td>安装</td><td>32.33～36.20</td></tr>
<tr><td>园林绿化工程</td><td>种植</td><td>42.94～50.68</td></tr>
</table>

表 11.5　房屋建筑工程安全防护、文明施工措施费费率

<table>
<tr><th colspan="3">项目类别</th><th>费率/%</th><th>备注</th></tr>
<tr><td rowspan="4">工业建筑</td><td rowspan="2">厂房</td><td>单层</td><td>2.8～3.2</td><td rowspan="9">计算基础为分部分项工程费</td></tr>
<tr><td>多层</td><td>3.2～3.6</td></tr>
<tr><td rowspan="2">仓库</td><td>单层</td><td>2.0～2.3</td></tr>
<tr><td>多层</td><td>3.0～3.4</td></tr>
<tr><td rowspan="4">民用建筑</td><td rowspan="3">居住建筑</td><td>低层</td><td>3.0～3.4</td></tr>
<tr><td>多层</td><td>3.3～3.8</td></tr>
<tr><td>中高层及高层</td><td>3.0～3.4</td></tr>
<tr><td colspan="2">公共建筑及综合性建筑</td><td>3.3～3.8</td></tr>
<tr><td colspan="3">独立设备安装工程</td><td>1.0～1.15</td></tr>
</table>

表 11.6　各专业工程其他措施项目费费率

<table>
<tr><th colspan="2">工程专业</th><th>计算基础</th><th>费率/%</th></tr>
<tr><td colspan="2">房屋建筑与装饰工程</td><td rowspan="12">分部分项工程费</td><td>1.50～2.37</td></tr>
<tr><td colspan="2">通用安装工程</td><td>1.50～2.37</td></tr>
<tr><td rowspan="2">市政工程</td><td>土建</td><td rowspan="2">1.50～3.75</td></tr>
<tr><td>安装</td></tr>
<tr><td rowspan="2">城市轨道交通工程</td><td>土建</td><td rowspan="2">1.40～2.80</td></tr>
<tr><td>安装</td></tr>
<tr><td rowspan="2">园林绿化工程</td><td>种植</td><td>1.49～2.37</td></tr>
<tr><td>养护</td><td>—</td></tr>
<tr><td colspan="2">仿古建筑工程（含小品）</td><td>1.49～2.37</td></tr>
<tr><td colspan="2">房屋修缮工程</td><td>1.50～2.37</td></tr>
<tr><td colspan="2">民防工程</td><td>1.50～2.37</td></tr>
<tr><td colspan="2">市政管网工程（给水、燃气管道工程）</td><td>1.50～3.75</td></tr>
</table>

表 11.7　社会保险费费率

工程类别		计算基础	费率/%		
			管理人员	生产工人	合计
房屋建筑与装饰工程		人工费	5.38	33.04	38.42
通用安装工程				33.04	38.42
市政工程	土建			36.92	42.30
	安装			33.04	38.42
城市轨道交通工程	土建			36.92	42.30
	安装			33.04	38.42
园林绿化工程	种植			33.06	38.44
仿古建筑工程（含小品）				33.04	38.42
房屋修缮工程				33.04	38.42
民防工程				33.04	38.42
市政管网工程（给水、燃气管道工程）				33.69	39.07
市政养护	土建			36.50	41.88
	机电设备			35.04	40.42
绿地养护				36.50	41.88

表 11.8　住房公积金费率

工程类别		计算基础	费率/%
房屋建筑与装饰工程		人工费	1.96
通用安装工程			1.59
市政工程	土建		1.96
	安装		1.59
城市轨道交通工程	土建		1.96
	安装		1.59
园林绿化工程	种植		1.59
仿古建筑工程（含小品）			1.81
房屋修缮工程			1.32
民防工程			1.96
市政管网工程（给水、燃气管道工程）			1.68
市政养护	土建		1.96
	机电设备		1.59
绿地养护			1.59

表 11.9　营改增各行业所适用的增值税税率

行业	增值税税率/%	营业税税率/%
建筑业	9	3
房地产业	9	5
金融业	6	5
生活服务业	6	一般为 5%，特定娱乐业适用 3%～20%税率

计算过程

11.2.1　分项工程项目与部品项目综合单价确定

某地区装配式住宅建筑工程造价项目需计算满堂基础综合单价、PC 楼板后浇带综合单价、洗漱台部品安装综合单价。

1. 满堂基础综合单价确定

根据人工、材料、机械台班市场价，表 11.1 中的“5-8 定额”，某地区费用定额规定的企业管理费和利润费率，确定满堂基础综合单价的有关数据计算过程如下。

（1）人工费单价计算。

$$人工费单价=\sum(定额用工\times对应的人工市场价)$$
$$=0.761\times120+1.522\times160+0.254\times200$$
$$=91.32+243.52+50.80$$
$$=385.64（元/10m^3）$$
$$=38.56（元/m^3）$$

（2）材料费单价计算。

$$材料费单价=\sum(定额材料用量\times对应的材料市场价)$$
$$=10.1\times320+25.095\times0.10+1.520\times2.00+2.31\times0.80$$
$$=3232.00+2.51+3.04+1.85$$
$$=3239.40（元/10m^3）=323.94（元/m^3）$$

（3）机械费单价计算。

$$机械费单价=\sum(定额机械台班用量\times对应的台班市场价)$$
$$=0.030\times50$$
$$=1.5（元/10m^3）$$
$$=0.15（元/m^3）$$

（4）企业管理费和利润计算。某地区工程造价行业主管部门规定，装配式建筑企业管理费费率和利润率合计 30%，计算基础为人工费。

$$企业管理费和利润单价=38.56\times30\%=11.57（元/m^3）$$

（5）综合单价计算。将上述计算的人工费、材料费、机械费、企业管理费和利润单价填入综合单价分析表；然后将这些单价乘以工程量得出对应的合价；加总合价后除以工程量就得出了该现浇混凝土满堂基础综合单价。计算过程见表 11.10。

表 11.10　综合单价分析表

工程名称：×××装配式工程　　　　　　　　　　标段：　　　　　　　　　　第　页 共　页

<table>
<tr><td>项目编码</td><td>010501004001</td><td>项目名称</td><td colspan="2">满堂基础</td><td>计量单位</td><td>m^3</td><td colspan="2">工程量</td><td colspan="3">206</td></tr>
<tr><td colspan="12">清单综合单价组成明细</td></tr>
<tr><td rowspan="2">定额编号</td><td rowspan="2">定额项目名称</td><td rowspan="2">定额单位</td><td rowspan="2">数量</td><td colspan="4">单价/元</td><td colspan="4">合价/元</td></tr>
<tr><td>人工费</td><td>材料费</td><td>机械费</td><td>企业管理费和利润</td><td>人工费</td><td>材料费</td><td>机械费</td><td>企业管理费和利润</td></tr>
<tr><td>5-8</td><td>现浇混凝土满堂基础</td><td>m^3</td><td>206</td><td>38.56</td><td>323.94</td><td>0.15</td><td>11.57</td><td>7943.36</td><td>66731.64</td><td>30.90</td><td>2383.42</td></tr>
<tr><td></td><td></td><td></td><td></td><td></td><td></td><td></td><td></td><td></td><td></td><td></td><td></td></tr>
<tr><td></td><td></td><td></td><td></td><td></td><td></td><td></td><td></td><td></td><td></td><td></td><td></td></tr>
<tr><td colspan="2">人工单价
普工：120 元/工日
一般技工：160 元/工日
高级技工：200 元/工日</td><td colspan="6">小计</td><td colspan="4">77089.32 元</td></tr>
<tr><td colspan="8">综合单价</td><td colspan="4">77089.32÷206=374.22（元/m^3）</td></tr>
</table>

说明：企业管理费和利润=人工费×30%。

2. PC 楼板后浇带综合单价确定

根据表 11.2 中 1-30 板后浇带消耗量定额，PC 楼板后浇带工程量，人工、材料市场价，某地区费用定额规定的企业管理费和利润费率，计算得出 PC 楼板后浇带的综合单价为 320.25 元/ m^3，其中人工费为 35.20 元/ m^3。

3. 洗漱台部品安装综合单价确定

根据表 11.3 中 4-47 成品洗漱台柜安装消耗量定额，洗漱台部品工程量，人工、材料市场价，某地区费用定额规定的企业管理费和利润费率，计算得出洗漱台部品安装的综合单价为 1581.67 元/组，其中人工费为 98.20 元/组。

11.2.2　分部分项工程费计算

不含增值税分部分项工程费计算见表 11.11。

表 11.11　分部分项工程和单价措施项目清单与计价表

工程名称：×××装配式工程　　　　　　　　　　标段：　　　　　　　　　　第　页 共　页

<table>
<tr><td rowspan="3">序号</td><td rowspan="3">项目编码</td><td rowspan="3">项目名称</td><td rowspan="3">项目特征描述</td><td rowspan="3">计量单位</td><td rowspan="3">工程量</td><td colspan="3">金额/元</td></tr>
<tr><td rowspan="2">综合单价</td><td rowspan="2">合价</td><td>其中</td></tr>
<tr><td>人工费</td></tr>
<tr><td></td><td colspan="3">E.混凝土工程</td><td></td><td></td><td></td><td></td><td></td></tr>
<tr><td>1</td><td>010501004001</td><td>混凝土满堂基础</td><td>1. 混凝土种类：混凝土
2. 混凝土强度等级：C20</td><td>m^3</td><td>206.00</td><td>374.22</td><td>77089.32</td><td>7943.36</td></tr>
</table>

续表

序号	项目编码	项目名称	项目特征描述	计量单位	工程量	金额/元		
						综合单价	合价	其中 人工费
2	010508001001	PC 楼板后浇带	1. 混凝土种类：商品混凝土 2. 混凝土强度等级：C30	m^3	59.00	320.25	18894.75	2076.80
		分部小计					95984.07	10020.16
		其他装饰工程						
3	011505001001	洗漱台	1. 材料品种、规格、颜色：陶瓷、箱式、白色 2. 支架、配件品种、规格：不锈钢支架、不锈钢水嘴、DN15	组	10	1581.67	15816.70	982.00
		分部小计					15816.70	982.00
		合计					111800.77	11002.16

11.2.3 措施项目费计算

1. 安全文明施工费计算

安全文明施工费按表 11.5 规定计算，该工程取 3%的费率。

安全文明施工费=分部分项工程费×3%

=111800.77×3%

=3354.02（元）

2. 二次搬运、夜间施工等其他措施项目费计算

二次搬运、夜间施工等其他措施项目费按表 11.6 规定计算，该工程取 1.5%的费率。

其他措施项目费=分部分项工程费×1.5%

=111800.77×1.5%

=1677.01（元）

措施项目费小计：5031.03 元。

11.2.4 其他项目费计算

本工程无其他项目费。

11.2.5 规费计算

社会保险费费率按表 11.7 的规定选取 38.42%，住房公积金费率按表 11.8 的规定选取 1.96%。

（1）社会保险费计算。

社会保险费=人工费×38.42%=11002.16×38.42%=4227.03（元）

（2）住房公积金计算。

住房公积金=人工费×1.96%=11002.16×1.96%=215.64（元）

规费小计：4442.67 元。

11.2.6 PC 构件与部品市场价计算

1. 成品 PC 楼板（含制作、运输、安装）市场价计算

成品 PC 楼板（含制作、运输、安装）市场价计算如下：

产品数量×市场单价= 189×610 =115290（元）

2. 淋浴间部品（含安装费）市场价计算

淋浴间部品（含安装费）市场价计算如下：

产品数量×市场单价=10×7600=76000（元）

PC 构件与部品市场价小计：191290 元。

11.2.7 增值税计算

增值税计算过程如下：

税前造价=分部分项工程费+措施项目费+其他项目费+规费+PC 构件与部品市场价

=111800.77+5031.03+0+4442.67+191290=312564.47（元）

增值税=税前造价×9%=312564.47×9%=28130.80（元）

11.2.8 装配式建筑工程造价合计

装配式建筑工程造价计算如下：

工程造价=税前造价+增值税=312564.47+28130.80=340695.27（元）

装配式建筑工程造价计算表

装配式建筑工程造价计算表见表 11.12。

表 11.12　装配式建筑工程造价计算表

序号	费用项目			计算基础	费率	计算式	金额/元
1	分部分项工程费					见表 11.11	111800.77
2	措施项目费	单价措施项目				无	5031.03
		总价措施	安全文明施工费	分部分项工程费：111800.77	3%	111800.77×3%=3354.02	
			夜间施工增加费				
			二次搬运费		1.5%	111800.77×1.5%=1677.01	
			冬雨季施工增加费				
3	其他项目费	总承包服务费		分包工程造价			无
		暂列金额					
		暂估价					
		计日工					
4	规费	社会保险费		人工费：11002.16	38.42%	11002.16×38.42%=4227.03	4442.67
		住房公积金			1.96%	11002.16×1.96%=215.64	
		工程排污费				无	
5	市场价	PC 楼板市场价		189×610 =115290.00			191290.00
		淋浴间部品市场价		10×7600 =76000.00			
6		税前造价		序 1+序 2+序 3+序 4+序 5		111800.77+5031.03+0+4442.67+191290.00	312564.47
7	税金	增值税		税前造价		312564.47×9%	28130.80
工程造价=序 1+序 2+序 3+序 4+序 5+序 7							340695.27

复习思考题

1. 本章实例计算依据采用了什么类型的定额？
2. 本章实例中的人工市场价可以如何确定？
3. 本章实例中材料单价应该如何确定？
4. 本章实例中部品市场价可以怎样确定？

5．企业管理费费率按照什么方法确定？
6．利润率按照什么方法确定？
7．安全防护费必须计算吗？为什么？
8．文明施工费必须计算吗？为什么？
9．增值税的计算基础是什么？为什么？
10．本章实例中的企业管理费和利润费率是多少？如何确定的？
11．简述本章实例中满堂基础综合单价分析表的编制过程。
12．简述本章实例中分部分项工程费和单价措施项目费的计算过程。
13．简述本章实例中装配式建筑工程造价的计算过程。

第 3 篇
装配式混凝土建筑计量与计价综合实践

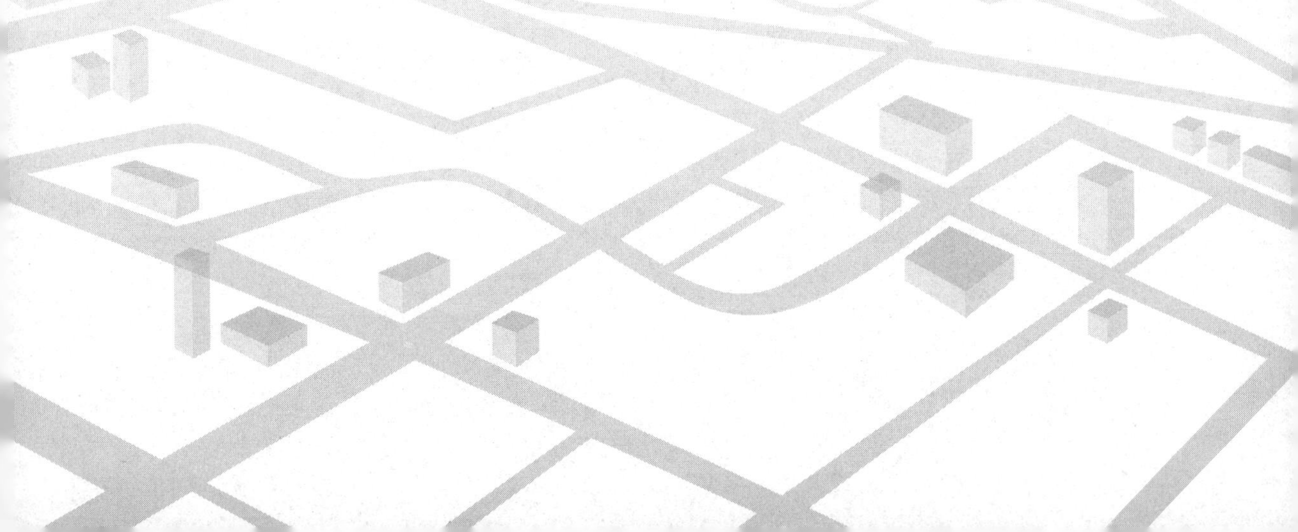

第 12 章 装配式混凝土预制构件工程量计算综合实践

课程思政 

雷锋精神的基本内涵包括：忠于党，坚决按党的指示办事，坚定不移地跟党走；脚踏实地、勇于探索，把实现崇高的理想落实到本职岗位上的创造和贡献之中；公而忘私的共产主义风格，把毫不利己、专门利人看作最大的幸福和快乐，把有限的生命投入到无限的为人民服务之中去；奋不顾身的革命斗志，始终保持昂扬的精神状态和勇往直前的革命干劲，在平凡的岗位上作出不平凡的成绩。雷锋精神集中体现了中华民族的优良传统，反映了社会主义和共产主义的价值观念和行为准则，凝聚着全人类共同珍视的时代精神的精华。这种伟大精神，过去、现在和将来都是教育和激励人们前进的宝贵精神财富。

知识目标 

熟悉 PC 叠合板、PC 墙板、PC 阳台板、PC 楼梯段施工图和工程量计算规则。

能力目标 

熟练掌握 PC 叠合板、PC 墙板、PC 阳台板、PC 楼梯段工程量计算方法。

12.1 PC 叠合板工程量计算综合实践

12.1.1 PC 叠合板布置图

某装配式住宅建筑 PC 叠合板布置图见图 12.1。

从图 12.1 中可以看到，编号 YDB-30 的叠合板 1 块，编号 YDB-31 的叠合板 1 块，编号 YDB-33 的叠合板 1 块，编号 YDB-35 的叠合板 2 块，编号 YDB-36 的叠合板 1 块，共 6 块叠合板。

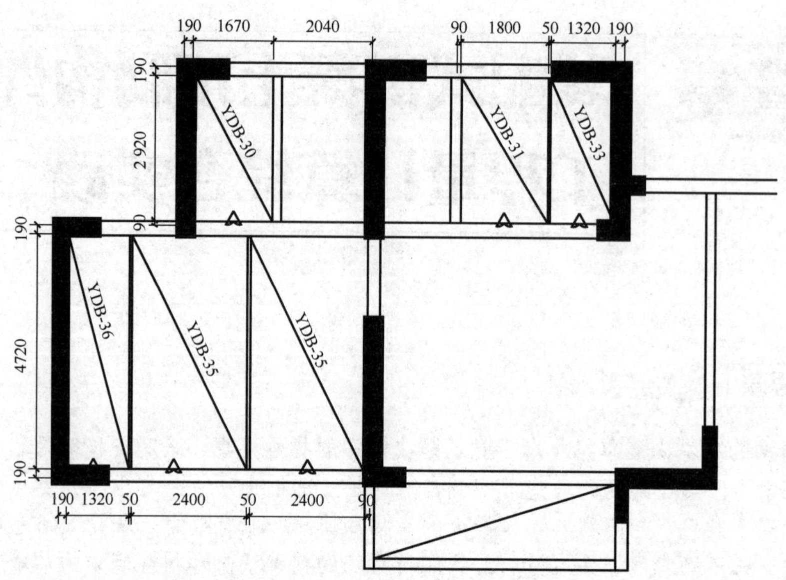

图 12.1　某装配式住宅建筑 PC 叠合板布置图

12.1.2　PC 叠合板大样图

图 12.1 中各类 PC 叠合板大样图见图 12.2～图 12.6。

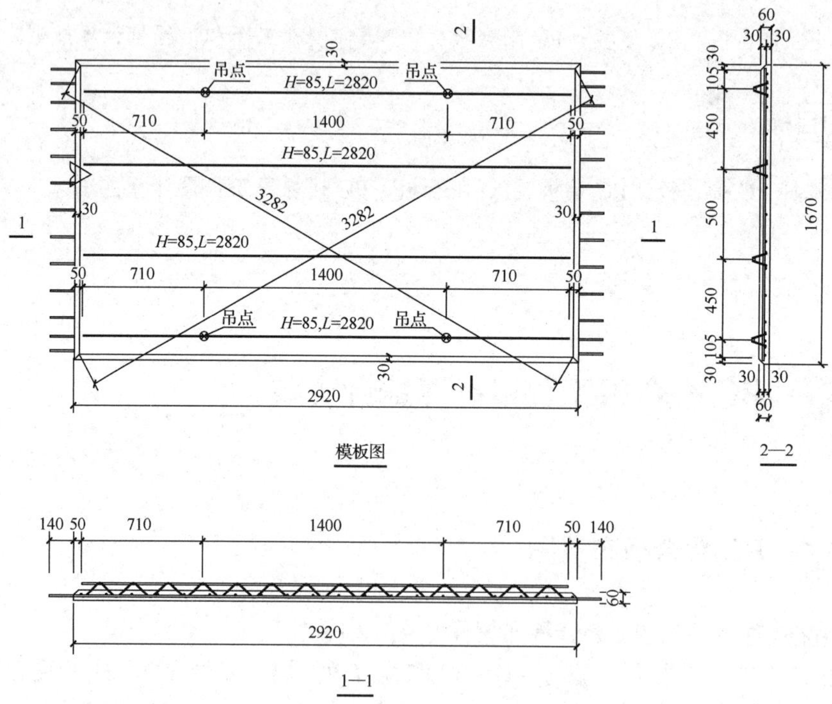

图 12.2　YDB-30 叠合板大样图

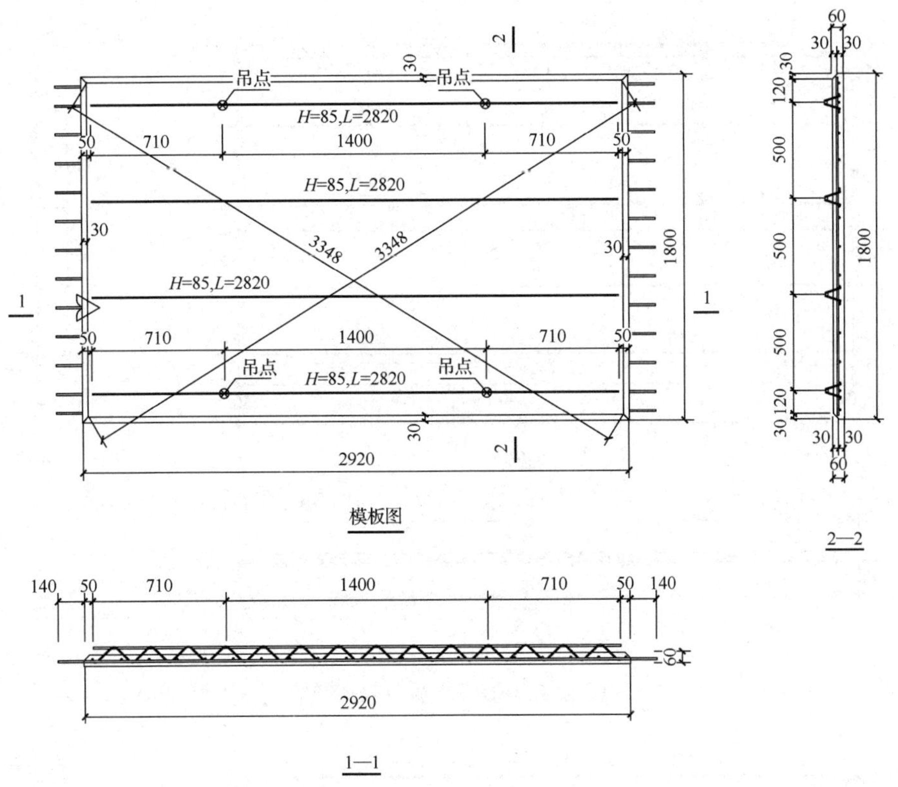

图 12.3　YDB-31 叠合板大样图

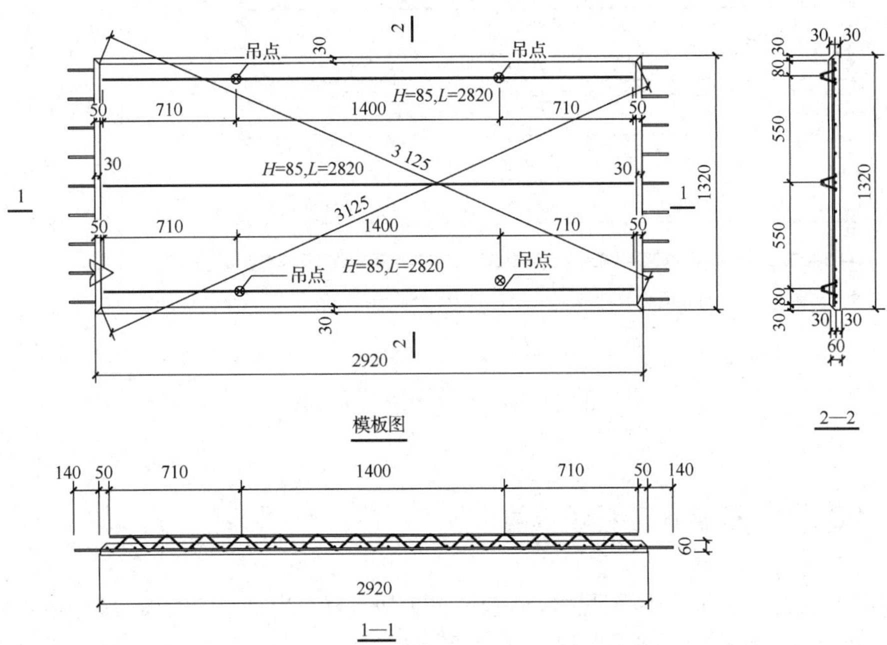

图 12.4　YDB-33 叠合板大样图

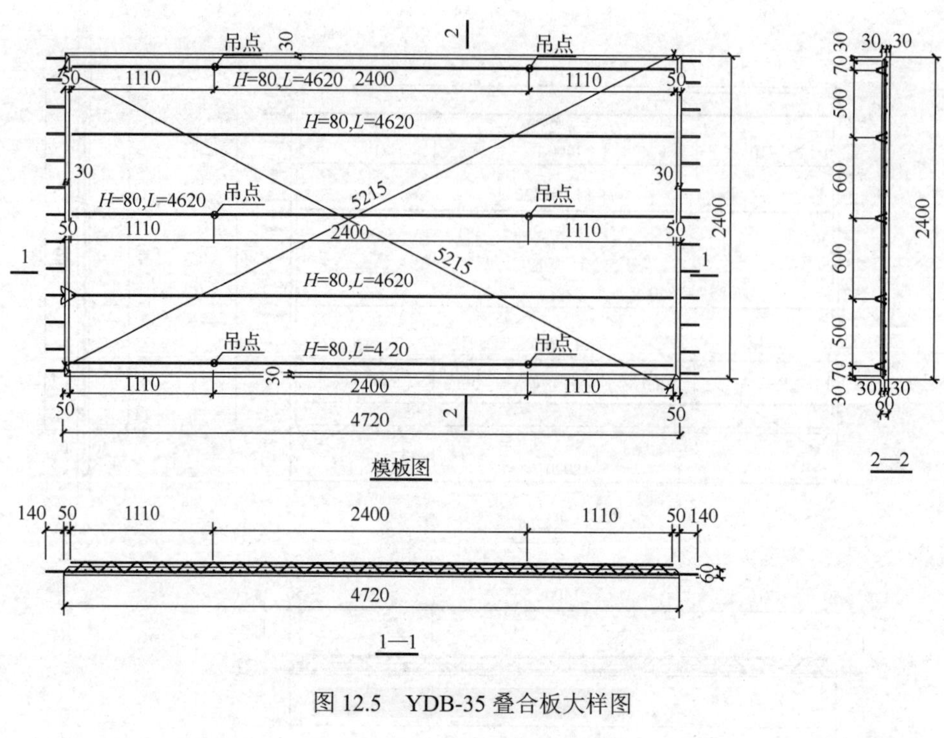

图 12.5　YDB-35 叠合板大样图

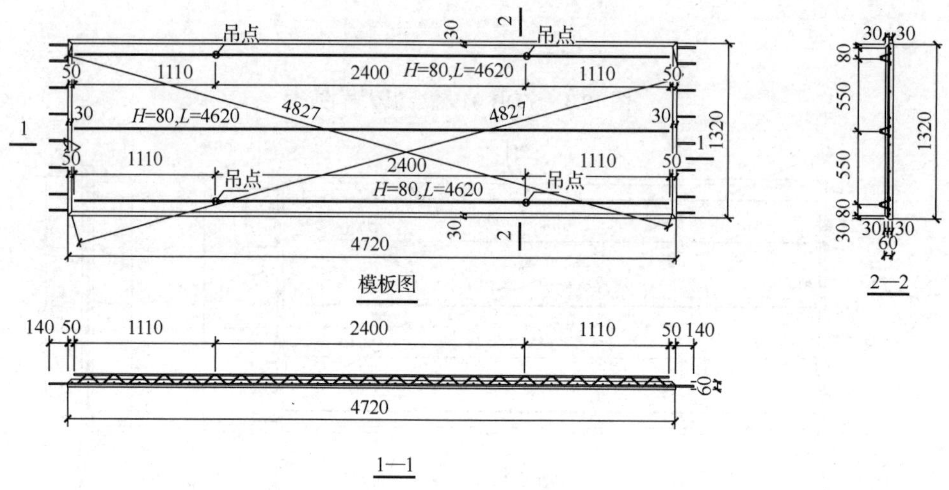

图 12.6　YDB-36 叠合板大样图

12.1.3　PC 叠合板工程量计算

根据图 12.2～图 12.6 所示尺寸，分别计算 1 块 YDB-30、1 块 YDB-31、1 块 YDB-33、2 块 YDB-35、1 块 YDB-36 叠合板工程量及 6 块叠合板总工程量。（注意：全部 PC 叠合板四边斜边的投影宽均为 30mm。）

（1）1 块 YDB-30 叠合板工程量。

V_1=板宽×板长×板厚

=(1.67−0.03)×(2.92−0.03)×0.06

=1.64×2.89×0.06

=0.284（m^3）

（2）1 块 YDB-31 叠合板工程量。

V_2=板宽×板长×板厚

=(1.80−0.03)×(2.92−0.03)×0.06

=1.77×2.89×0.06

=0.307（m^3）

（3）1 块 YDB-33 叠合板工程量。

V_3=板宽×板长×板厚

=(1.32−0.03)×(2.92−0.03)×0.06

=1.29×2.89×0.06

=0.224（m^3）

（4）2 块 YDB-35 叠合板工程量。

V_4=板宽×板长×板厚×块数

=(4.72−0.03)×(2.40−0.03)×0.06×2

=4.69×2.37×0.06×2

=1.334（m^3）

（5）1 块 YDB-36 叠合板工程量。

V_5=板宽×板长×板厚

=(4.72−0.03)×(1.32−0.03)×0.06

=4.69×1.29×0.06

=0.363（m^3）

（6）PC 叠合板工程量小计。

0.284+0.307+0.224+1.334+0.363=2.512（m^3）

12.1.4　PC 叠合板工程量计算实训

【训练 12-1】　某工程 PC 叠合板大样图见图 12.7。根据图 12.7 计算 25 块 PC 叠合板工程量。

解：

V=

25 块 PC 叠合板工程量：

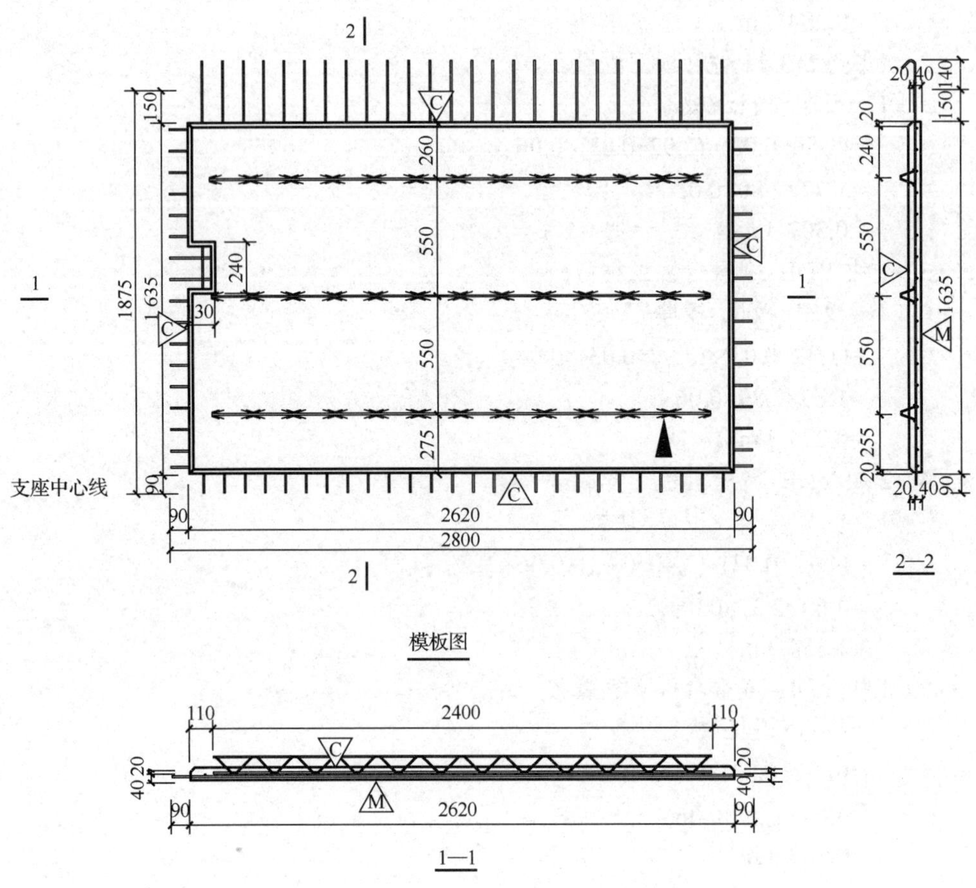

图 12.7　PC 叠合板大样图

12.2 PC 墙板工程量计算综合实践

12.2.1　PC 墙板布置图

某装配式住宅建筑 PC 墙板布置图见图 12.8。

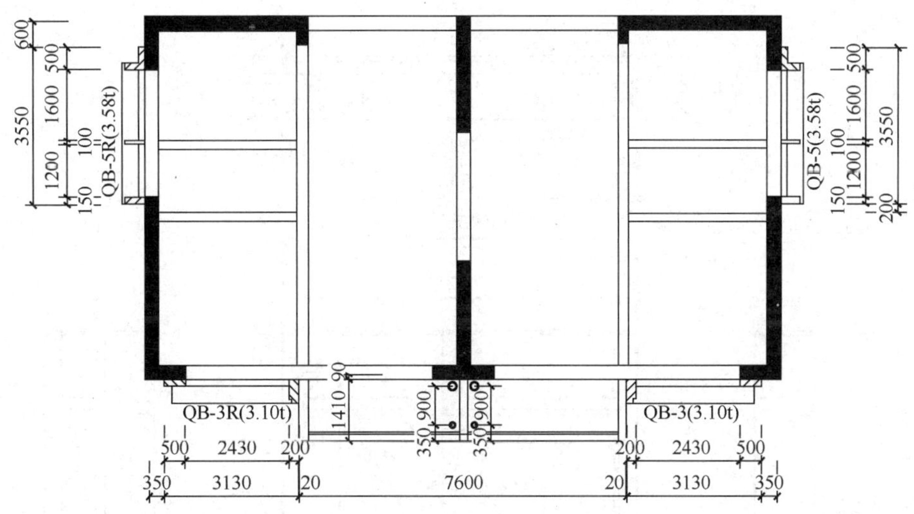

图 12.8 PC 墙板布置图

从图 12.8 中可以看到，QB-3、QB-3R、QB-5、QB-5R 外墙板各 1 块。

12.2.2 QB-3 外墙板工程量计算

PC 外墙板工程量计算（一）（微课）

PC 外墙板工程量计算（二）（微课）

1. QB-3 外墙板三维图

QB-3 外墙板三维图见图 12.9。

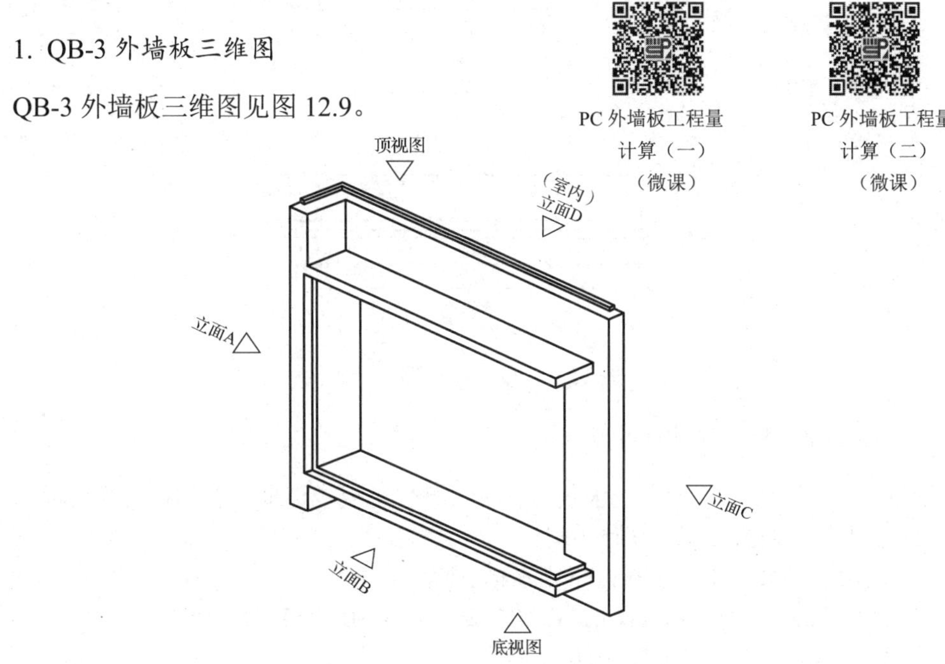

图 12.9 QB-3 外墙板三维图

2. QB-3 外墙板大样图

QB-3 外墙板大样图见图 12.10。

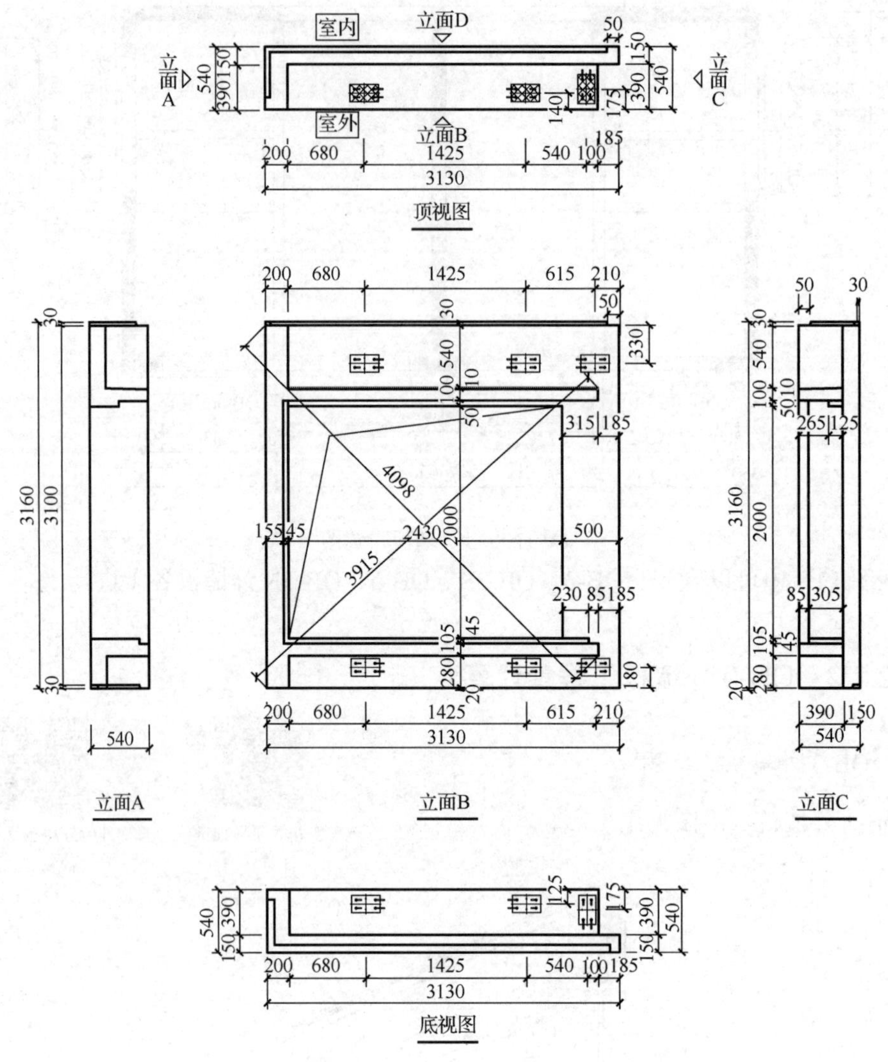

图 12.10　QB-3 外墙板大样图

3. QB-3 外墙板工程量计算过程

将 QB-3 外墙板分解为上止水条与下止水槽、墙板、边框、窗楣板、窗台板 5 个部分计算工程量，见图 12.9、图 12.10。

（1）QB-3 外墙板上止水条与下止水槽工程量计算。

上止水条长度尺寸：(0.54+3.13)−0.05×2=3.67−0.10=3.57（m）

上止水条断面尺寸：0.03m×0.03m

上止水条工程量=[(0.54+3.13)−0.05×2] × 0.03×0.03=0.0032（m^3）

下止水槽长度与断面尺寸同上止水条，故要减去 0.0032m^3。

QB-3 外墙板上止水条与下止水槽的规格尺寸相同，两者正好抵消了工程量体积，所以该两部分工程量均不用计算。

（2）墙板工程量计算。先计算墙板面积，然后扣除窗洞口面积，再乘以墙厚。

墙板工程量=(3.13×3.13−2.43×2.0)×0.15=(9.7969−4.86)×0.15

= 4.9369×0.15= 0.741（m^3）

（3）QB-3 外墙板边框工程量计算。先计算立柱体积，然后扣除柱内槽口体积。

边框工程量=立柱体积−槽口体积

=(3.13×0.39×0.20)−(2.0+0.05+0.045)×0.085×0.045

=0.2441−0.0080=0.236（m^3）

（4）QB-3 外墙板窗楣板工程量计算。先计算大窗楣板体积，然后计算小窗楣板体积。

窗楣板工程量=(3.13−0.20−0.185)×0.10 × 0.39+2.43×0.125×0.05

=0.1071 +0.0152=0.122（m^3）

（5）QB-3 外墙板窗台板工程量计算。先计算小窗台板体积，然后计算大窗台板体积。

窗台板工程量=(3.13−0.20−0.185−0.085)×0.305×0.045+(3.13−0.20−0.185)

×0.39×0.105=0.0365 +0.1124=0.149（m^3）

（6）QB-3 外墙板工程量合计。

QB-3 外墙板工程量=上止水条与下止水槽工程量+墙板工程量+边框工程量

+窗楣板工程量+窗台板工程量

=0+0.741+0.236+0.122+0.149=1.248（m^3）

12.2.3　QB-3R 外墙板工程量计算

1. QB-3R 外墙板三维图

QB-3R 外墙板三维图见图 12.11。

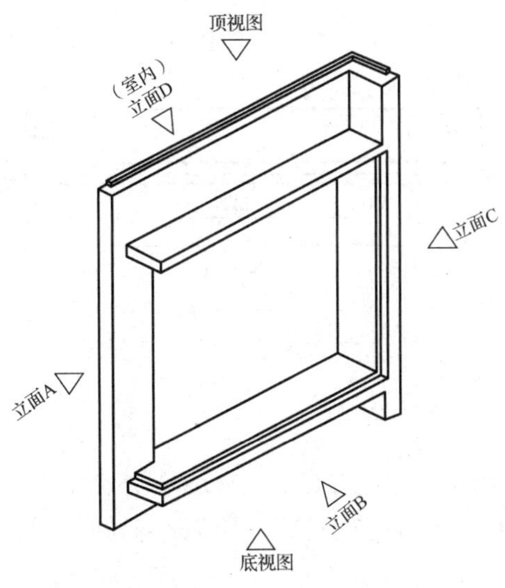

图 12.11　QB-3R 外墙板三维图

2. QB-3R 外墙板大样图

QB-3R 外墙板大样图见图 12.12。

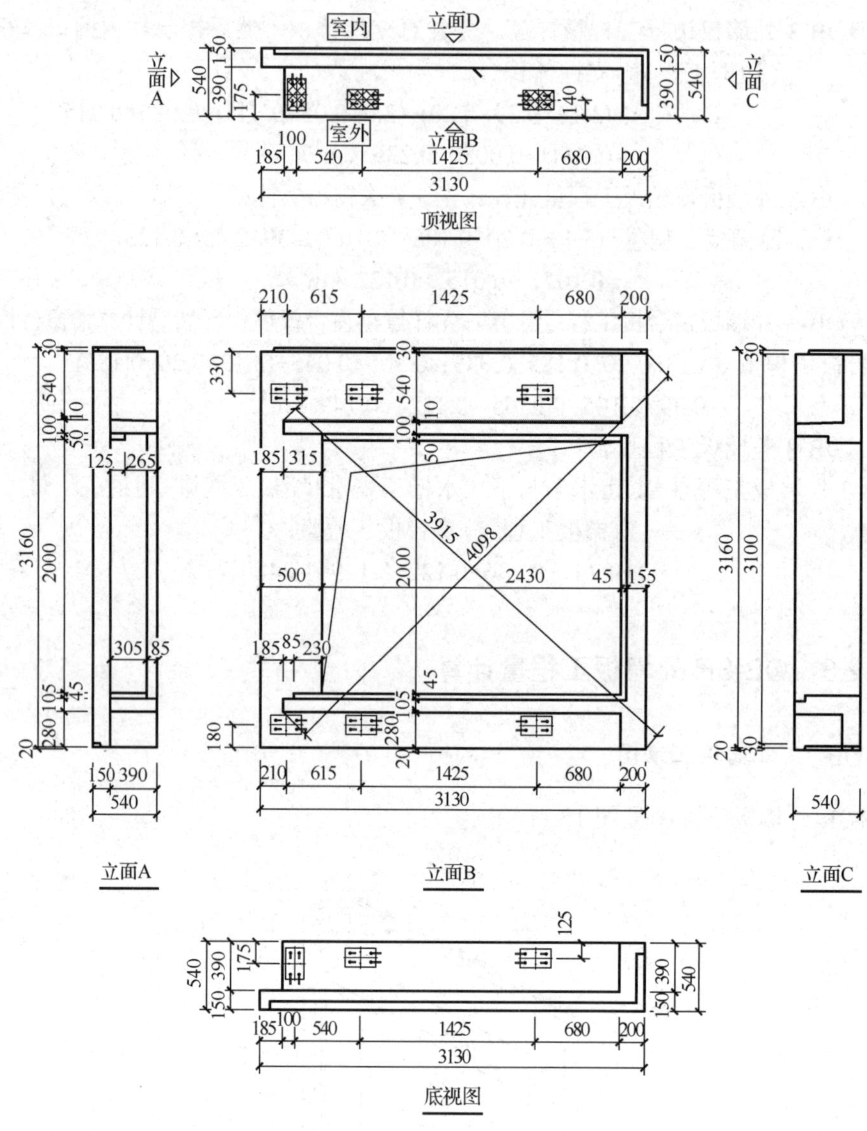

图 12.12　QB-3R 外墙板大样图

3. QB-3R 外墙板工程量计算过程

QB-3R 外墙板（图 12.11、图 12.12）与 QB-3 外墙板是对称的，规格尺寸完全一样，只是 QB-3R 外墙板的窗边框在右边，所以它们的工程量是一致的，每块体积为 1.248m^3。

12.2.4　QB-5 外墙板工程量计算

1. QB-5 外墙板三维图

QB-5 外墙板三维图见图 12.13。

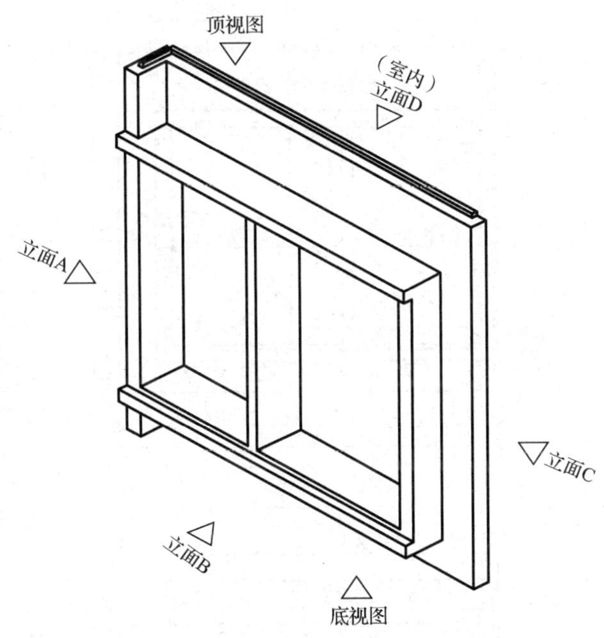

图 12.13　QB-5 外墙板三维图

2. QB-5 外墙板大样图

QB-5 外墙板大样图见图 12.14。

3. QB-5 外墙板工程量计算过程

将 QB-5 外墙板分解为上止水条与下止水槽、墙板、2 个边框、中间立框、窗楣板、窗台板 6 个部分计算工程量，与 QB-3 外墙板不同的是增加了 1 个边框和 1 个中间立框，见图 12.13、图 12.14。

（1）QB-5 外墙板上止水条与下止水槽工程量计算。QB-5 外墙板上止水条与下止水槽的规格尺寸相同，上面的是止水条，下面的是止水槽，两者正好抵消了工程量体积。

（2）墙板工程量计算。先计算墙板面积，然后扣除窗洞口面积，再乘以墙厚。

$$
\begin{aligned}
\text{墙板工程量} &= (3.13\times3.55-1.2\times2.0-1.6\times2.0)\times0.15 \\
&= (11.1115-5.6)\times0.15 \\
&= 5.5115\times0.15=0.827\ (\text{m}^3)
\end{aligned}
$$

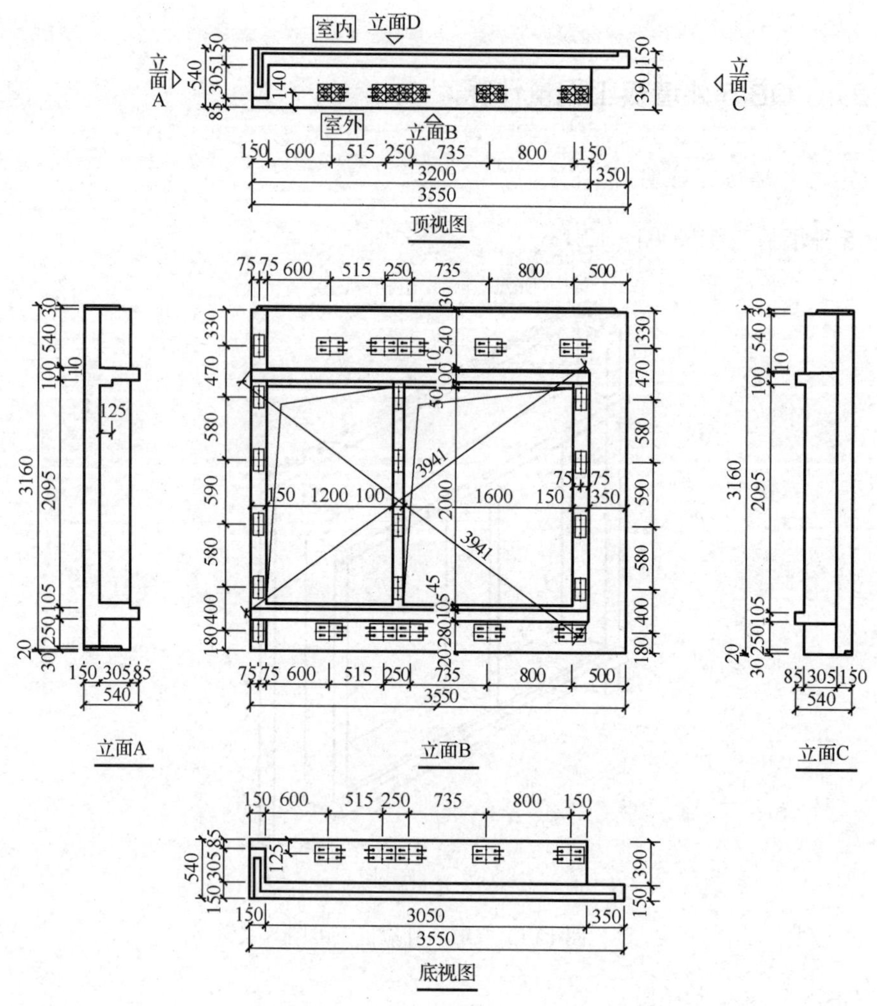

图 12.14　QB-5 外墙板大样图

（3）QB-5 外墙板边框、中间立框工程量计算。计算 1 个左边框、1 个右边框、1 个中间立框的立柱体积。

边框、中间立框工程量=左边框+右边框+1 个中间立框

=3.13×0.305×0.15 +2.0×0.15×0.305+0.305×2.0×0.10

=0.1432+0.0915+0.061

=0.296（m^3）

（4）QB-5 外墙板窗楣板工程量计算。先计算大窗楣板体积，然后计算小窗楣板体积。

窗楣板工程量=[(3.55−0.15−0.35)×0.10×0.39+0.15×0.085×0.10]+(3.55−0.15−0.35)×0.125×0.05

=(0.1190 +0.0013)+0.0191

=0.139（m^3）

（5）QB-5 外墙板窗台板工程量计算。先计算小窗台板体积，然后计算大窗台板体积。

窗台板工程量=(3.55−0.15−0.35)×0.305×0.045+[(3.55−0.15−0.35)×0.39×0.105+0.15×0.085×0.105]=0.0419+(0.1249+0.0013)=0.168（m^3）

（6）QB-5 外墙板工程量合计。

QB-5 外墙板工程量=上止水条与下止水槽工程量+墙板工程量+边框、中间立框工程量+窗楣板工程量+窗台板工程量
=0+0.827+0.296+0.139+0.168=1.43（m^3）

12.2.5　QB-5R 外墙板工程量计算

1. QB-5R 外墙板三维图

QB-5R 外墙板三维图见图 12.15。

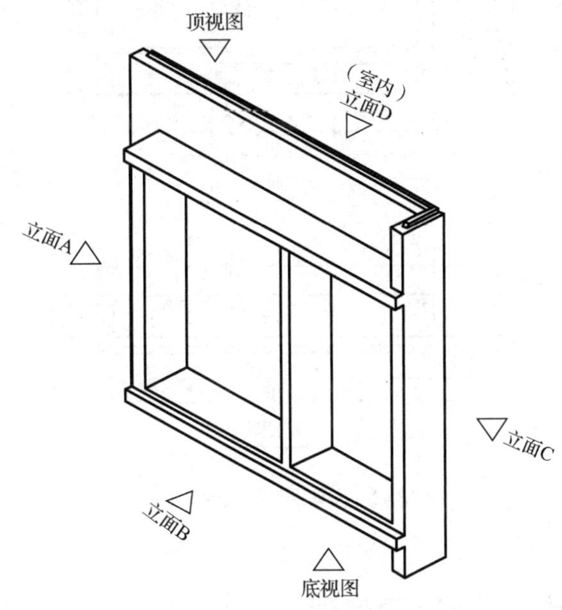

图 12.15　QB-5R 外墙板三维图

2. QB-5R 外墙板大样图

QB-5R 外墙板大样图见图 12.16。

3. QB-5R 外墙板工程量计算过程

QB-5R 外墙板与 QB-5 外墙板是对称的，规格尺寸完全一样，所以它们的工程量是一致的，每块体积为 1.43m^3。

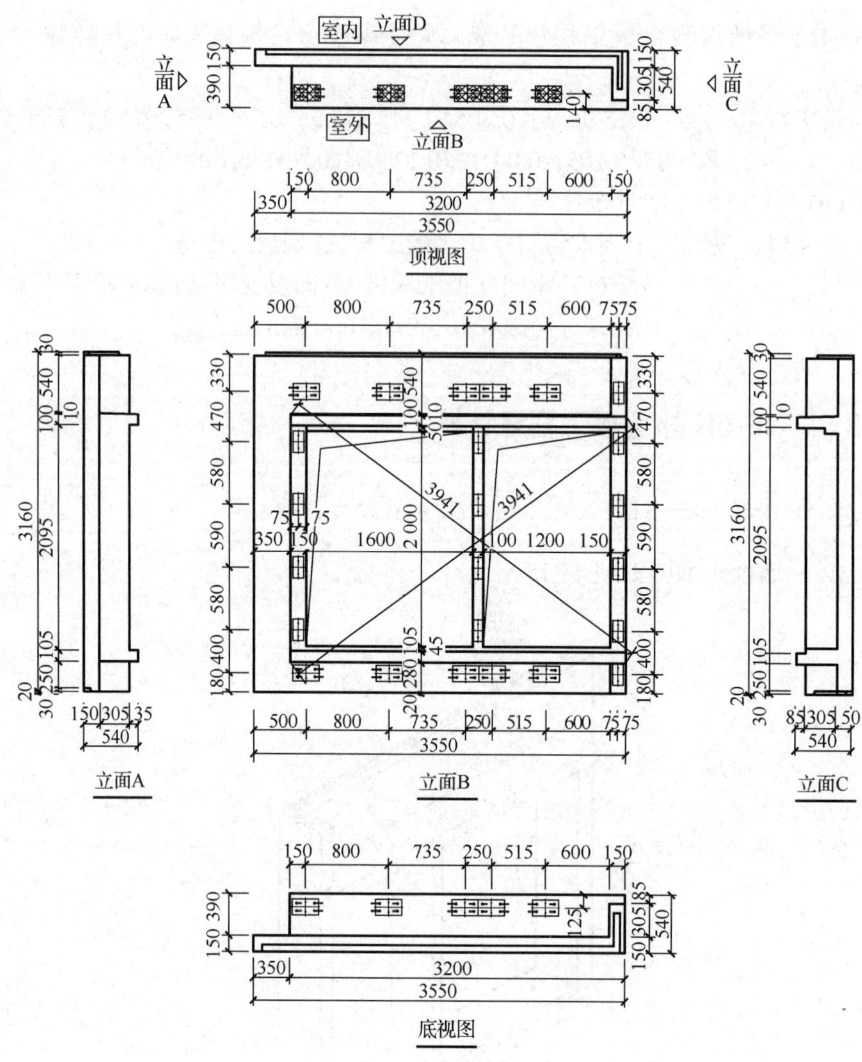

图 12.16　QB-5R 外墙板大样图

12.2.6　PC 墙板工程量计算实训

1. YWQ-9 预制墙板三维图

某工程 YWQ-9 预制墙板三维图见图 12.17。

2. YWQ-9 预制墙板大样图

YWQ-9 预制墙板大样图见图 12.18～图 12.22。

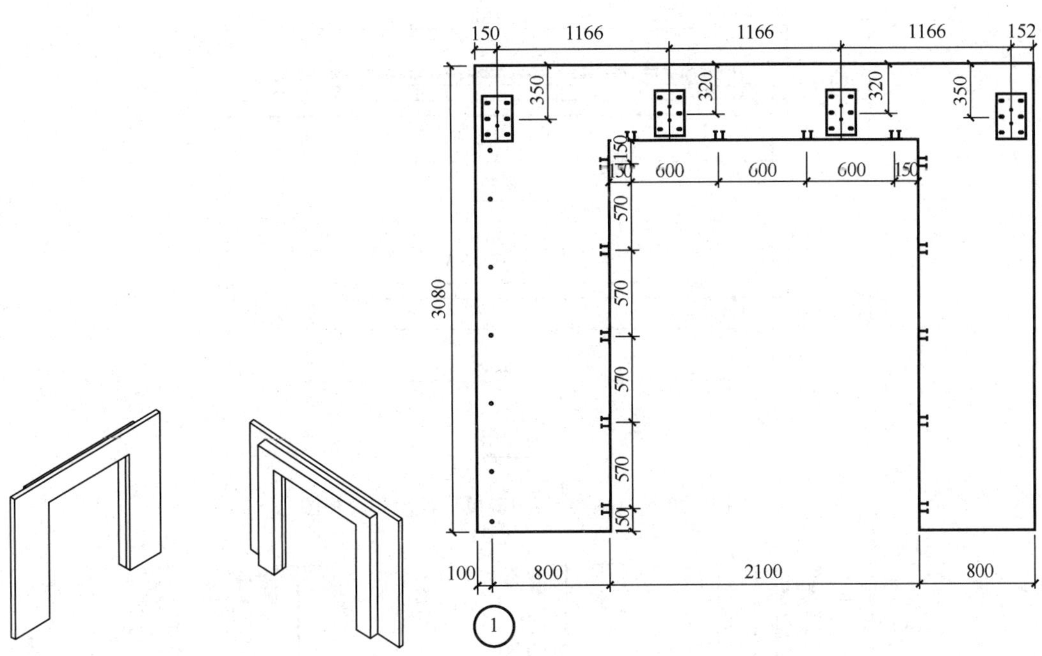

图 12.17　YWQ-9 预制墙板三维图

图 12.18　YWQ-9 预制墙板正立面图

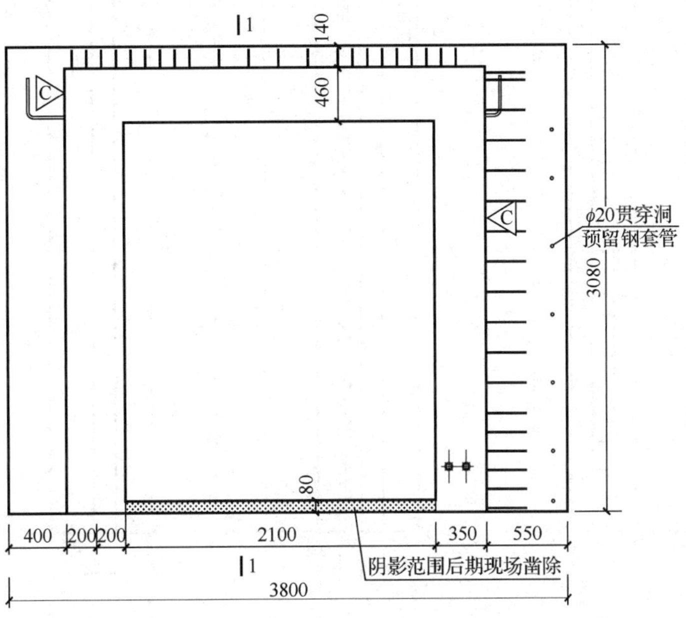

图 12.19　YWQ-9 预制墙板背立面图

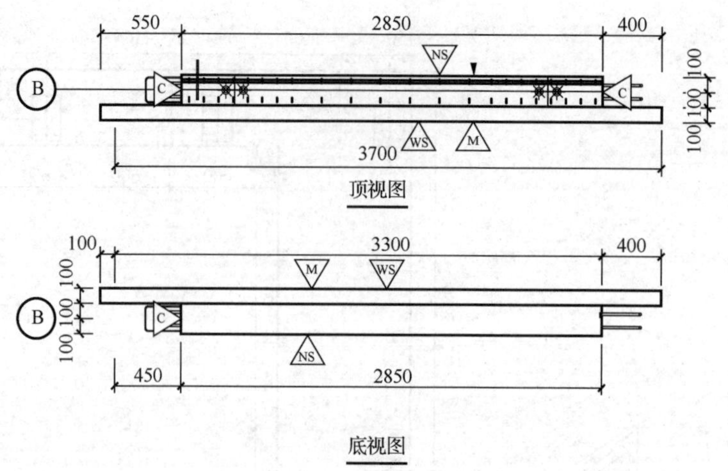

图 12.20　YWQ-9 预制墙板顶视图和底视图

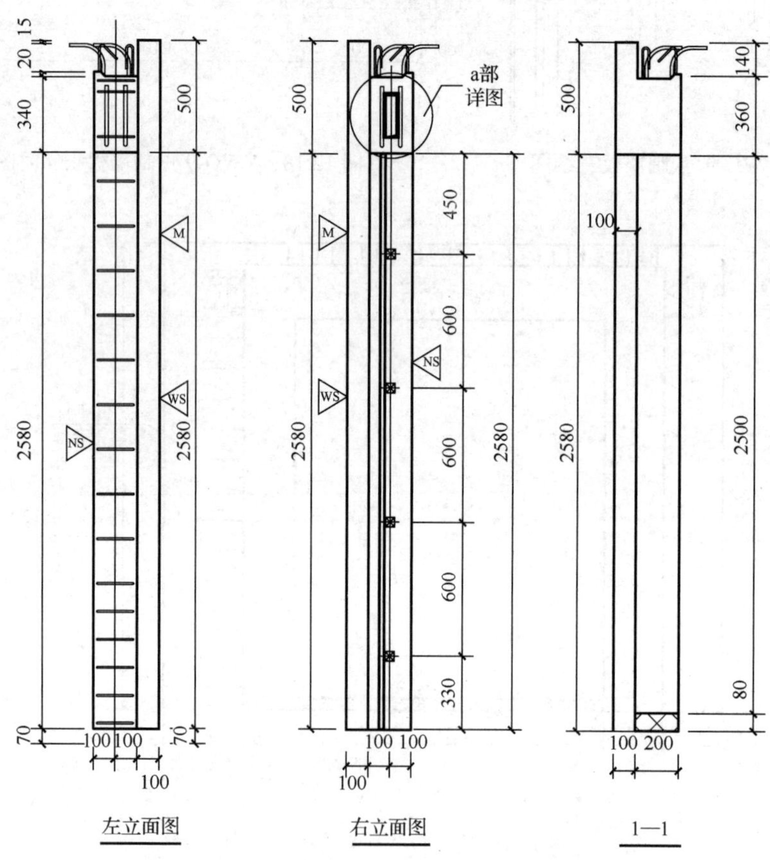

图 12.21　YWQ-9 预制墙板侧立面图和断面图

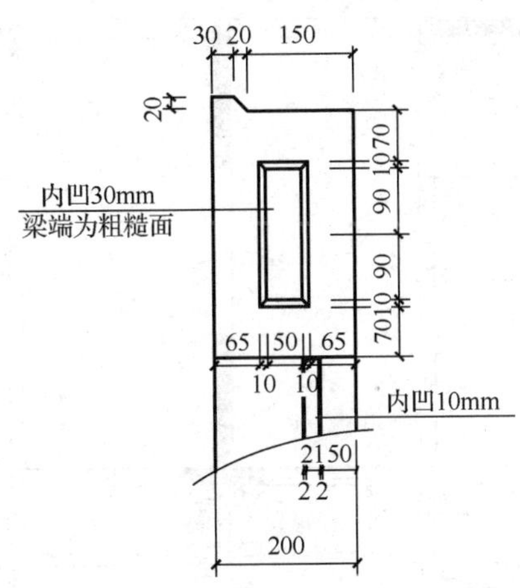

图 12.22　YWQ-9 预制墙板 a 部详图

3. YWQ-9 预制墙板工程量计算训练

【训练 12-2】　根据图 12.17～图 12.22，计算 36 块 YWQ-9 预制墙板的工程量。

解：

$V=$

36 块 YWQ-9 预制墙板的工程量：

12.3 PC 阳台板工程量计算综合实践

12.3.1　PC 阳台板布置图

PC 阳台板工程量计算（一）（微课）

PC 阳台板工程量计算（二）（微课）

PC 阳台板布置图见图 12.23。

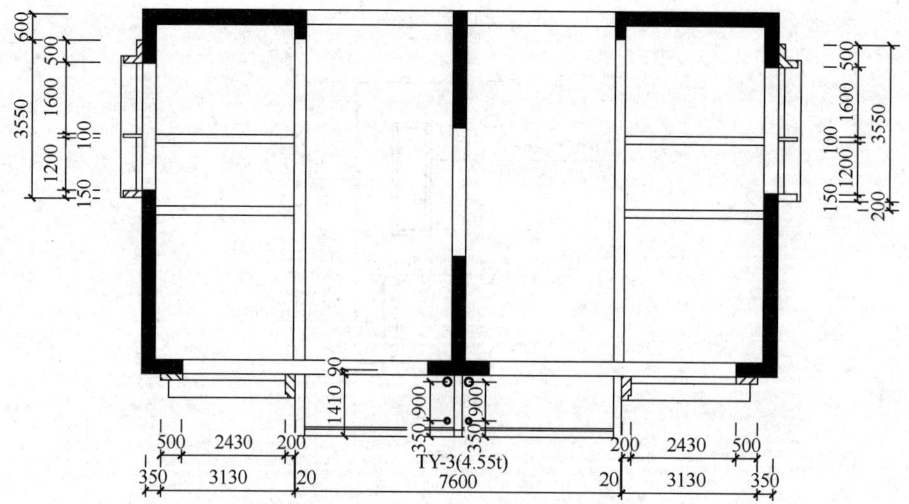

图 12.23　PC 阳台板布置图

图 12.23 中有 1 块 YT-3 PC 阳台板。

12.3.2　PC 阳台板三维图

YT-3 PC 阳台板三维图见图 12.24。

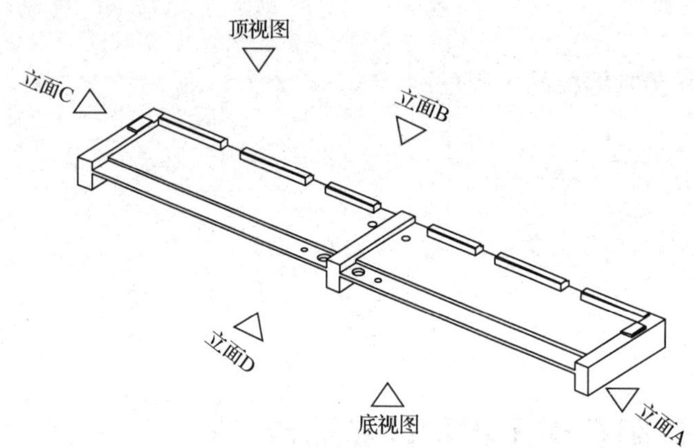

图 12.24　YT-3 PC 阳台板三维图

12.3.3　YT-3 PC 阳台板大样图

YT-3 PC 阳台板大样图见图 12.25、图 12.26。

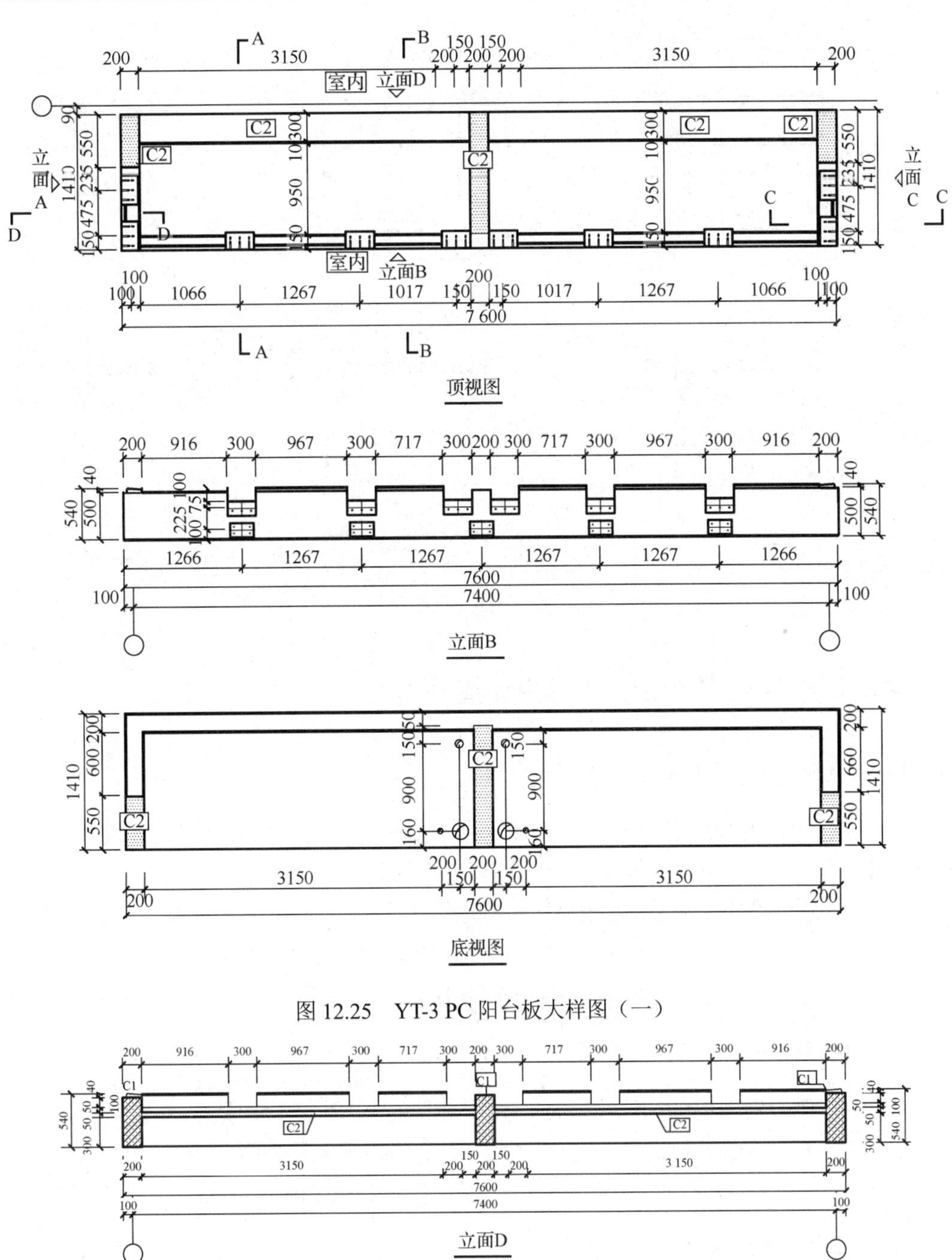

图 12.25　YT-3 PC 阳台板大样图（一）

图 12.26　YT-3 PC 阳台板大样图（二）

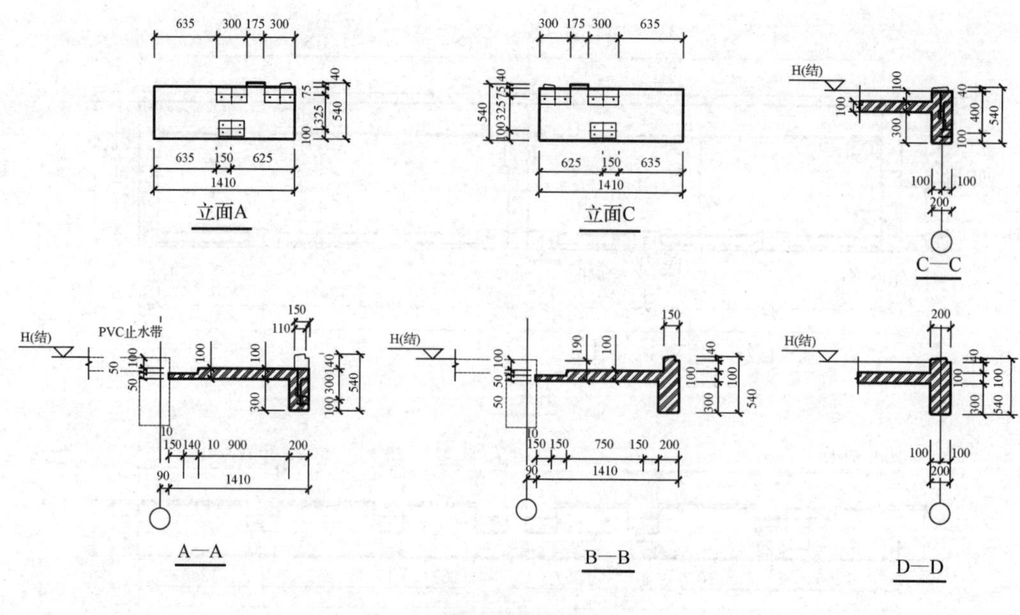

图 12.26（续）

12.3.4 YT-3 PC 阳台板工程量计算

1. YT-3 PC 阳台板外边沿块工程量计算

YT-3 PC 阳台板外边沿块工程量计算方法，先计算外边沿块长度（共 6 段，每段断面尺寸相同），然后乘以断面面积，就得到外边沿块的体积。

外边沿块工程量=外边沿块长×断面面积

= (0.916+0.967+0.717)×2×(0.15×0.10+0.110×0.04)

= 5.20×0.0194= 0.101（m^3）

2．YT-3 PC 阳台板端头与中间块工程量计算

YT-3 PC 阳台板端头与中间块 3 块的尺寸是相同的，先计算 1 块体积，然后乘以 3 即可。

YT-3 PC 阳台板端头与中间块工程量=长×宽×高×块数

=1.41×0.20× 0.54 ×3=0.457（m^3）

3. YT-3 PC 阳台板平板工程量计算

YT-3 PC 阳台板平板先按左边的上下两层分别计算体积然后相加，由于左右两边是对称的，所以乘以 2 即可计算出阳台板平板工程量。

阳台板平板工程量=(上层板+下层板)×2

=[(3.15+0.20+0.15)×(0.95+0.15)×0.05+(3.15+0.20+0.15)×1.41×0.05]×2

=(0.192 5+0.246 8)×2 =0.879（m^3）

4. YT-3 PC 阳台板两端小块工程量计算

根据图示尺寸计算阳台板两端小块的体积。

阳台板两端小块工程量=0.175×0.175×0.04×2=0.002（m^3）

5. YT-3 PC 阳台板工程量合计

阳台板工程量=阳台板外边沿块+端头与中间块+阳台板平板+阳台板两端小块
=0.101+0.457+0.879+0.002=1.439（m^3）

12.3.5　PC 阳台板工程量计算实训

1. YTB-1 预制阳台板三维图

某工程 YTB-1 预制阳台板三维图见图 12.27。

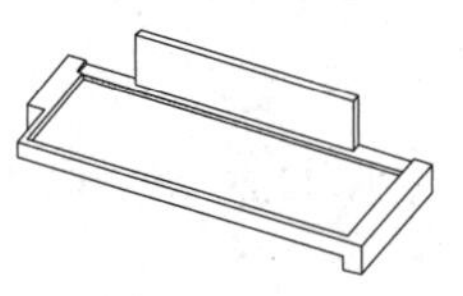

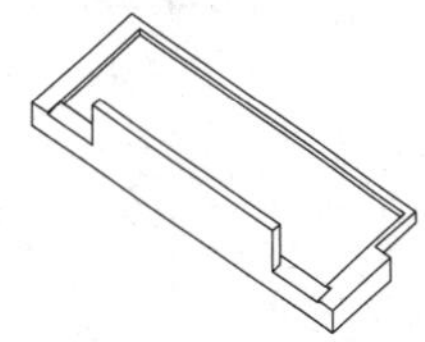

图 12.27　YTB-1 预制阳台板三维图

2. YTB-1 预制阳台板大样图

某工程 YTB-1 预制阳台板大样图见图 12.28～图 12.36。

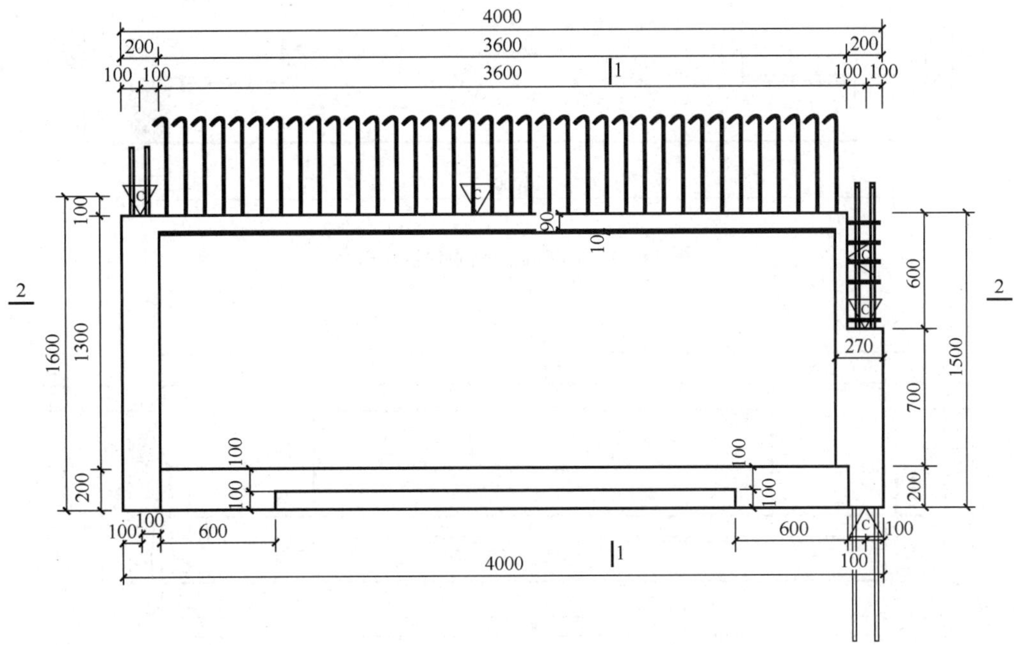

图 12.28　YTB-1 预制阳台板顶视图

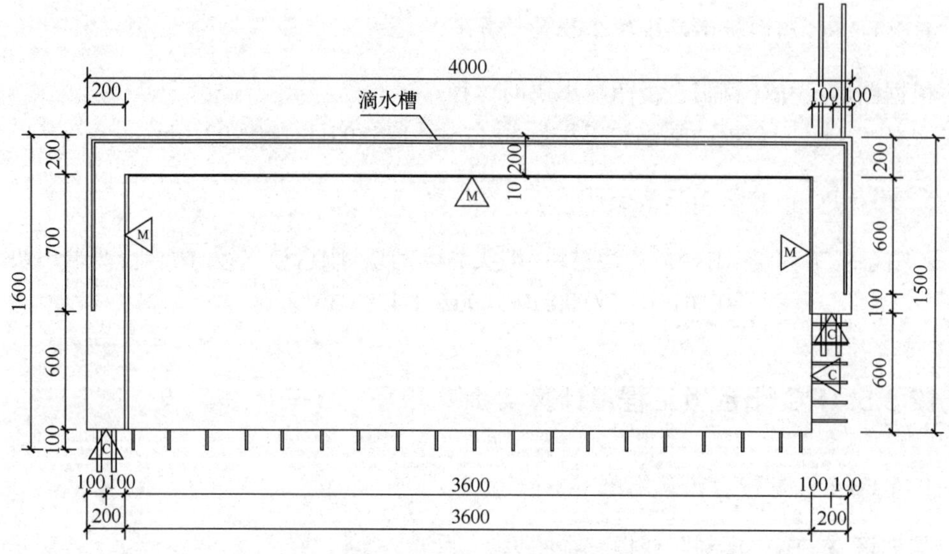

图 12.29　YTB-1 预制阳台板底视图

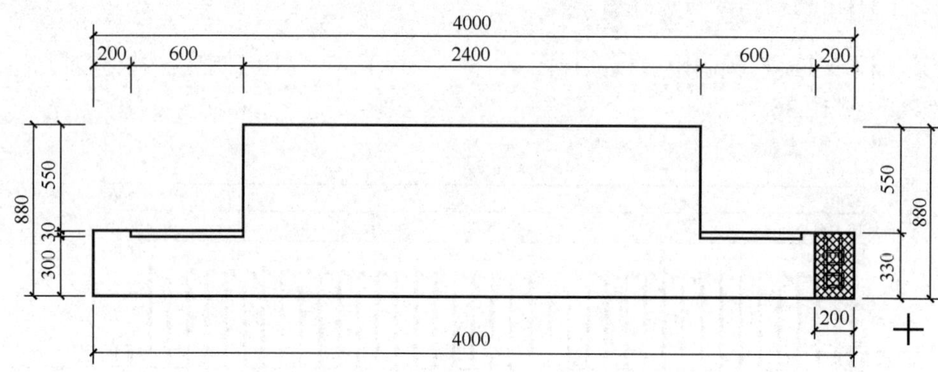

图 12.30　YTB-1 预制阳台板正视图

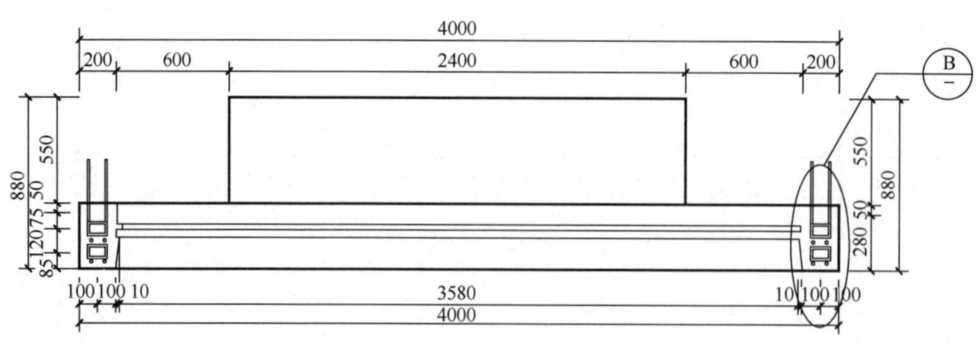

图 12.31　YTB-1 预制阳台板背视图

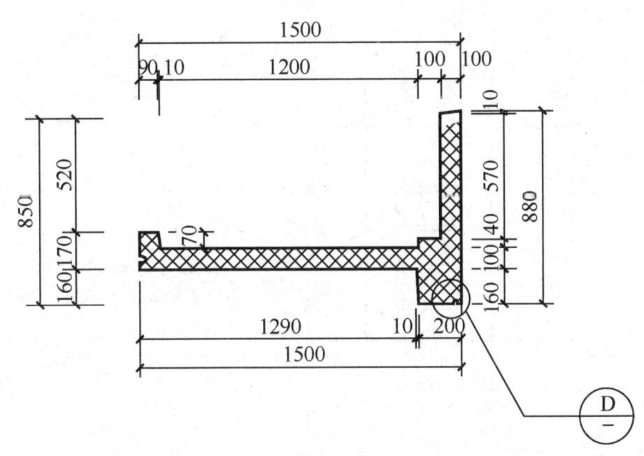

图 12.32　YTB-1 预制阳台板 1—1 剖面图

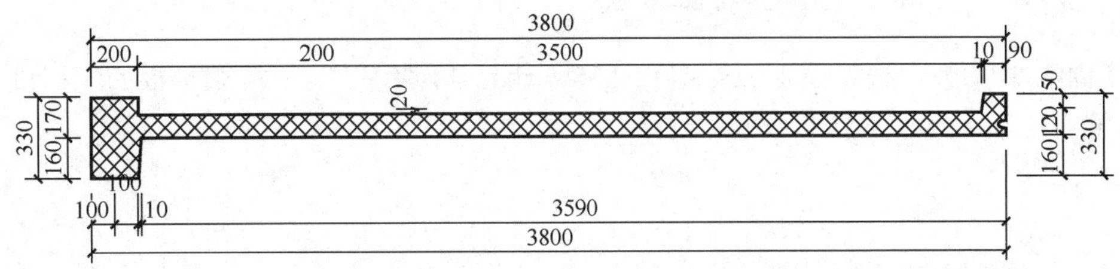

图 12.33　YTB-1 预制阳台板 2—2 剖面图

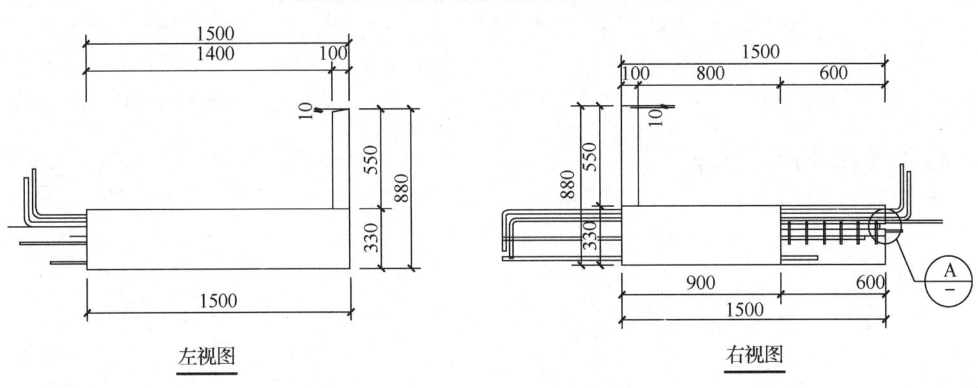

图 12.34　YTB-1 预制阳台板左、右视图

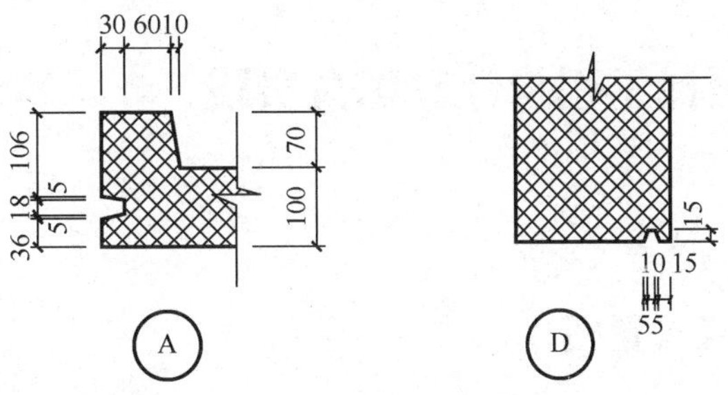

图 12.35　YTB-1 预制阳台板 A、D 大样图

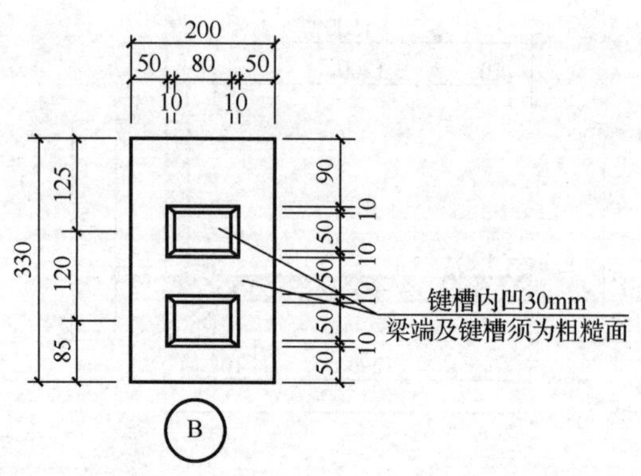

图 12.36　YTB-1 预制阳台板 B 大样图

3. YTB-1 PC 阳台板工程量计算实训

【训练 12-3】　根据图 12.28～图 12.36，计算 48 块 YTB-1 PC 阳台板的工程量。

解：

$V=$

48 块 YTB-1 PC 阳台板工程量：

12.4　PC 楼梯工程量计算综合实践

12.4.1　PC 楼梯布置图

PC 楼梯布置图见图 12.37。

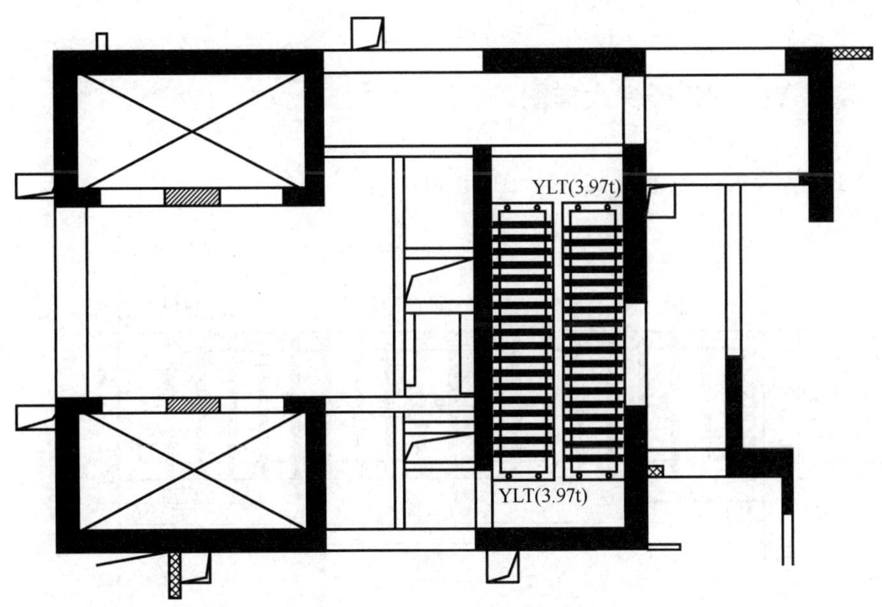

图 12.37　YLT PC 楼梯布置图

从图 12.37 中可以看出，有 2 段 YLT PC 楼梯。

12.4.2　YLT PC 楼梯三维图

YLT PC 楼梯三维图见图 12.38。

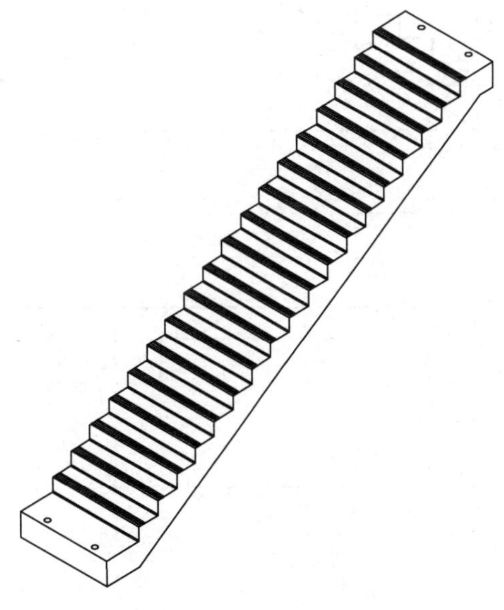

图 12.38　YLT PC 楼梯三维图

12.4.3 YLT PC 楼梯大样图

YLT PC 楼梯大样图见图 12.39、图 12.40。

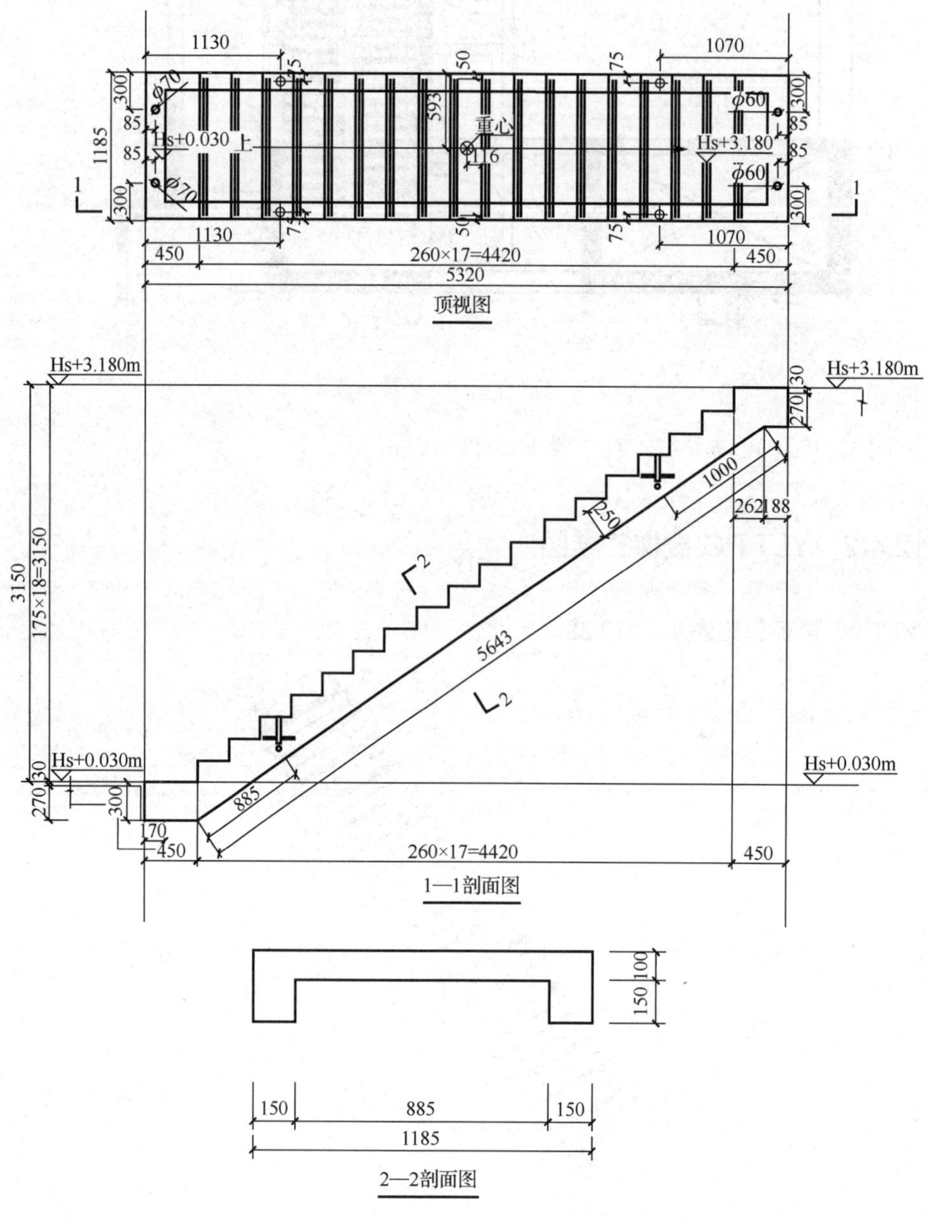

图 12.39 YLT PC 楼梯大样图（一）

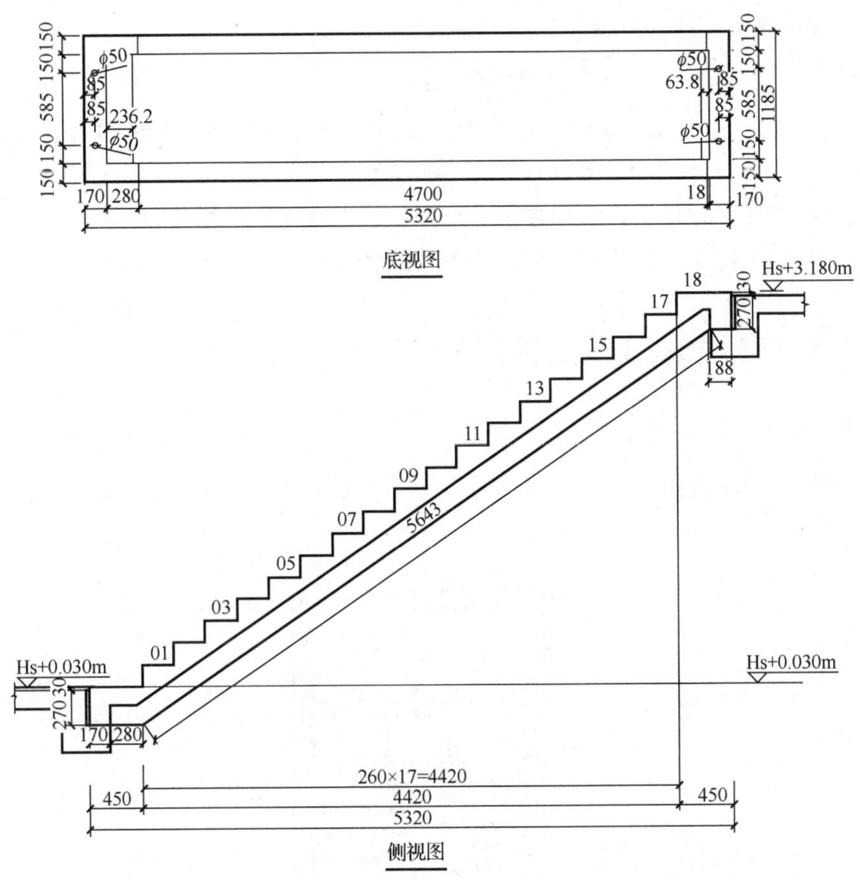

图 12.40　YLT PC 楼梯大样图（二）

12.4.4　YLT PC 楼梯工程量计算

PC 楼梯工程量计算（一）（微课）

PC 楼梯工程量计算（二）（微课）

PC 楼梯的外形宽 1.185m，空心槽宽是 0.885m（见图 12.39 中 2—2 剖面图），所以只要计算出楼梯侧面面积，再乘以宽，就可以得到楼梯外形体积和空心槽体积，然后两个体积相减就能计算出楼梯工程量。

（1）PC 楼梯外形体积计算。

外形体积=(下端侧面积+中段面积+上端侧面积)×楼梯宽

=[0.45×0.30+5.60×0.25+0.26×0.175×0.5×17+(0.175+0.30)×0.5×0.45] ×1.185

=(0.135+ 1.40+0.3868+0.1069)×1.185

=2.0287×1.185

=2.404（m^3）

（2）楼梯空心槽体积计算。

楼梯空心槽体积=空心槽侧面积×空心槽宽

=[(0.236+0.044+0.236)×0.5×0.15+0.064×0.15+5.64×0.15]×0.885

=0.0387+0.0096+ 0.846=0.894（m^3）

（3）PC 楼梯工程量合计。用楼梯外形体积减去楼梯空心槽体积即可。

楼梯工程量=楼梯外形体积−楼梯空心槽体积=2.404−0.894=1.51（m^3）

12.4.5 PC 楼梯工程量计算实训

1. PC 楼梯布置图

PC 楼梯布置图见图 12.41。

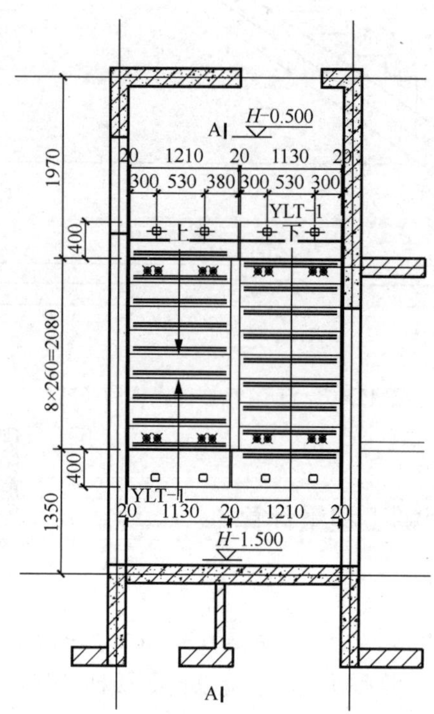

图 12.41　PC 楼梯布置图

从图 12.41 中可以看出，有 2 段 YLT-1。

2. YLT-1 PC 楼梯大样图

YLT-1 PC 楼梯大样图见图 12.42～图 12.44。

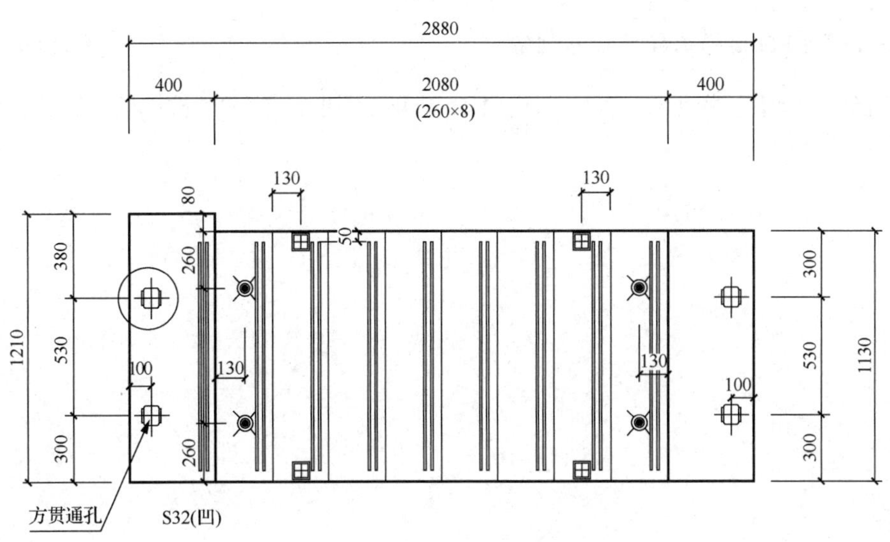

图 12.42　YLT-1 PC 楼梯顶视图

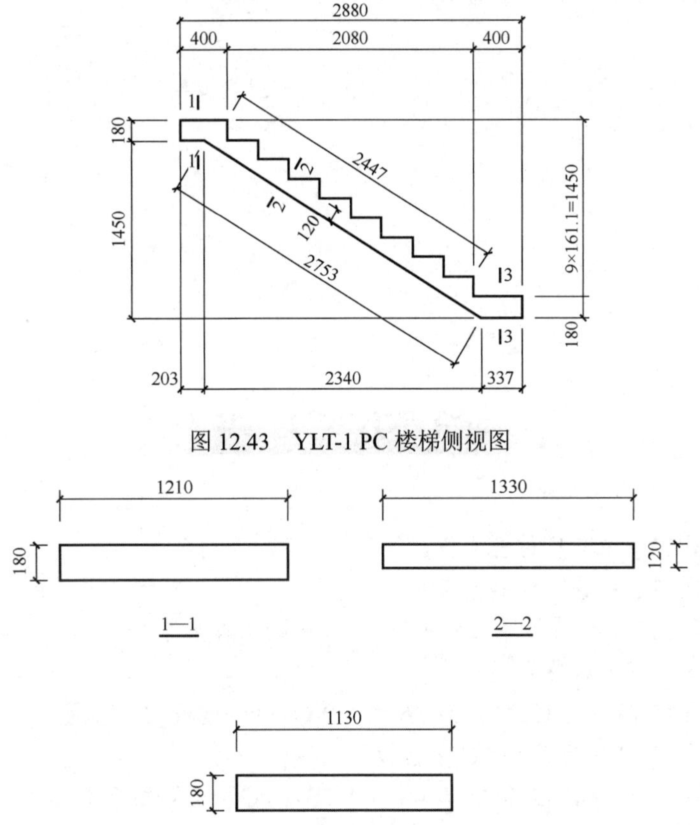

图 12.43　YLT-1 PC 楼梯侧视图

图 12.44　YLT-1 PC 楼梯 1—1、2—2、3—3 剖面图

3. YLT-1 PC 楼梯工程量计算训练

【训练 12-4】 根据图 12.41～图 12.44 计算 16 块 YLT-1 PC 楼梯的工程量。

解：

$V=$

16 块 YLT-1 PC 楼梯的工程量：

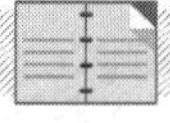

复习思考题

1．简述图 12.1 中有几种叠合板。
2．叙述图 12.2 中叠合板的全部尺寸。
3．根据图 12.7 计算某工程 25 块 PC 叠合板的工程量。
4．图 12.8 中有几种叠合板？
5．根据图 12.18～图 12.22 计算 36 块 YWQ-9 PC 墙板的工程量。
6．指出图 12.23 中有几块 PC 阳台板？
7．根据图 12.28～图 12.36 计算 48 块 YTB-1 PC 阳台板的工程量。
8．根据图 12.39 计算 1 块楼梯段踏步的展开面积。
9．根据图 12.41～图 12.44 计算 16 块 YLT-1 PC 楼梯的工程量。

第13章 装配式混凝土建筑工程工程量清单报价编制综合实践

课程思政

坚持教育为社会主义现代化建设服务、为人民服务，把立德树人作为根本任务，培养德智体美全面发展的社会主义建设者和接班人。教学中要始终把立德放在首位。立德才能树人，才能培养出为人民服务、为社会主义服务的接班人。

“实事求是、不弄虚作假”是工程造价行业的职业道德规范。《中华人民共和国招标投标法实施条例》第七十二条指出：评标委员会成员收受投标人的财物或者其他好处的，没收收受的财物，处3000元以上5万元以下的罚款，取消担任评标委员会成员的资格，不得再参加依法必须进行招标的项目的评标；构成犯罪的，依法追究刑事责任。

知识目标

熟悉装配式混凝土建筑工程工程量清单报价编制程序。

能力目标

熟练掌握装配式混凝土建筑工程工程量清单报价编制方法。

13.1 装配式混凝土建筑工程工程造价计算内容与编制程序

装配式建筑工程工程造价计算包含两方面内容：一是编制工程量清单，二是编制工程量清单报价。

1. 工程量清单编制程序

工程量清单一般由业主或者委托有资质的咨询机构编制。

主要依据装配式建筑施工图、工程招标书以及《房屋建筑与装饰工程工程量计算规范》（GB 50854—2013）、《建设工程工程量清单计价规范》（GB 50500—2013）等确定包含分部分项工程项目清单、单价措施项目清单、总价措施项目清单、其他项目清单、规费项目清单与税金等内容的“××装配式建筑工程工程量清单”。

然后主要根据工程量清单、装配式建筑施工图、《房屋建筑与装饰工程工程量计算规范》（GB 50854—2013）计算装配式建筑分部分项工程量和单价措施项目工程量。

装配式建筑工程量清单中除了计日工外没有货币量，只有实物工程量。

装配式建筑工程量清单编制程序示意图见图 13.1。

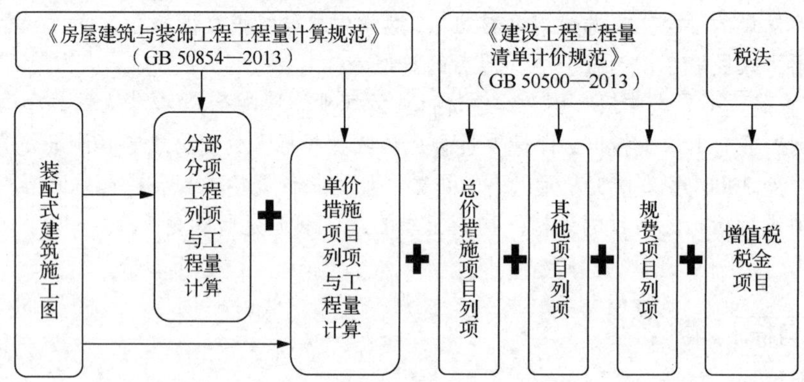

图 13.1 装配式建筑工程量清单编制程序示意图

2. 工程量清单报价编制程序

工程量清单报价一般由承包商编制。

主要依据装配式建筑施工图、装配式建筑工程量清单、地区预算定额（单位估价表）、工程量计算规则、地区人材机材料单价以及《房屋建筑与装饰工程工程量计算规范》（GB 50854—2013）、《建设工程工程量清单计价规范》（GB 50500—2013）等确定分部分项工程量清单（含单价措施项目）综合单价，计算包含分部分项工程费、单价措施项目费、总价措施项目费、其他项目费、规费与增值税税金等内容的“××装配式建筑工程工程量清单报价”。

然后主要根据工程量清单、装配式建筑施工图、《房屋建筑与装饰工程工程量计算规范》（GB 50854—2013）计算装配式建筑分部分项工程量和单价措施项目工程量。

装配式建筑工程量清单报价中既有货币量，也有实物工程量。

装配式建筑工程量清单报价编制程序示意图见图 13.2。

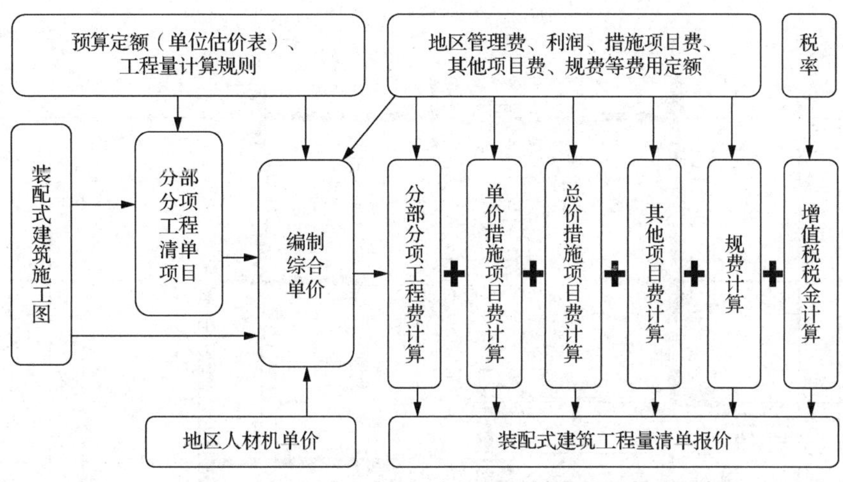

图 13.2　装配式建筑工程量清单报价编制程序示意图

13.2 装配式混凝土建筑工程量计算综合实践

13.2.1　装配式建筑工程概况及施工平面图

工程项目名称：某小区装配式混凝土建筑住宅工程。

工程概况：共 20 层，标准层共 18 层，层高为 2.80m。本实例计算标准层第一单元的局部（一户）的部分装配式 PC 构件工程量和工程造价。本章计算的 PC 构件混凝土强度等级均为 C30。

装配式建筑标准层平面图（局部）见图 13.3。

13.2.2　PC 叠合板工程量计算

1. PC 叠合板平面布置图

标准层中①轴～⑦轴（一户）的 PC 叠合板平面布置图见图 13.4。

2. F-YB01 PC 叠合板工程量计算

F-YB01 PC 叠合板板型及尺寸见图 13.5。

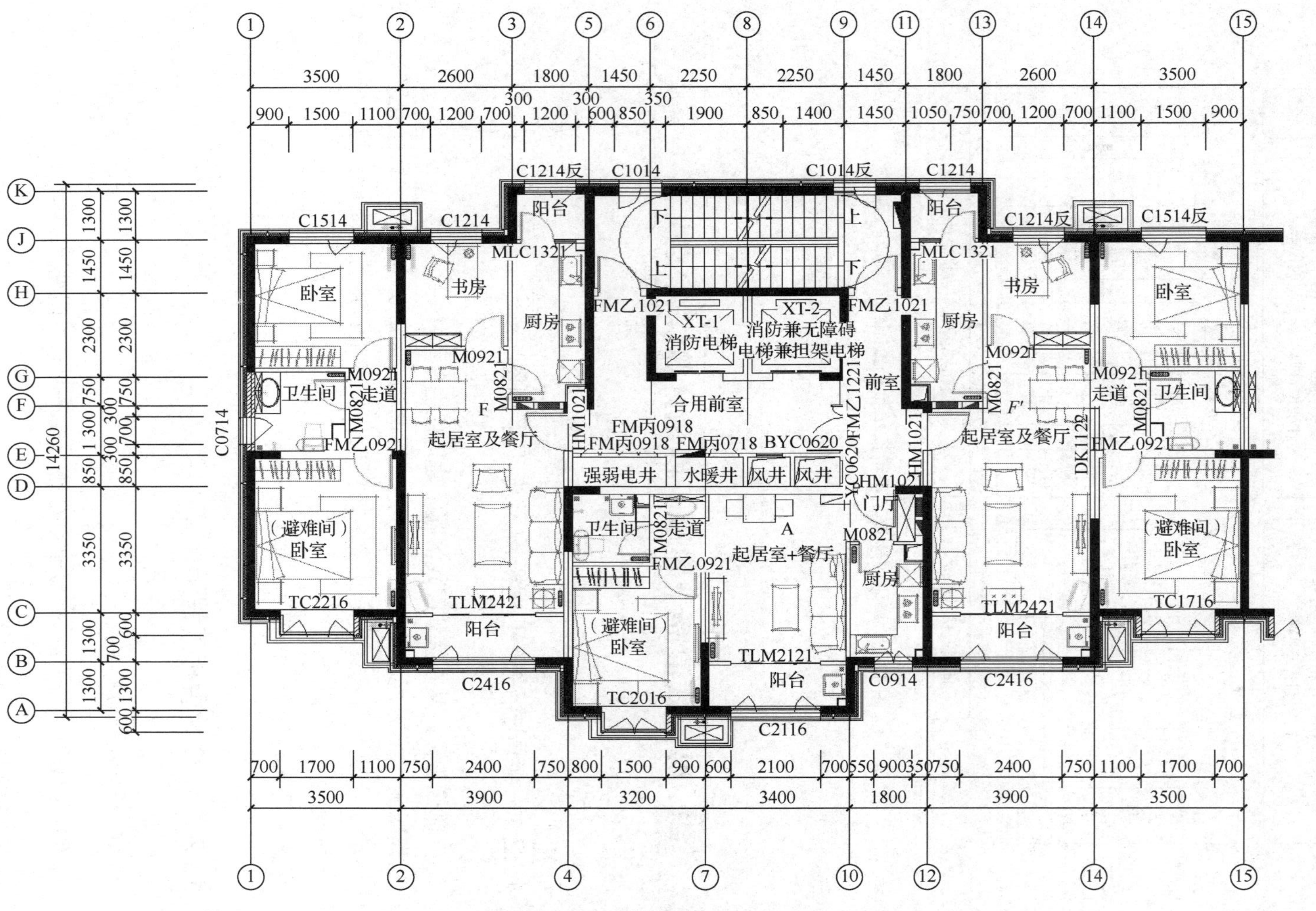

图 13.3 装配式建筑标准层平面图（局部）

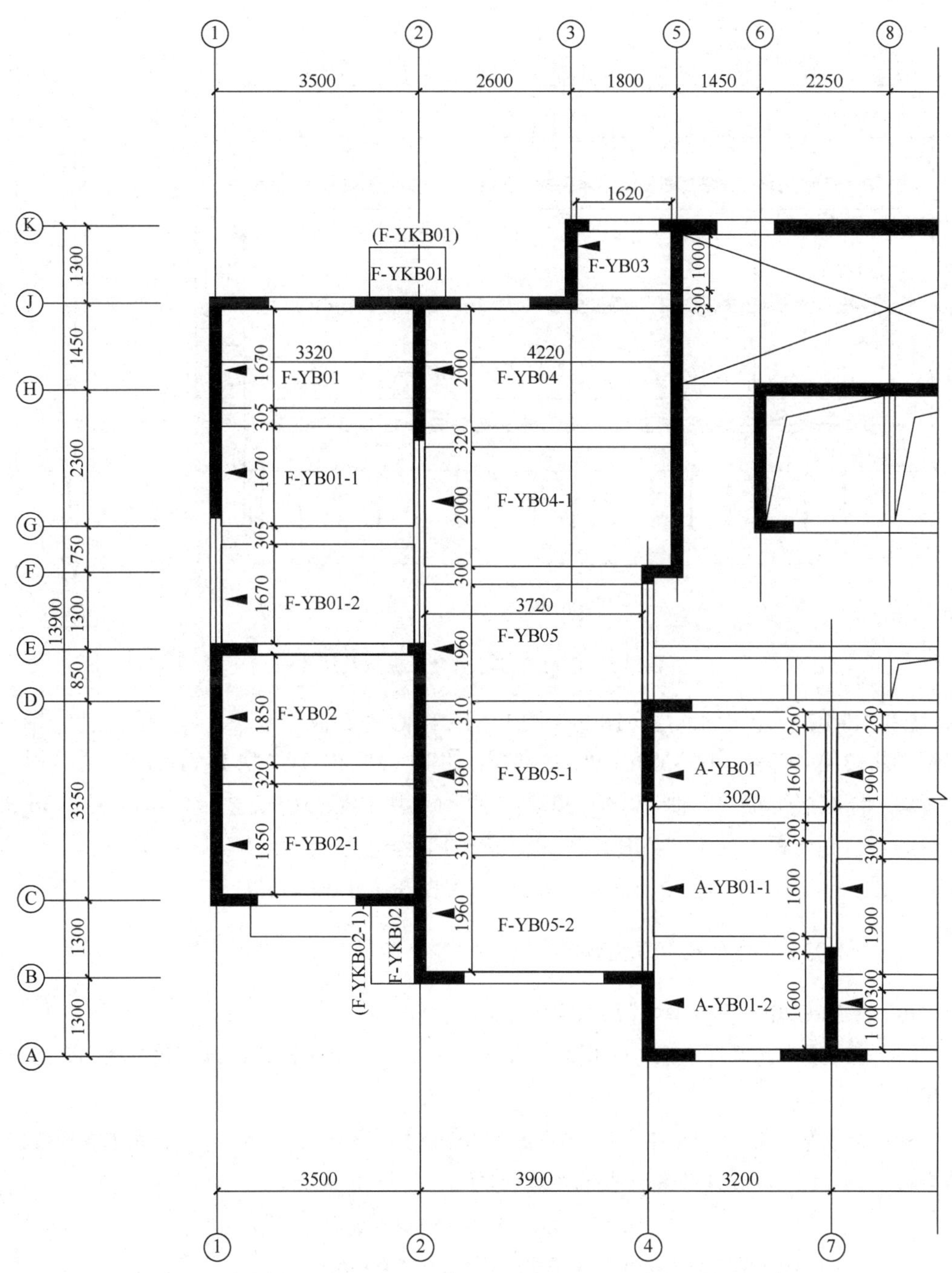

图 13.4　PC 叠合板平面布置图

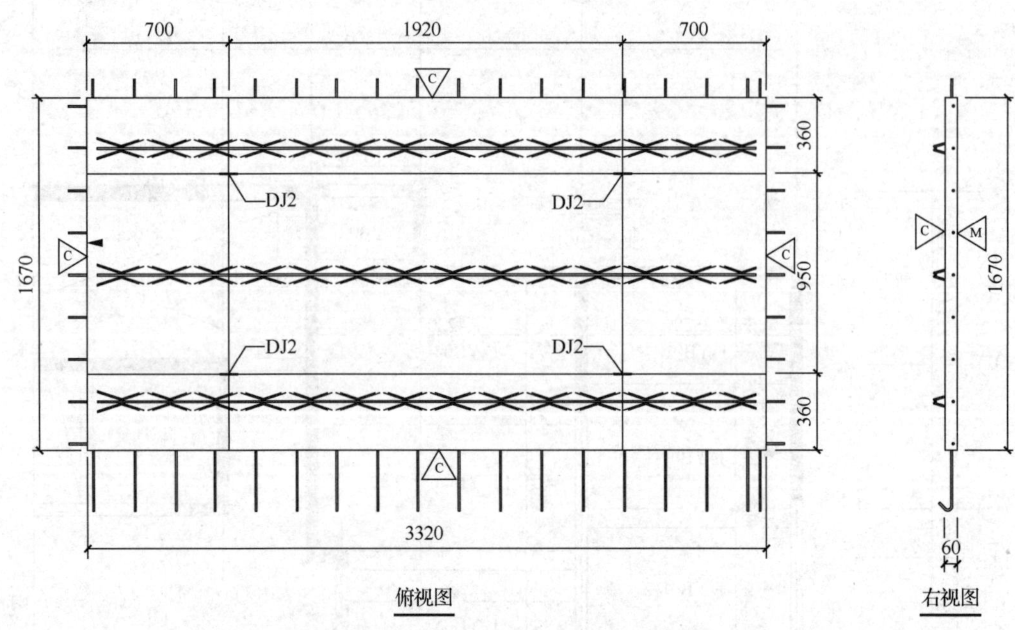

图 13.5　F-YB01 PC 叠合板板型及尺寸

【例 13-1】　计算标准层（18 层）的 F-YB01 PC 叠合板（图 13.5）工程量。[①轴～②轴（图 13.4）中有 1 块 F-YB01 PC 叠合板，⑭轴～⑮轴中有 1 块 F-YB01 PC 叠合板。]

解：标准层①轴～②轴、⑭轴～⑮轴中共有 2 块 F-YB01 PC 叠合板，18 层共 36 块 F-YB01 PC 叠合板。36 块 F-YB01 PC 叠合板的工程量为

$$3.32\times1.67\times0.06\times36=0.333\times36=11.99\text{（m}^3\text{）}$$

3. F-YB02 PC 叠合板工程量计算

F-YB02 PC 叠合板板型及尺寸见图 13.6。

【例 13-2】　计算标准层（18 层）①轴～⑦轴（图 13.4）的 F-YB02 PC 叠合板（图 13.6）工程量。

解：标准层①轴～⑦轴中共有 1 块 F-YB02 PC 叠合板，18 层共有 18 块 F-YB02 PC 叠合板。18 块 F-YB02 PC 叠合板的工程量为

$$3.32\times1.85\times0.06\times18=0.369\times18=6.64\text{（m}^3\text{）}$$

小计：F-YB01 和 F-YB02 PC 叠合板工程量=11.99+6.64=18.63（m^3）

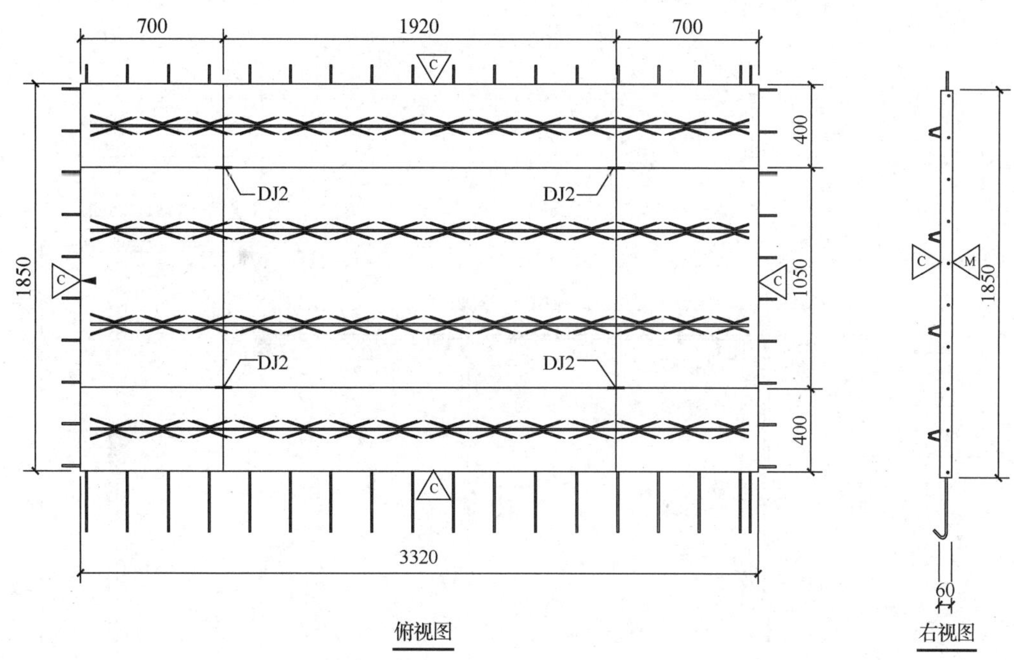

图 13.6　F-YB02 PC 叠合板板型及尺寸

13.2.3　PC 墙板工程量计算

1. PC 墙板平面布置图

标准层中①轴～⑦轴（一户）的 PC 墙板平面布置图见图 13.7。

2. F-YWB-5a 外墙板工程量计算

F-YWB-5a 外墙板模板图见图 13.8。

【例 13-3】　根据图 13.7 的 PC 墙板平面布置图，计算标准层（18 层）①轴～⑦轴中 F-YWB-5a 外墙板（图 13.8）的工程量。

解： 墙下部缺口尺寸：105mm×100mm×180mm；标准层①轴～⑦轴中有 1 块 F-YWB-5a 外墙板，18 层共 18 块 F-YWB-5a 外墙板。18 块 F-YWB-5a 外墙板的工程量为

(墙宽×墙高×墙厚-缺口体积)×18

=(2.80×2.64×0.20-0.105×0.10×0.18×3)×18

=(1.4784-0.0057)×18=1.4727×18=26.51（m^3）

3. 内墙板 YNB-1a 工程量计算

YNB-1a 内墙板模板图见图 13.9。

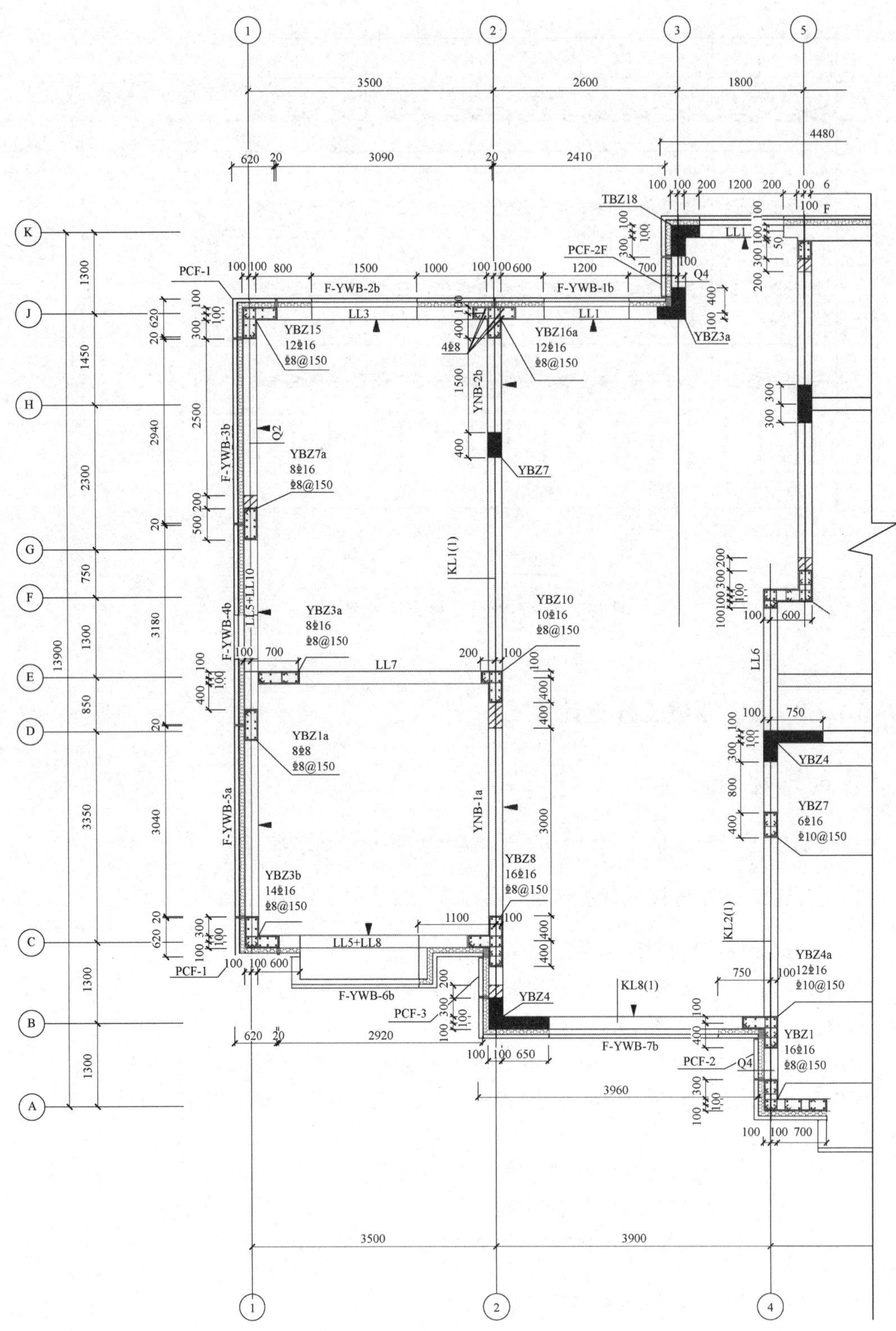

图 13.7　PC 墙板平面布置图

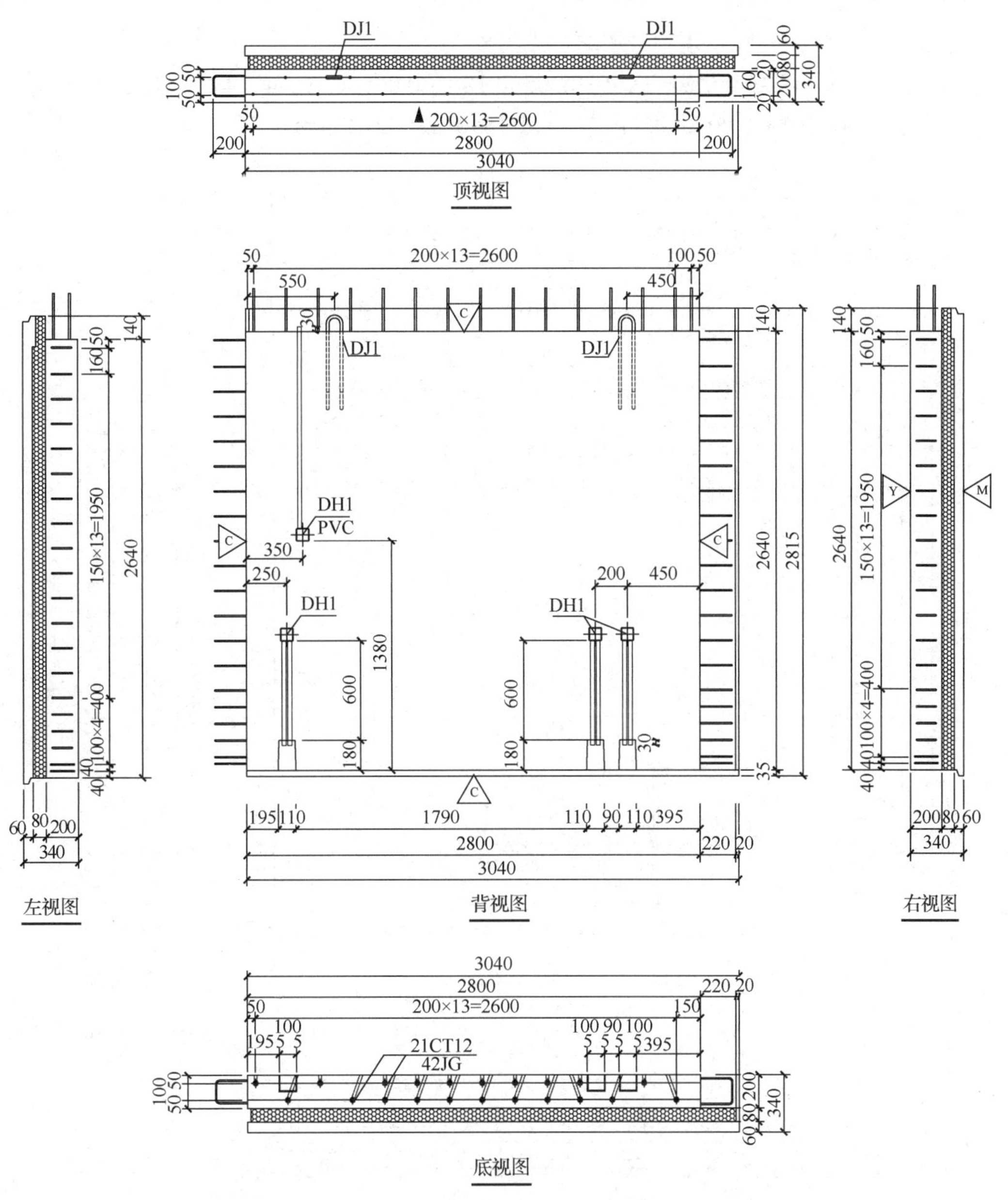

图 13.8　F-YWB-5a 外墙板模板图

【例 13-4】　根据图 13.7 的 PC 墙板平面布置图，计算标准层（18 层）①轴～⑦轴中 YNB-1a 内墙板（图 13.9）的工程量。

解：墙下部大缺口尺寸：95mm×205mm×180mm×2 个；墙下部小缺口尺寸：95mm×105mm×180mm×2 个；标准层①轴～⑦轴中有 1 块 YNB-1a 内墙板，18 层共 18 块 YNB-1a 内墙板。18 块 YNB-1a 内墙板的工程量为

(墙宽×墙高×墙厚-缺口体积)×18
=(3.40×2.64×0.20−0.095×0.205×0.18×2−0.095×0.105×0.18×2)×18
=(1.7952−0.0070−0.0036)×18=1.7846×18=32.12（m^3）

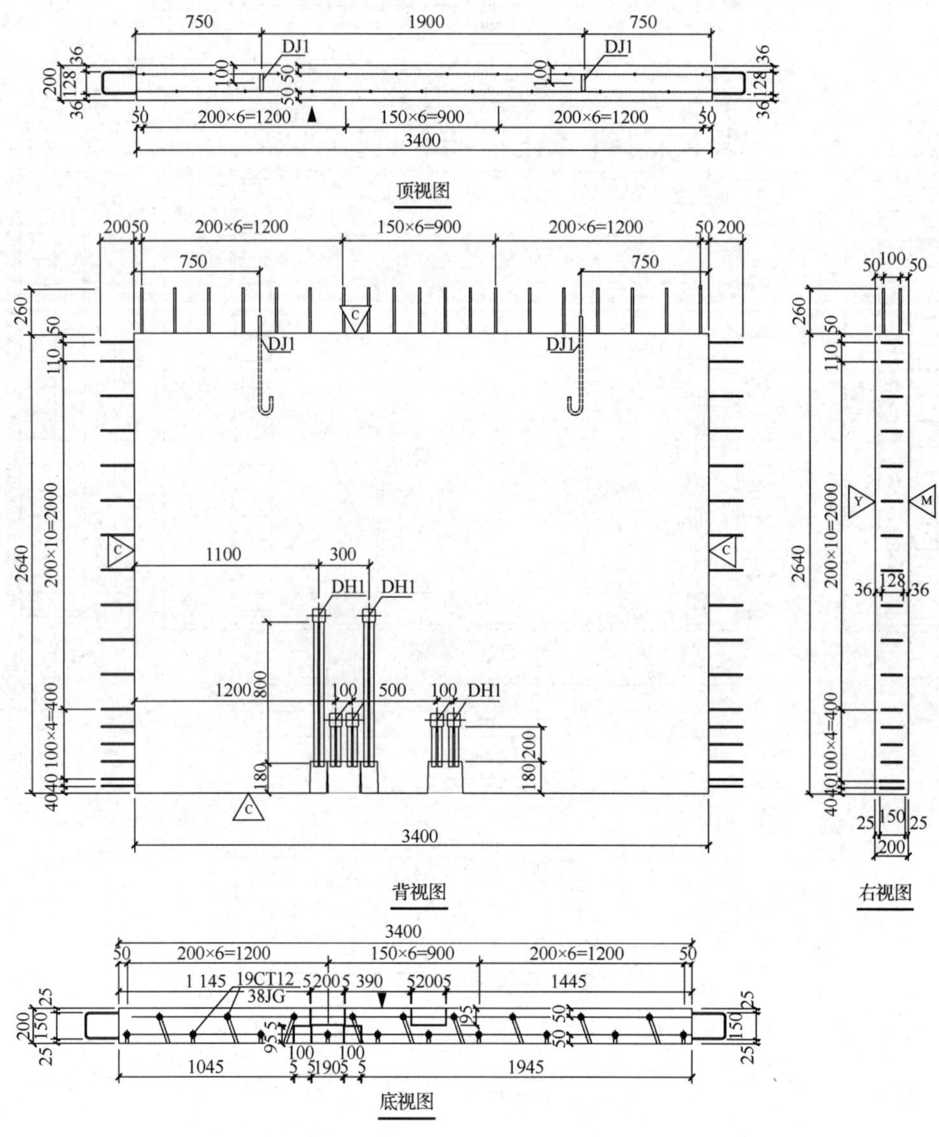

图 13.9 YNB-1a 内墙板模板图

13.2.4 PC 楼梯段工程量计算

装配式住宅的 PC 楼梯段模板图见图 13.10。

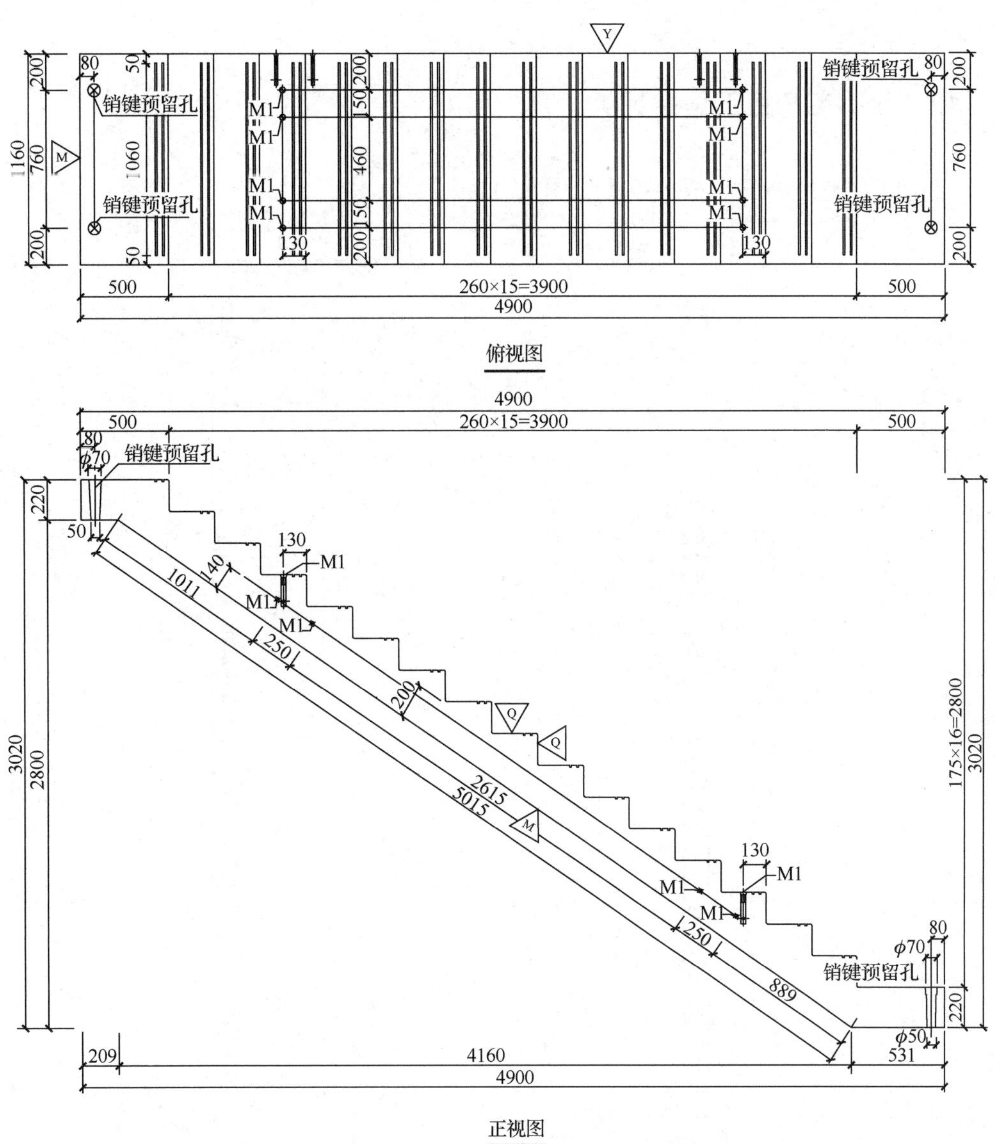

图 13.10　PC 楼梯段模板图

【例 13-5】　根据图 13.10 计算 12 段 PC 楼梯段工程量。

解：　PC 楼梯段工程量

=梯段侧面面积×梯段宽×12

=[上矩形面积+下矩形面积+15 个踏步三角形面积+梯形板面积]×楼梯宽×12

$=\left[0.50\times0.22+0.531\times0.22+0.175\times0.26\times0.5\times15+\left(\sqrt{0.175^2+0.26^2}\times15+5.015\right)\times0.5\times0.20\right]\times1.16\times12$

=[0.5681+(4.701+5.015)×0.5×0.20]×1.16×12

=(0.5681+0.9716)×1.16×12=21.43（m^3）

13.2.5 PCF 板工程量计算

装配式住宅的 PCF-1 板模板图见图 13.11。

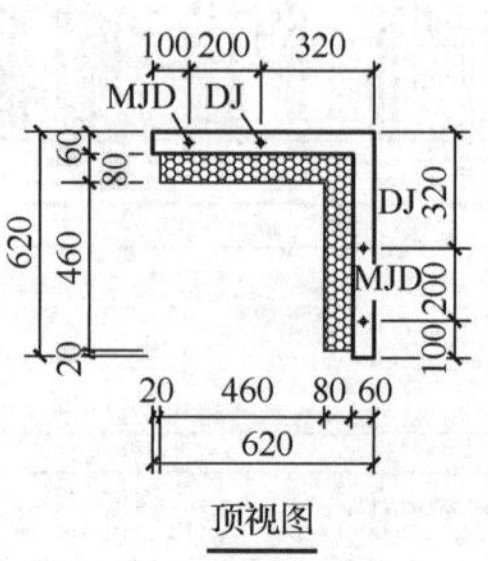

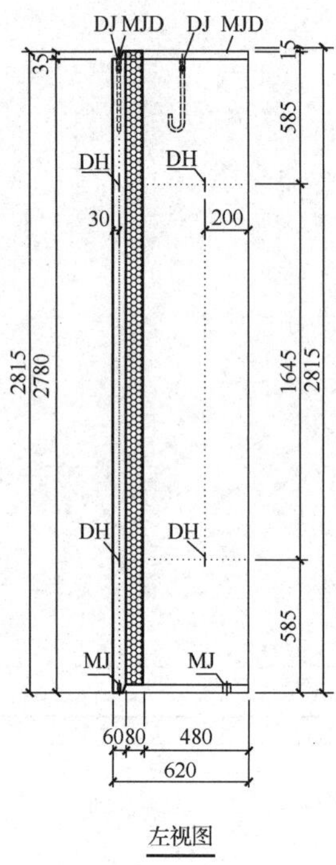

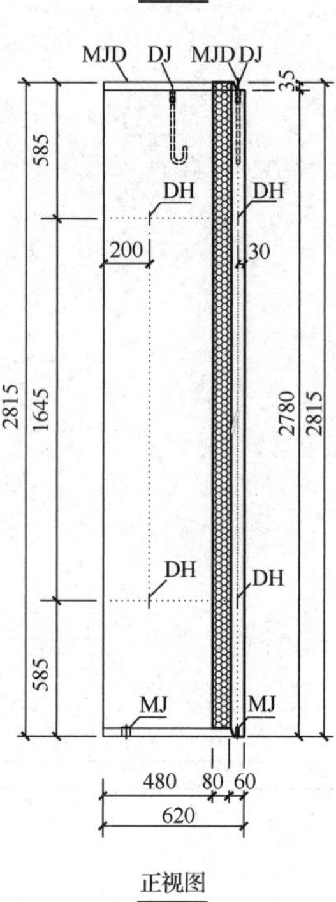

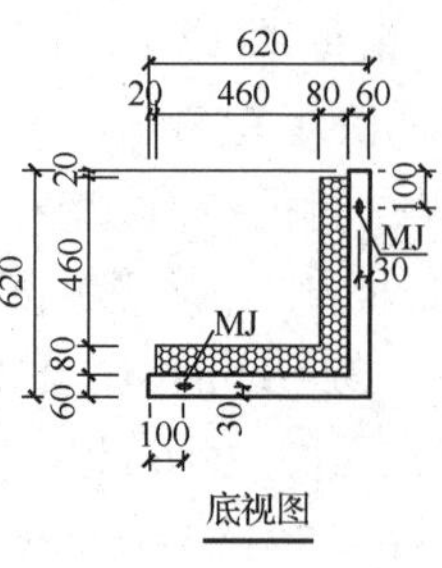

图 13.11 PCF-1 板模板图

【例 13-6】 根据图 13.11 计算图 13.7①轴上（标准层 18 层）PCF-1 板的工程量。

解： 由图 13.7 可知，①轴上 PCF-1 板有 2 块，则 18 层共有 PCF-1 板 36 块。

PCF-1 板工程量

=截面面积×板长×36

=(0.62+0.62−0.06)×0.06×(2.815−0.035)×36

=0.0708×2.78×36=7.09（m^3）

13.2.6　现场预制空调板工程量计算

F-YKB01 空调板模板图见图 13.12。

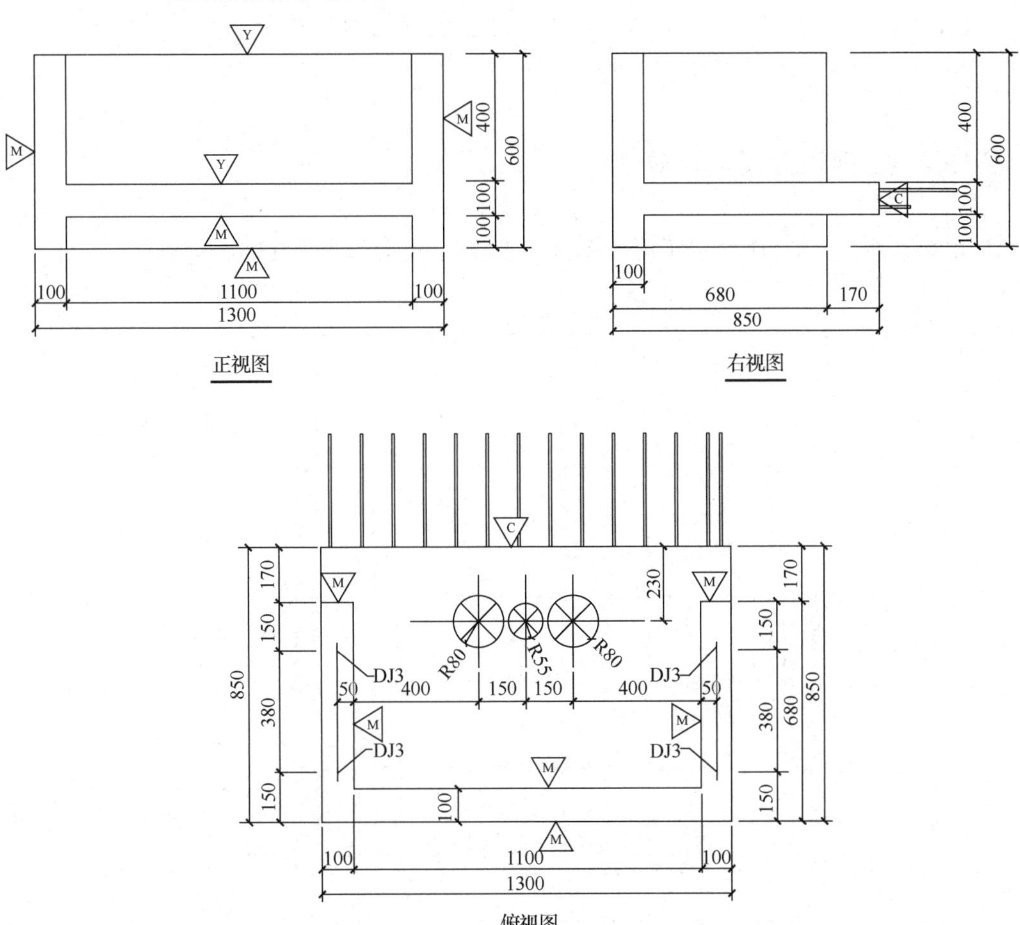

图 13.12　F-YKB01 空调板模板图

【例 13-7】 根据图 13.12 计算图 13.4 中标准层（18 层）F-YKB01 空调板（图 13.12）的工程量。

解：由图 13.4 可知，每层有 1 块 F-YKB01 空调板，共 18 层，则共有 18 块 F-YKB01 空调板。

F-YKB01 空调板工程量

=[底板面积×板厚+三面侧板长×水平截面面积]×18

={[1.10×(0.68−0.10)+0.17×0.10×2]×0.10+(1.10+0.68×2)×0.10×0.60}×18

=(0.0672+0.1476)×18=3.87（m^3）

13.2.7 套筒灌浆工程量计算

从图 13.8 F-YWB-5a 外墙板模板图中看到，每块墙板有 21 个ϕ12 钢筋套筒。

【例 13-8】 计算 18 块 F-YWB-5a 外墙板的套筒注浆工程量。

解：ϕ12 钢筋套筒注浆工程量=21×18=378（个）

13.2.8 钢筋工程量计算

现场预制 F-YKB01 空调板配筋图见图 13.13，配筋表见表 13.1。

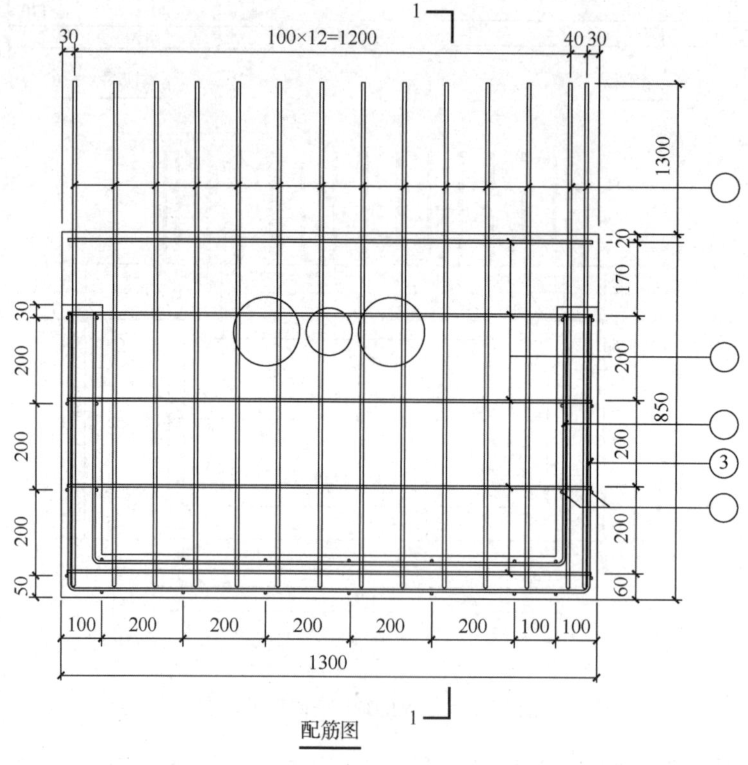

图 13.13 现场预制 F-YKB01 空调板配筋图

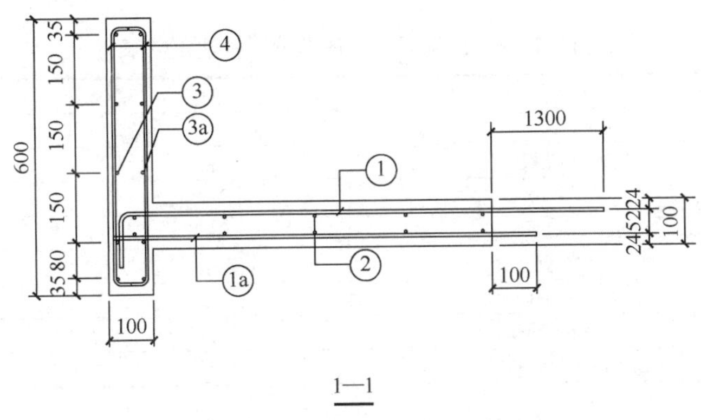

图 13.13（续）

表 13.1 现场预制 F-YKB01 空调板配筋表

编号	数量/根	规格	钢筋大样	备注
①	14	⏀8	120 825 1300	上铁钢筋
①a	14	⏀8	830 100	下铁钢筋
②	10	⏀8	1270	分布钢筋
③	5	⏀8	645 1265 645	构造钢筋
③a	5	⏀8	585 1145 585	构造钢筋
④	28	⏀8	60 550 60	构造钢筋

【例 13-9】 根据图 13.13 和表 13.1 计算 18 块现场预制 F-YKB01 空调板的钢筋工程量。

解： 空调板钢筋型号全部为⏀8。先计算钢筋总长度，然后计算钢筋质量。

编号①钢筋的长度：14 × (0.12+0.825+1.30)=14 × 2.245 = 31.43（m）

编号①a钢筋的长度：14 × (0.83+0.10)=14 × 0.93 =13.02（m）

编号②钢筋的长度：10 ×1.27=12.70（m）

编号③钢筋的长度：5 × (0.645+1.265+0.645)= 5 × 2.555 = 12.78（m）

编号③a钢筋的长度：5 × (0.585+1.145+0.585)= 5 × 2.315 = 11.58（m）

编号④钢筋的长度：28 × (0.06+0.55+0.06)=28 × 0.67 = 18.76（m）

长度小计：100.27m

⏀8 钢筋质量：100.27×8×8×0.00617=100.27×0.395=39.61（kg）

13.2.9 工程量汇总

上述 PC 构件工程量汇总见表 13.2。

表 13.2　住宅 PC 构件部分工程量汇总表

序号	名称	单位	工程量
1	PC 叠合板	m^3	18.63
2	PC 外墙板	m^3	26.51
3	PC 内墙板	m^3	32.12
4	PC 楼梯段	m^3	21.43
5	PCF 板	m^3	7.09
6	现场预制空调板	m^3	3.87
7	预制空调板钢筋Φ8	kg	39.61
8	ϕ12 钢筋套筒注浆	个	378

13.2.10　构件项目对应项目编码

住宅 PC 构件对应《房屋建筑与装饰工程工程量计算规范》（GB 50854—2013）的项目编码与名称见表 13.3，各项目工程量清单项目设置、项目特征、工作内容、计量单位及工程量计算规则，分别按表 13.4～表 13.7 的规定执行。

表 13.3　住宅 PC 构件部分工程量汇总表

序号	项目编码	名称	单位	工程量
1	010512001001	PC 叠合板制运安	m^3	18.63
2	010512007001	PC 外墙板制运安	m^3	26.51
3	010512007002	PC 内墙板制运安	m^3	32.12
4	010513001001	PC 楼梯段制运安	m^3	21.43
5	010512006001	PCF 板制运安	m^3	7.09
6	010512006002	现场预制空调板制安	m^3	3.87
7	010515002001	现场预制空调板Φ8 钢筋制安	kg	39.61
8	BC001	ϕ12 钢筋套筒注浆	个	378

表 13.4　预制混凝土板（编号：010512）

<table>
<tr><th>项目编码</th><th>项目名称</th><th>项目特征</th><th>计量单位</th><th>工程量计算规则</th><th>工作内容</th></tr>
<tr><td>010512001</td><td>平板</td><td rowspan="7">1. 图代号
2. 单件体积
3. 安装高度
4. 混凝土强度等级
5. 砂浆（细石混凝土）强度等级、配合比</td><td rowspan="7">1. m^3
2. 块</td><td rowspan="7">1. 以立方米计量，按设计图示尺寸以体积计算。不扣除单个面积≤300mm×300mm 的孔洞所占体积，扣除空心板空洞体积
2. 以块计量，按设计图示尺寸以数量计算</td><td rowspan="8">1. 模板制作、安装、拆除、堆放、运输及清理模内杂物、刷隔离剂等
2. 混凝土制作、运输、浇筑、振捣、养护
3. 构件运输、安装
4. 砂浆制作、运输
5. 接头灌缝、养护</td></tr>
<tr><td>010512002</td><td>空心板</td></tr>
<tr><td>010512003</td><td>槽形板</td></tr>
<tr><td>010512004</td><td>网架板</td></tr>
<tr><td>010512005</td><td>折线板</td></tr>
<tr><td>010512006</td><td>带肋板</td></tr>
<tr><td>010512007</td><td>大型板</td></tr>
<tr><td>010512008</td><td>沟盖板、井盖板、井圈</td><td>1. 单件体积
2. 安装高度
3. 混凝土强度等级
4. 砂浆强度等级、配合比</td><td>1. m^3
2. 块（套）</td><td>1. 以立方米计量，按设计图示尺寸以体积计算
2. 以块计量，按设计图示尺寸以数量计算</td></tr>
</table>

注：1　以块、套计量，必须描述单件体积。
2　不带肋的预制遮阳板、雨篷板、挑檐板、栏板等，应按本表平板项目编码列项。
3　预制 F 形板、双 T 形板、单肋板和带反挑檐的雨篷板、挑檐板、遮阳板等，应按本表带肋板项目编码列项。
4　预制大型墙板、大型楼板、大型屋面板等，按本表中大型板项目编码列项。

表 13.5　预制混凝土楼梯（编号：010513）

项目编码	项目名称	项目特征	计量单位	工程量计算规则	工作内容
010513001	楼梯	1. 楼梯类型 2. 单件体积 3. 混凝土强度等级 4. 砂浆（细石混凝土）强度等级	1. m^3 2. 段	1. 以立方米计量，按设计图示尺寸以体积计算。扣除空心踏步板空洞体积 2. 以段计量，按设计图示数量计算	1. 模板制作、安装、拆除、堆放、运输及清理模内杂物、刷隔离剂等 2. 混凝土制作、运输、浇筑、振捣、养护 3. 构件运输、安装 4. 砂浆制作、运输 5. 接头灌缝、养护

注：以块计量，必须描述单件体积。

表 13.6　其他预制构件（编号：010514）

项目编码	项目名称	项目特征	计量单位	工程量计算规则	工作内容
010514001	垃圾道、通风道、烟道	1. 单件体积 2. 混凝土强度等级 3. 砂浆强度等级	1. m^3 2. m^3 3. 根（块、套）	1. 以立方米计量，按设计图示尺寸以体积计算。不扣除单个面积≤300mm×300mm 的孔洞所占体积，扣除烟道、垃圾道、通风道的孔洞所占体积 2. 以平方米计量，按设计图示尺寸以面积计算。不扣除单个面积≤300mm×300mm 的孔洞所占面积 3. 以根计量，按设计图示尺寸以数量计算	1. 模板制作、安装、拆除、堆放、运输及清理模内杂物、刷隔离剂等 2. 混凝土制作、运输、浇筑、振捣、养护 3. 构件运输、安装 4. 砂浆制作、运输 5. 接头灌缝、养护
010514002	其他构件	1. 单件体积 2. 构件的类型 3. 混凝土强度等级 4. 砂浆强度等级			

注：1　以块、根计量，必须描述单件体积。

2　预制钢筋混凝土小型池槽、压顶、扶手、垫块、隔热板、花格等，按本表中其他构件项目编码列项。

表 13.7　钢筋工程（部分）（编号：010515）

项目编码	项目名称	项目特征	计量单位	工程量计算规则	工作内容
010515001	现浇构件钢筋	钢筋种类、规格	t	按设计图示钢筋（网）长度（面积）乘单位理论质量计算	1. 钢筋制作、运输 2. 钢筋安装 3. 焊接（绑扎）
010515002	预制构件钢筋				

注：1　现浇构件中伸出构件的锚固钢筋应并入钢筋工程量内。除设计（包括规范规定）标明的搭接外，其他施工搭接不计算工程量，在综合单价中综合考虑。

2　现浇构件中固定位置的支撑钢筋、双层钢筋用的“铁马”在编制工程量清单时，如果设计未明确，其工程数量可为暂估量，结算时按现场签证数量计算。

13.3 综合单价计算综合实践

13.3.1 概述

1. 重要意义

综合单价确定是编制装配式混凝土建筑工程工程量清单报价的关键技术之一。综合单价编制涉及的因素较多，综合性强，是造价人员必须掌握的关键技能。

2. 编制依据

综合单价的编制依据包括如下内容。

①《房屋建筑与装饰工程工程量计算规范》;

②《建设工程工程量清单计价规范》;

③ 装配式建筑消耗量定额或地区预算定额（单位估价表）;

④ 地区费用定额;

⑤ 地区人材机指导单价;

⑥ 清单工程量。

综合单价根据地区人材机指导单价、地区预算定额（单位估价表）、地区费用定额编制，因此具有地区性且一般只适合用于针对性的某个装配式建筑工程量清单报价。

13.3.2 装配式混凝土建筑消耗量定额摘录

全国装配式建筑消耗量定额（安装）摘录见表13.8～表13.12。

表 13.8 板

工作内容：结合面清理，构件吊装、就位、校正、垫实、固定、接头钢筋调直、焊接，搭设及拆除钢支撑。 计量单位：$10m^3$

定额编号				1-4	1-5
项目				整体板	叠合板
名称			单位	消耗量	
人工	合计工日		工日	16.340	20.420
	其中	普工	工日	4.902	6.126
		一般技工	工日	9.804	12.252
		高级技工	工日	1.634	2.042

续表

名称		单位	消耗量	
材料	预制混凝土整体板	m^3	10.050	—
	预制混凝土叠合板	m^3	—	10.050
	垫铁	kg	1.880	3.140
	低合金钢焊条 E43 系列	kg	3.660	6.100
	松杂板枋材	m^3	0.055	0.091
	立支撑杆件 ϕ48×3.5	套	1.640	2.730
	零星卡具	kg	22.380	37.310
	钢支撑及配件	kg	23.910	39.850
	其他材料费	%	0.600	0.600
机械	交流弧焊机 32kV·A	台班	0.349	0.581

表 13.9　墙

工作内容：支撑杆连接件预埋，结合面清理，构件吊装、就位、校正、垫实、固定，接头钢筋调直、构件打磨、座浆料铺筑、填缝料填缝，搭设及拆除钢支撑。

计量单位：$10m^3$

定额编号				1-6	1-7	1-8	1-9
项目				实心剪力墙			
				外墙板		内墙板	
				墙厚（mm）			
				≤200	>200	≤200	>200
名称			单位	消耗量			
人工	合计工日		工日	12.749	9.812	10.198	7.921
	其中	普工	工日	3.825	2.971	3.059	2.376
		一般技工	工日	7.649	5.941	6.119	4.753
		高级技工	工日	1.275	0.900	1.020	0.792
材料	预制混凝土外墙板		m^3	10.050	10.050	—	—
	预制混凝土内墙板		m^3	—	—	10.050	10.050
	垫铁		kg	12.491	9.577	9.990	7.695
	干混砌筑砂浆 DM M20		m^3	0.100	0.100	0.090	0.090
	PE 棒		m	40.751	31.242	52.976	40.615
	垫木		m^3	0.012	0.012	0.010	0.010
	斜支撑杆件 ϕ48×3.5		套	0.487	0.373	0.377	0.289
	预埋铁件		kg	9.307	7.136	7.448	5.710
	定位钢板		kg	4.550	4.550	3.640	3.640
	其他材料费		%	0.600	0.600	0.600	0.600
机械	干混砂浆罐式搅拌机		台班	0.010	0.010	0.009	0.009

表 13.10 楼梯

工作内容：结合面清理，构件吊装、就位、校正、垫实、固定，接头钢筋调直、焊接、灌缝、嵌缝，搭设及拆除钢支撑。

计量单位：$10m^3$

定额编号				1-17	1-18
项目				直行梯段	
				简支	固支
名称			单位	消耗量	
人工	合计工日		工日	15.540	16.880
	其中	普工	工日	4.662	5.064
		一般技工	工日	9.324	10.128
		高级技工	工日	1.554	1.688
材料	预制混凝土楼梯		m^3	10.050	10.050
	低合金钢焊条 E43 系列		kg	—	1.310
	垫铁		kg	18.070	9.030
	干混砌筑砂浆 DM M10		m^3	0.270	0.140
	垫木		m^3	0.019	—
	松杂板枋材		m^3	—	0.024
	立支撑杆件$\phi48\times3.5$		套	—	0.720
	零星卡具		kg	—	9.800
	钢支撑及配件		kg	—	10.470
	其他材料费		%	0.600	0.600
机械	交流弧焊机 32kV·A		台班	—	0.125
	干混砂浆罐式搅拌机		台班	0.027	0.014

图 13.11 阳台板及其他

工作内容：支撑杆连接件预埋，结合面清理、构件吊装、就位、校正、垫实、固定，接头钢筋调直、焊接，构件打磨、座浆料铺筑、填缝料填缝，搭设及拆除钢支撑。

计量单位：$10m^3$

定额编号				1-19	1-20	1-21	1-22
项目				叠合板式阳台	全预制式阳台	凸（飘）窗	空调板
名称			单位	消耗量			
人工	合计工日		工日	21.700	17.250	18.320	23.870
	其中	普工	工日	6.510	5.175	5.496	7.161
		一般技工	工日	13.020	10.350	10.992	14.322
		高级技工	工日	2.170	1.725	1.832	2.387
材料	预制混凝土阳台板		m^3	10.050	10.050	—	—
	预制混凝土凸窗		m^3	—	—	10.050	—
	预制混凝土空调板		m^3	—	—	—	10.050
	垫铁		kg	5.240	2.620	18.750	5.760
	低合金钢焊条 E43 系列		kg	6.102	3.051	3.670	6.710
	干混砌筑砂浆 DM M20		m^3	—	—	0.160	—
	PE 棒		m	—	—	36.713	—
	垫木		m^3	—	—	0.021	—

续表

名称		单位	消耗量			
材料	斜支撑杆件ϕ48×3.5	套	—	—	0.360	—
	立支撑杆件ϕ48×3.5	套	2.730	1.364	—	3.000
	预埋铁件	kg	—	—	13.980	—
	定位钢板	kg	—	—	7.580	—
	松杂板枋材	m^3	0.091	0.045	—	0.100
	零星卡具	kg	37.310	18.653	—	41.040
	钢支撑及配件	kg	39.850	19.925	—	43.840
	其他材料费	%	0.600	0.600	0.600	0.600
机械	交流弧焊机 32kV・A	台班	0.581	0.291	0.350	0.639
	干混砂浆罐式搅拌机	台班	—	—	0.016	—

表 13.12 套筒注浆

工作内容：结合面清理、注浆料搅拌、注浆、养护、现场清理。 计量单位：10 个

定额编号				1-26	1-27
项目				套筒注浆	
				钢筋直径（mm）	
				≤ϕ18	>ϕ18
名称			单位	消耗量	
人工	合计工日		工日	0.220	0.240
	其中	普工	工日	0.066	0.072
		一般技工	工日	0.132	0.144
		高级技工	工日	0.022	0.024
材料	灌浆料		kg	5.630	9.470
	水		m^3	0.560	0.950
	其他材料费		%	3.000	3.000

13.3.3 房屋建筑与装饰工程消耗量定额摘录

预制混凝土构件分类表见表 13.13。全国房屋建筑与装饰工程消耗量定额摘录见表 13.14～表 13.16。

表 13.13 预制混凝土构件分类表

类别	项目
1	桩、柱、梁、板、墙单件体积≤1m^3、面积≤4m^2、长度≤5m
2	桩、柱、梁、板、墙单件体积>1m^3、面积>4m^2、5m<长度≤6m
3	6m 以上至 14m 的桩、柱、梁、板、屋架、桁架、托架（14m 以上另行计算）
4	天窗架、侧板、端壁板、天窗上下档及小型构件

表 13.14　预制混凝土其他（编码：010514）

工作内容：浇筑、振捣、养护、起模归堆等。

计量单位：10m³

定额编号				5-62	5-63
项目				漏空花格	小型构件
名称			单位	消耗量	
人工	合计工日		工日	10.635	10.584
	其中	普工	工日	3.190	3.176
		一般技工	工日	6.381	6.350
		高级技工	工日	1.064	1.058
材料	预拌混凝土 C20		m^3	10.100	10.100
	板枋材		m^3	0.584	1.468
	塑料薄膜		m^2	546.250	121.857
	水		m^3	33.000	7.910
	电		kW·h	1.500	1.500

表 13.15　预制构件带肋钢筋（部分）

工作内容：制作、运输、绑扎、安装等。

计量单位：t

定额编号				5-107	5-108	5-109	5-110
项目				带肋钢筋 HRB400 以内			
				直径（mm）			
				≤10	≤18	≤25	≤40
名称			单位	消耗量			
人工	合计工日		工日	7.742	6.826	4.699	3.839
	其中	普工	工日	2.323	2.047	1.410	1.152
		一般技工	工日	4.645	4.096	2.819	2.303
		高级技工	工日	0.774	0.683	0.470	0.384
材料	钢筋 HRB400 以内 ϕ10 以内		kg	1020.000	—	—	—
	钢筋 HRB400 以内 ϕ12～ϕ18		kg	—	1025.000	—	—
	钢筋 HRB400 以内 ϕ20～ϕ25		kg	—	—	1025.000	—
	钢筋 HRB400 以内 ϕ25 以上		kg	—	—	—	1025.000
	镀锌铁丝 ϕ0.7		kg	5.640	3.373	1.811	1.188
	低合金钢焊条 E43 系列		kg	—	5.400	4.800	—
	水		m^3	—	0.143	0.093	—
机械	钢筋调直机 40mm		台班	0.270	—	—	—
	钢筋切断机 40mm		台班	0.090	0.090	0.100	0.080
	钢筋弯曲机 40mm		台班	0.270	0.200	0.160	0.120
	直流弧焊机 32kV·A		台班	—	0.450	0.400	—
	对焊机 75kV·A		台班	—	0.110	0.060	—
	电焊条烘干箱 45×35×45（cm）		台班	—	0.045	0.040	—

表 13.16　混凝土构件运输（部分）

工作内容：设置一般支架（垫木条）、装车绑扎、运输、卸车堆放、支垫稳固等。　　计量单位：$10m^3$

定额编号				5-303	5-304	5-305	5-306
项 目				1 类预制混凝土构件			
				运距（≤1km）	场内每增减 0.5km	运距（≤10km）	场内每增减 1km
名 称			单位	消耗量			
人工	合计工日		工日	1.120	0.046	1.960	0.092
	其中	普工	工日	0.336	0.013	0.588	0.028
		一般技工	工日	0.672	0.028	1.176	0.055
		高级技工	工日	0.112	0.005	0.196	0.009
材料	板枋材		m^3	0.110	—	0.011	—
	钢丝绳		kg	0.310	—	0.310	—
	镀锌铁丝ϕ4.0		kg	1.500	—	1.500	—
机械	载重汽车 8t		台班	0.840	0.310	1.460	0.062
	汽车式起重机 12t		台班	0.560	0.023	0.980	0.046
定额编号				5-307	5-308	5-309	5-310
项目				2 类预制混凝土构件			
				运距（≤1km）	场内每增减 0.5km	运距（≤10km）	场外每增减 1km
名称			单位	消耗量			
人工	合计工日		工日	0.780	0.034	1.400	0.068
	其中	普工	工日	0.234	0.011	0.420	0.020
		一般技工	工日	0.468	0.020	0.840	0.041
		高级技工	工日	0.078	0.003	0.140	0.007
材料	板枋材		m^3	0.110	—	0.110	—
	钢丝绳		kg	0.320	—	0.320	—
	镀锌铁丝ϕ4.0		kg	3.140	—	3.140	—
机械	载重汽车 12t		台班	0.590	0.025	1.050	0.051
	汽车式起重机 20t		台班	0.390	0.017	0.700	0.034

13.3.4　某地区人材机指导价

某地区工程造价行政主管部门颁发的人材机指导价见表 13.17。

表 13.17 某地区人材机指导单价表（不含进项税）

序号	名称	单位	单价	序号	名称	单位	单价
1	普工	元/工日	100.00	18	灌浆料	元/kg	19.00
2	一般技工	元/工日	140.00	19	干混砌筑砂浆 DM M10	元/m^3	646.00
3	高级技工	元/工日	180.00	20	干混砌筑砂浆 DM M20	元/m^3	730.00
4	垫铁	元/kg	4.10	21	预拌混凝土 C30	元/m^3	780.00
5	低合金钢焊条 E43 系列	元/kg	16.00	22	PE 棒	元/m	4.00
6	立支撑杆件ϕ48×3.5	元/套	55.80	23	松杂板枋材	元/m^3	1800.00
7	斜支撑杆件ϕ48×3.5	元/套	65.85	24	垫木	元/ m^3	1500.00
8	零星卡具	元/kg	5.20	25	水	元/m^3	2.50
9	钢支撑及配件	元/kg	4.90	26	干混砂浆罐式搅拌机	元/台班	35.00
10	预埋铁件	元/kg	4.30	27	交流弧焊机 32kV・A	元/台班	28.00
11	镀锌铁丝ϕ4	元/kg	21.30	28	载重汽车 8t	元/台班	330.00
12	镀锌铁丝ϕ0.7	元/kg	23.10	29	载重汽车 12t	元/台班	550.00
13	钢丝绳	元/kg	33.78	30	汽车式起重机 20t	元/台班	1560.00
14	HRB400 以内ϕ10 以内钢筋	元/ kg	4.51	31	钢筋调直机 40mm	元/台班	52.00
15	塑料薄膜	元/m^2	0.58	32	钢筋切断机 40mm	元/台班	55.00
16	电	kW・h	2.80	33	钢筋弯曲机 40mm	元/台班	64.00
17	定位钢板	元/kg	4.00				

13.3.5 PC 构件出厂价

某地区 PC 构件出厂价见表 13.18。

表 13.18 PC 构件出厂价（含运输费）

序号	构件名称	出厂价/（元/m^3）
1	PC 叠合板	2240.00
2	PC 外墙板	3860.00
3	PC 内墙板	3100.00
4	PC 楼梯段	3260.00
5	PCF 板	3480.00

13.3.6 编制单位估价表（预算定额）

本书采用了装配式建筑消耗量定额，需要编制单位估价表（预算定额）才能方便编制出综合单价。如果采用有价格的地区计价定额，就不用完成这部分的工作内容。

1. PC 叠合板安装单位估价表（预算定额）

PC 叠合板安装单位估价表（预算定额）见表 13.19。

PC 叠合板安装单位估价表编制主要步骤如下。

（1）将表 13.8 中定额编号“1-5”的定额消耗量数据填写到表 13.19 中。

（2）将表 13.17、表 13.18 中有关单价填写到表 13.19 中。

（3）计算人工费、材料费、机械费。

（4）将人材机费用汇总为“基价”。

表 13.19　PC 叠合板安装单位估价表

定额编号				1-5
项目				叠合板安装（每 10 m^3）
基价/元				26044.50
其中	人工费/元			2695.44
	材料费/元			23327.89+4.90=23332.79
	机械费/元			16.27
名　称		单位	单价/元	消耗量
人工	普工	工日	100	6.126
	一般技工	工日	140	12.252
	高级技工	工日	180	2.042
材料	预制叠合板	m^3	2240.00	10.050
	垫铁	kg	4.10	3.140
	低合金钢焊条 E43	kg	16.00	6.100
	松杂板枋材	m^3	1800.00	0.091
	立支撑杆件 ϕ48×3.5	套	55.80	2.730
	零星卡具	kg	5.20	37.310
	钢支撑及配件	kg	4.90	39.850
	其他材料费	元	非主材费×0.6%	4.90
机械	交流弧焊机 32kV・A	台班	28.00	0.581

注：其他材料费=非主材费×0.6%= 815.89×0.6%=4.90（元）。

2. PC 外墙板安装单位估价表（预算定额）

将表 13.9 中消耗量数据和表 13.17、表 13.18 中有关单价填写到表 13.20 中，计算过程见表 13.20。

表 13.20　PC 外墙板安装单位估价表

定额编号		1-6-1
项目		外墙板安装 墙厚≤200mm （每 10 m^3）
基价/元		40874.09
其中	人工费/元	1682.86
	材料费/元	39190.88
	机械费/元	0.35

续表

名 称		单位	单价/元	消耗量
人工	普工	工日	100	3.825
	一般技工	工日	140	7.649
	高级技工	工日	180	1.275
材料	预制混凝土外墙板	m^3	3860.00	10.050
	垫铁	kg	4.10	12.491
	干混砌筑砂浆 DM M20	m^3	730.00	0.100
	PE 棒	m	4.00	40.751
	垫木	m^3	1500.00	0.012
	斜支撑杆件ϕ48×3.5	套	65.85	0.487
	预埋铁件	kg	4.30	9.307
	定位钢板	kg	4.00	4.550
	其他材料费	元	非主材费×0.6%	2.37
机械	干混砂浆罐式搅拌机	台班	35.00	0.010

注：其他材料费=非主材费×0.6%= 395.51×0.6%=2.37（元）。

3. PC 内墙板安装单位估价表（预算定额）

将表 13.9 中消耗量数据和表 13.10、表 13.18 中有关单价填写到表 13.21 中，计算过程见表 13.21。

表 13.21 PC 内墙板安装单位估价表

定额编号				1-6-2
项目				内墙板安装墙厚≤200mm（每 10 m^3）
基价/元				33236.09
其中	人工费/元			1682.86
	材料费/元			31552.88
	机械费/元			0.35
名 称		单位	单价/元	消耗量
人工	普工	工日	100	3.825
	一般技工	工日	140	7.649
	高级技工	工日	180	1.275
材料	预制混凝土内墙板	m^3	3100.00	10.050
	垫铁	kg	4.10	12.491
	干混砌筑砂浆 DM M20	m^3	730.00	0.100
	PE 棒	m	4.00	40.751
	垫木	m^3	1500.00	0.012
	斜支撑杆件ϕ48×3.5	套	65.85	0.487
	预埋铁件	kg	4.30	9.307
	定位钢板	kg	4.00	4.550
	其他材料费	元	非主材费×0.6%	2.37
机械	干混砂浆罐式搅拌机	台班	35.00	0.010

注：其他材料费=非主材费×0.6%= 395.51×0.6%=2.37（元）。

4. PC 楼梯段安装单位估价表（预算定额）

将表 13.10 中消耗量数据和表 13.17、表 13.18 中有关单价填写到表 13.22 中，计算过程见表 13.22。

表 13.22　PC 楼梯段安装单位估价表

定额编号				1-18
项目				直行楼梯安装（每 10 m^3）
基价/元				35331.21
其中	人工费/元			2228.16
	材料费/元			33099.06
	机械费/元			3.99
名称		单位	单价/元	消耗量
人工	普工	工日	100	5.064
	一般技工	工日	140	10.128
	高级技工	工日	180	1.688
材料	预制混凝土楼梯	m^3	3260.00	10.050
	垫铁	kg	4.10	9.030
	低合金钢焊条 E43	kg	16.00	1.310
	干混砌筑砂浆 DM M10	m^3	646.00	0.140
	松杂板枋材	m^3	1800.00	0.024
	立支撑杆件ϕ48×3.5	套	55.80	0.720
	零星卡具	kg	5.20	9.800
	钢支撑及配件	kg	4.90	10.470
	其他材料费	元	非主材费×0.6%	2.00
机械	交流弧焊机 32kV・A	台班	28.00	0.125
	干混砂浆罐式搅拌机	台班	35.00	0.014

注：其他材料费=非主材费×0.6%= 334.06×0.6%=2.00（元）。

5. PCF 板安装单位估价表（预算定额）

将表 13.11 中定额编号“1-21（代）”的定额消耗量数据和表 13.17、表 13.18 中有关单价填写到表 13.23 中，计算过程见表 13.23。

表 13.23　PCF 板安装单位估价表

定额编号		1-21（代）
项目		PCF 板安装（每 10 m^3）
基价/元		34173.46
其中	人工费/元	2518.14
	材料费/元	31644.96
	机械费/元	10.36

续表

名称		单位	单价/元	消耗量
人工	普工	工日	100	5.496
	一般技工	工日	140	10.992
	高级技工	工日	180	1.832
材料	预制混凝土 PCF 板	m^3	3480.00	10.050
	垫铁	kg	4.10	18.75
	低合金钢焊条 E43	kg	16.00	3.670
	干混砌筑砂浆 DM M20	m^3	730.00	0.160
	PE 棒	m	4.00	36.713
	垫木	m^3	1500.00	0.021
	斜支撑杆件ϕ48×3.5	kg	65.85	0.360
	预埋铁件	kg	4.30	13.98
	定位钢板			7.58
	其他材料费	元	非主材费×0.6%	2.92
机械	交流弧焊机 32kV·A	台班	28.00	0.350
	干混砂浆罐式搅拌机	台班	35.00	0.016

注：其他材料费=非主材费×0.6%= 487.04×0.6%=2.92（元）。

6. 现场预制空调板安装单位估价表（预算定额）

将表 13.11 中定额编号“1-22”的定额消耗量数据和表 13.17、表 13.18 中有关单价填写到表 13.24 中，计算过程见表 13.24。

表 13.24　现场预制空调板安装单位估价表

定额编号				1-22
项目				空调板安装（每 10 m^3）
基价/元				4080.77
其中	人工费/元			3150.84
	材料费/元			912.04
	机械费/元			17.89
名称		单位	单价/元	消耗量
人工	普工	工日	100	7.161
	一般技工	工日	140	14.322
	高级技工	工日	180	2.387
材料	预制空调板	m^3	—	—
	垫铁	kg	4.10	5.760
	低合金钢焊条 E43	kg	16.00	6.710
	立支撑杆件ϕ48×3.5	套	55.80	3.00
	松杂板枋材	m^3	1800.00	0.100
	零星卡具	kg	5.20	41.04
	钢支撑及配件	kg	4.90	43.84
	其他材料费	元	非主材费×0.6%	5.44
机械	交流弧焊机 32KV·A	台班	28.00	0.639

注：其他材料费=非主材费×0.6%= 906.60×0.6%=5.44（元）。

7. 现场预制空调板预制单位估价表（预算定额）

将表 13.14 中定额编号“5-63”的定额消耗量数据和表 13.17、表 13.18 中有关单价填写到表 13.25 中，计算过程见表 13.25。

表 13.25　现场预制空调板预制单位估价表

定额编号				5-63
项目				空调板预制（每 10 m^3）
基价/元				12012.09
其中	人工费/元			1397.04
	材料费/元			10615.05
	机械费/元			—
名称		单位	单价/元	消耗量
人工	普工	工日	100	3.176
	一般技工	工日	140	6.350
	高级技工	工日	180	1.058
材料	预拌混凝土 C30	m^3	780.00	10.100
	松杂板枋材	m^3	1800.00	1.468
	塑料薄膜	m^2	0.58	121.857
	水	m^3	2.50	7.910
	电	kW·h	2.80	1.500
机械				

8. 空调板钢筋制安单位估价表（预算定额）

将表 13.15 中定额编号“5-107”的定额消耗量数据和表 13.17、表 13.18 中有关单价填写到表 13.26 中，计算过程见表 13.26。

表 13.26　空调板钢筋制安单位估价表

定额编号				5-107
项目				HRB400 ϕ10 以内钢筋（每 t）
基价/元				5788.67
其中	人工费/元			1021.92
	材料费/元			4730.48
	机械费/元			36.27
名　称		单位	单价/元	消耗量
人工	普工	工日	100	2.323
	一般技工	工日	140	4.645
	高级技工	工日	180	0.774
材料	HRB400 以内 ϕ10 以内钢筋	kg	4.51	1020.00
	镀锌铁丝 ϕ0.7	kg	23.10	5.640
机械	钢筋调直机 40mm	台班	52.00	0.270
	钢筋切断机 40mm	台班	55.00	0.090
	钢筋弯曲机 40mm	台班	64.00	0.270

9. 1类预制混凝土构件运输单位估价表（预算定额）

将表13.16中定额编号“5-305”“5-306”的定额消耗量数据和表13.17、表13.18中有关单价填写到表13.27中，计算过程见表13.27。

表13.27　1类预制混凝土构件运输单位估价表

定额编号				5-305	5-306
项目				每10m^3	
				运距（≤10km）	每增减1km
基价/元				1519.94	57.88
其中	人工费/元			258.72	12.12
	材料费/元			240.42	—
	机械费/元			1020.80	45.76
名称		单位	单价/元	消耗量	
人工	普工	工日	100	0.588	0.028
	一般技工	工日	140	1.176	0.055
	高级技工	工日	180	0.196	0.009
材料	板枋材	m^3	1800.00	0.110	—
	钢丝绳	kg	33.78	0.310	—
	镀锌铁丝ϕ4	kg	21.30	1.500	—
机械	载重汽车8t	台班	330.00	1.460	0.062
	载重汽车12t	台班	550.00	0.980	0.046

10. 2类预制混凝土构件运输单位估价表（预算定额）

将表13.16中定额编号“5-309”“5-310”的定额消耗量数据和表13.17、表13.18中有关单价填写到表13.28中，计算过程见表13.28。

表13.28　2类预制混凝土构件运输单位估价表

定额编号				5-309	5-310
项目				每10m^3	
				运距（≤10km）	每增减1km
基价/元				2129.99	90.09
其中	人工费/元			184.80	9.00
	材料费/元			275.69	—
	机械费/元			1669.50	81.09
名称		单位	单价/元	消耗量	
人工	普工	工日	100	0.420	0.020
	一般技工	工日	140	0.840	0.041
	高级技工	工日	180	0.140	0.007
材料	板枋材	m^3	1800.00	0.110	—
	钢丝绳	kg	33.78	0.320	—
	镀锌铁丝ϕ4	kg	21.30	3.14	—
机械	载重汽车12t	台班	550.00	1.050	0.051
	汽车式起重机20t	台班	1560.00	0.700	0.034

11. 套筒注浆单位估价表（预算定额）

将表 13.12 中定额编号“1-26”的定额消耗量数据和表 13.17、表 13.18 中有关单价填写到表 13.29 中，计算过程见表 13.29。

表 13.29　套筒注浆单位估价表

定额编号				1-26
项目				套筒注浆 钢筋直径（mm）≤ϕ18 （每 10 个）
基价/元				140.66
其中	人工费/元			29.04
	材料费/元			111.62
	机械费/元			—
名称		单位	单价/元	消耗量
人工	普工	工日	100	0.066
	一般技工	工日	140	0.132
	高级技工	工日	180	0.022
材料	灌浆料	kg	19.00	5.630
	水	m^3	2.50	0.560
	其他材料费	元	材料费×3%	3.25
机械				

注：其他材料费=非主材费×3%= 108.37×3%=3.25（元）。

13.3.7　综合单价编制

1. 分部分项工程量清单项目与预算定额（单位估价表）之间的关系

《房屋建筑与装饰工程工程量计算规范》（GB 50854—2013）中预制混凝土楼梯分项工程项目的工作内容包含构件制作、运输和安装等内容（见表 13.5）。但是预算定额是将预制混凝土楼梯分项工程项目分别编制了制作定额、运输定额和安装定额 3 个（或者 2 个或者 1 个）定额。所以，以分部分项工程量清单项目为依据报价的预制混凝土楼梯分项工程项目的综合单价要由 3 个预算定额（或者 2 个或者 1 个）项目综合而成。

本实例的分部分项工程量清单项目与预算定额项目对应见表 13.30。

表 13.30　分部分项工程量清单项目与预算定额项目对应表

序号	清单项目		定额项目		单位	工程量
	项目编码	名称	定额号	名称		
1	010512001001	PC 叠合板制运安	出厂价	PC 叠合板采购	m^3	18.63
			5-305 加 5-306	PC 叠合板运输		
			1-5	PC 叠合板安装		

续表

序号	清单项目		定额项目		单位	工程量
	项目编码	名称	定额号	名称		
2	010512007001	PC 外墙板制运安	出厂价	PC 外墙板采购	m^3	26.51
			5-309 加 5-310	PC 外墙板运输		
			1-6-1	PC 外墙板安装		
3	010512007002	PC 内墙板制运安	出厂价	PC 内墙板采购	m^3	32.12
			5-309 加 5-310	PC 内墙板运输		
			1-6-2	PC 内墙板安装		
4	010513001001	PC 楼梯段制运安	出厂价	PC 楼梯段采购	m^3	21.43
			5-309 加 5-310	PC 楼梯段运输		
			1-18	PC 楼梯段安装		
5	010512006001	PCF 板制运安	出厂价	PCF 板采购	m^3	7.09
			5-305 加 5-306	PCF 板运输		
			1-21（代）	PCF 板安装		
6	010512006002	现场预制空调板制安	5-63	空调板预制	m^3	3.87
			1-22	空调板安装		
7	010515002001	现场预制空调板Φ8 钢筋制安	5-107	空调板Φ8 钢筋制安	kg	39.61
8	BC001（补充）	ϕ12 钢筋套筒注浆	1-26	ϕ12 钢筋套筒注浆	个	378

注：表中除现场预制外其他全部预制构件的运输距离为 15km。

2. 企业管理费与利润标准

某地区企业管理费与利润标准如下。

（1）企业管理费=人工费×30%。

（2）利润=人工费×25%。

3. PC 叠合板制运安综合单价编制

根据表 13.30 中的信息和有关叠合板单位估价表（预算定额）编制的综合单价见表 13.31。

表 13.31　PC 叠合板制运安综合单价分析表

项目编码		010512001001			项目名称		PC 叠合板制运安			计量单位	m^3
清单综合单价组成明细											
定额编号	定额项目名称	定额单位	数量	单价/元				合价/元			
				人工费	材料费	机械费	企业管理费和利润	人工费	材料费	机械费	企业管理费和利润
5-305	PC 板运（10km）	$10m^3$	0.1	258.72	240.42	1020.80	142.30	25.87	24.04	102.08	14.23
5-306	PC 板加运 5km	$10m^3$	0.5	12.12	—	45.76	6.67	6.06	0.00	22.88	3.33
1-5	PC 板安装	$10m^3$	0.1	2695.44	23332.79	16.27	1482.49	269.54	2333.28	1.63	148.25
人工单价		小计						301.48	2357.32	126.59	165.81
元/工日		未计价材料费									
清单项目综合单价								2951.20			

续表

	主要材料名称、规格、型号	单位	数量	单价/元	合价/元	暂估单价/元	暂估合价/元
主要材料费明细	垫铁	kg	0.314	4.10	1.29		
	低合金钢焊条 E43	kg	0.61	16.00	9.76		
	松杂板枋材	m^3	0.0201	1800.00	36.18		
	立支撑杆件ϕ48×3.5	套	0.273	55.80	15.23		
	零星卡具	kg	3.731	5.20	19.40		
	钢支撑及配件	kg	3.985	4.90	19.53		
	钢丝绳	kg	0.031	33.78	1.05		
	镀锌铁丝ϕ4	kg	0.150	21.30	3.20		
	PC 板出厂价	m^3	1.005	2240.00	2251.20		
	其他材料费			—	0.49	—	
	材料费小计			—	2357.32	—	

注：企业管理费=人工费×30%；利润=人工费×25%。

4. PC 外墙板制运安综合单价编制

根据表 13.30 中的信息和有关外墙板单位估价表（预算定额）编制的综合单价见表 13.32。

表 13.32　PC 外墙板制运安综合单价分析表

项目编码	010512007001		项目名称			PC 外墙板制运安			计量单位		m^3
清单综合单价组成明细											
定额编号	定额项目名称	定额单位	数量	单价/元				合价/元			
				人工费	材料费	机械费	企业管理费和利润	人工费	材料费	机械费	企业管理费和利润
5-309	PC 板运（10km）	$10m^3$	0.1	184.80	275.69	1669.50	101.64	18.48	27.57	166.95	10.16
5-310	PC 板加运 5km	$10m^3$	0.5	9.00	—	81.09	4.95	4.50	0.00	40.55	2.48
1-6-1	PC 板安装	$10m^3$	0.1	1682.86	39190.88	0.35	925.57	168.29	3919.09	0.04	92.56
人工单价		小计						191.27	3946.66	207.53	105.20
元/工日		未计价材料费									
清单项目综合单价								4450.65			

	主要材料名称、规格、型号	单位	数量	单价/元	合价/元	暂估单价/元	暂估合价/元
主要材料费明细	垫铁	kg	1.2491	4.10	5.12		
	板枋材	m^3	0.011	1800.00	19.80		
	干混砌筑砂浆 DM M20	m^3	0.010	730.00	7.30		
	斜支撑杆件ϕ48×3.5	套	0.0487	65.85	3.21		
	PE 棒	m	4.0751	4.00	16.30		
	垫木	kg	0.0012	1500.00	1.80		
	预埋铁件	kg	0.9307	4.30	4.00		
	定位钢板	kg	0.455	4.00	1.82		
	钢丝绳	kg	0.032	33.78	1.08		
	镀锌铁丝ϕ4	kg	0.314	21.30	6.69		
	PC 外墙板出厂价	m^3	1.005	3860.00	3879.30		
	其他材料费			—	0.24	—	
	材料费小计			—	3946.66	—	

注：企业管理费=人工费×30%；利润=人工费×25%。

5. PC 内墙板制运安综合单价编制

根据表 13.30 中的信息和有关内墙板单位估价表（预算定额）编制的综合单价见表 13.33。

表 13.33　PC 内墙板制运安综合单价分析表

项目编码	010512007001		项目名称		PC 内墙板制运安				计量单位		m^3
清单综合单价组成明细											
定额编号	定额项目名称	定额单位	数量	单价/元				合价/元			
				人工费	材料费	机械费	企业管理费和利润	人工费	材料费	机械费	企业管理费和利润
5-309	PC 板运（10km）	$10m^3$	0.1	184.80	275.69	1669.50	101.64	18.48	27.57	166.95	10.16
5-310	PC 板加运 5km	$10m^3$	0.5	9.00	—	81.09	4.95	4.50	0.00	40.55	2.48
1-6-2	PC 板安装	$10m^3$	0.1	1682.86	31552.88	0.35	925.57	168.29	3155.29	0.04	92.56
人工单价			小计					191.27	3182.86	207.54	105.20
元/工日			未计价材料费								
清单项目综合单价								3686.87			

主要材料费明细	主要材料名称、规格、型号	单位	数量	单价/元	合价/元	暂估单价/元	暂估合价/元
	垫铁	kg	1.2491	4.10	5.12		
	板枋材	m^3	0.011	1800.00	19.80		
	干混砌筑砂浆 DM M20	m^3	0.010	730.00	7.30		
	斜支撑杆件ϕ48×3.5	套	0.0487	65.85	3.21		
	PE 棒	m	4.0751	4.00	16.30		
	垫木	kg	0.0012	1500.00	1.80		
	预埋铁件	kg	0.9307	4.30	4.00		
	定位钢板	kg	0.455	4.00	1.82		
	钢丝绳	kg	0.032	33.78	1.08		
	镀锌铁丝ϕ4	kg	0.314	21.30	6.69		
	PC 内墙板出厂价	m^3	1.005	3100.00	3115.50		
	其他材料费			—	0.24	—	
	材料费小计			—	3182.86	—	

注：企业管理费=人工费×30%；利润=人工费×25%。

6. PC 楼梯段制运安综合单价编制

根据表 13.30 中的信息和有关楼梯段单位估价表（预算定额）编制的综合单价见表 13.34。

表 13.34 PC 楼梯段制运安综合单价分析表

项目编码	010513001001			项目名称		PC 楼梯段制运安			计量单位		m^3
清单综合单价组成明细											
定额编号	定额项目名称	定额单位	数量	单价/元				合价/元			
				人工费	材料费	机械费	企业管理费和利润	人工费	材料费	机械费	企业管理费和利润
5-309	楼梯运输（10km）	$10m^3$	0.1	184.80	275.69	1669.50	101.64	18.48	27.57	166.95	10.16
5-310	楼梯加运 5km	$10m^3$	0.5	9.00	—	81.09	4.95	4.5	0	40.55	2.48
1-18	楼梯段安装	$10m^3$	0.1	2228.16	33099.06	3.99	1225.49	222.82	3309.91	0.40	122.55
人工单价		小计						245.80	3337.48	207.90	135.19
元/工日		未计价材料费									
清单项目综合单价								3926.36			

主要材料费明细	主要材料名称、规格、型号	单位	数量	单价/元	合价/元	暂估单价/元	暂估合价/元
	垫铁	kg	0.903	4.10	3.70		
	板枋材	m^3	0.0134	1800.00	24.12		
	干混砌筑砂浆 DM M10	m^3	0.014	646.00	9.04		
	立支撑杆件 ϕ48×3.5	套	0.072	55.80	4.02		
	低合金钢焊条 E43	kg	0.131	16.00	2.10		
	零星卡具	kg	0.98	5.20	5.10		
	钢支撑及配件	kg	1.047	4.90	5.13		
	钢丝绳	kg	0.032	33.78	1.08		
	镀锌铁丝 ϕ4	kg	0.314	21.30	6.69		
	预制混凝土楼梯出厂价	m^3	1.005	3260.00	3276.30		
	其他材料费			—	0.20	—	
	材料费小计			—	3337.48	—	

注：企业管理费=人工费×30%；利润=人工费×25%。

7. PCF 板制运安综合单价编制

根据表13.30中的信息和有关PCF板单位估价表(预算定额)编制的综合单价见表13.35。

表 13.35 预制 PCF 板制运安综合单价分析表

项目编码	010512006001			项目名称		预制 PCF 板制运安			计量单位		m^3
清单综合单价组成明细											
定额编号	定额项目名称	定额单位	数量	单价/元				合价/元			
				人工费	材料费	机械费	企业管理费和利润	人工费	材料费	机械费	企业管理费和利润
5-305	PC 板运（10km）	$10m^3$	0.1	258.72	240.42	1020.80	142.30	25.87	24.04	102.08	14.23
5-306	PC 板加运 5km	$10m^3$	0.5	12.12	—	45.76	6.67	6.06	0.00	22.88	3.33
1-5	PCF 板安装	$10m^3$	0.1	2518.14	31644.96	10.36	1384.98	251.81	3164.50	1.04	138.50
人工单价		小计						283.74	3188.54	126.00	156.06
元/工日		未计价材料费									
清单项目综合单价								3754.33			

续表

	主要材料名称、规格、型号	单位	数量	单价/元	合价/元	暂估单价/元	暂估合价/元
主要材料费明细	垫铁	kg	1.875	4.10	7.69		
	低合金钢焊条 E43	kg	0.367	16.00	5.87		
	板枋材	m^3	0.011	1800.00	19.80		
	垫木	m^3	0.0021	1500.00	3.15		
	斜支撑杆件ϕ48×3.5	套	0.036	65.85	2.37		
	干混砌筑砂浆 DM M20	m^3	0.016	730.00	11.68		
	PE 棒	m	3.6712	4.00	14.68		
	预埋铁件	kg	0.758	4.30	3.26		
	钢丝绳	kg	0.031	33.78	1.05		
	镀锌铁丝ϕ4	kg	0.150	21.30	3.20		
	PCF 板出厂价	m^3	1.005	3100.00	3115.50		
	其他材料费			—	0.29	—	
	材料费小计			—	3188.54	—	

注：企业管理费=人工费×30%；利润=人工费×25%。

8. 现场预制空调板制安综合单价编制

根据表 13.30 中的信息和有关现场预制空调板单位估价表（预算定额）编制的综合单价见表 13.36。

表 13.36 现场预制空调板制安综合单价分析表

项目编码	010512006002			项目名称		空调板制安		计量单位		m^3
清单综合单价组成明细										
定额编号	定额项目名称	定额单位	数量	单价/元				合价/元		
				人工费	材料费	机械费	企业管理费和利润	人工费	材料费	机械费
1-22	空调板安装	$10m^3$	0.1	3150.84	912.04	17.89	1732.96	315.08	91.20	1.79
5-63	空调板预制	$10m^3$	0.1	1397.04	10615.05	—	768.37	139.70	1061.51	0.00
人工单价		小计						454.79	1152.71	1.79
元/工日		未计价材料费								
清单项目综合单价								1859.42		

合价/元：企业管理费和利润
173.30
76.84
250.13

	主要材料名称、规格、型号	单位	数量	单价/元	合价/元	暂估单价/元	暂估合价/元
主要材料费明细	垫铁	kg	0.576	4.10	2.36		
	板枋材	m^3	0.1568	1800.00	282.24		
	立支撑杆件ϕ48×3.5	套	0.30	55.80	16.74		
	低合金钢焊条 E43	kg	0.671	16.00	10.74		
	零星卡具	kg	4.104	5.20	21.34		
	钢支撑及配件	kg	4.384	4.90	21.48		
	预拌混凝土 C30	m^3	1.01	780.00	787.80		
	塑料薄膜	m^2	12.1857	0.58	7.07		
	水	m^3	2.50	0.791	1.98		
	电	kW·h	2.80	0.15	0.42		
	其他材料费			—	0.54	—	
	材料费小计			—	1152.71	—	

注：企业管理费=人工费×30%；利润=人工费×25%。

9. 现场预制空调板钢筋制安综合单价编制

根据表 13.30 中的信息和有关现场预制空调板钢筋制安单位估价表（预算定额）编制的综合单价见表 13.37。

表 13.37 现场预制空调板钢筋制安综合单价分析表

项目编码		010515002001		项目名称			空调板钢筋制安			计量单位	t
清单综合单价组成明细											
定额编号	定额项目名称	定额单位	数量	单价/元				合价/元			
				人工费	材料费	机械费	企业管理费和利润	人工费	材料费	机械费	企业管理费和利润
5-107	空调板钢筋制安	t	1	1021.92	4730.48	36.27	562.06	1021.92	4730.48	36.27	562.06
人工单价		小计						1021.92	4730.48	36.27	562.06
元/工日		未计价材料费									
清单项目综合单价								6350.73			

主要材料费明细	主要材料名称、规格、型号	单位	数量	单价/元	合价/元	暂估单价/元	暂估合价/元
	HRB400 以内$\phi 10$ 以内钢筋	kg	1020.00	4.51	4600.20		
	镀锌铁丝$\phi 0.7$	kg	5.640	23.10	130.28		
	其他材料费			—		—	
	材料费小计			—	4730.48	—	

注：企业管理费=人工费×30%；利润=人工费×25%。

10. 钢筋套筒注浆综合单价编制

根据表 13.30 中的信息和有关钢筋套筒注浆单位估价表（预算定额）编制的综合单价见表 13.38。

表 13.38 钢筋套筒注浆综合单价分析表

项目编码		BC001（补充）		项目名称			钢筋套筒注浆			计量单位	个
清单综合单价组成明细											
定额编号	定额项目名称	定额单位	数量	单价/元				合价/元			
				人工费	材料费	机械费	企业管理费和利润	人工费	材料费	机械费	企业管理费和利润
1-26	套筒注浆	10 个	0.1	29.04	111.62		15.97	2.90	11.16		1.60
人工单价		小计						2.90	11.16		1.60
元/工日		未计价材料费									
清单项目综合单价								15.66			

主要材料费明细	主要材料名称、规格、型号	单位	数量	单价/元	合价/元	暂估单价/元	暂估合价/元
	灌浆料	kg	0.563	19.00	10.70		
	水	m^3	0.0560	2.50	0.14		
	其他材料费			—	0.33	—	
	材料费小计			—	11.17	—	

注：企业管理费=人工费×30%；利润=人工费×25%。

13.4 计算分部分项工程费综合实践

1. 整理表格内容

根据表 13.30 中内容填写项目编码和项目名称，见表 13.39。

表 13.39　分部分项工程和单价措施项目清单与计价表

工程名称：××工程　　　　标段：　　　　第 1 页　共 1 页

序 号	项目编码	项目名称	项目特征描述	计量单位	工程量	金额/元		
						综合单价	合价	其中 暂估价
		E.混凝土工程						
1	010512001001	PC 叠合板						
2	010512007001	PC 外墙板						
3	010512007002	PC 内墙板						
4	010513001001	PC 楼梯段						
5	010512006001	PCF 板						
6	010512006002	预制空调板						
7	010515002001	预制空调板Φ8 钢筋制安						
8	BC001（补充）	ϕ12 钢筋套筒注浆						
本页小计								
合　计								

根据表 13.30、建筑施工图、工程量计算内容填写分部分项工程和单价措施项目清单与计价表的项目特征、计量单位、综合单价，见表 13.40。

2. 分部分项工程费计算

分部分项工程费=$\sum$(分项清单工程量×综合单价)，计算过程与结果见表 13.40。

表 13.40　分部分项工程和单价措施项目清单与计价表

工程名称：××工程　　　　标段：　　　　第 1 页　共 1 页

序号	项目编码	项目名称	项目特征描述	计量单位	工程量	金额/元		
						综合单价	合价	其中 人工费
		E.混凝土工程						
1	010512001001	PC 叠合板	1. 图代号：F-YB01、F-YB02 2. 单件体积：0.33m^3、0.35m^3 3. 安装高度：5.60～53.2m 4. 混凝土强度等级：C30	m^3	18.63	2951.20	54980.86	5616.57

续表

序号	项目编码	项目名称	项目特征描述	计量单位	工程量	金额/元		
						综合单价	合价	其中 人工费
2	010512007001	PC 外墙板	1. 图代号：F-YWB-5a 2. 单件体积：1.47m^3 3. 安装高度 5.60～53.2m 4. 混凝土强度等级：C30 5. 砂浆强度等级：干混砌筑砂浆 DM M20	m^3	26.51	4450.65	117986.73	5070.57
3	010512007002	PC 内墙板	1. 图代号：YNB-1a 2. 单件体积：1.78m^3 3. 安装高度：5.60～53.2m 4. 混凝土强度等级：C30 5. 砂浆强度等级：干混砌筑砂浆 DM M20	m^3	32.12	3686.87	118422.26	6143.59
4	010513001001	PC 楼梯段	1. 楼梯类型：板式 2. 单件体积：1.79m^3 3. 混凝土强度等级：C30 4. 砂浆强度等级：干混砌筑砂浆 DM M10	m^3	21.43	3926.36	84141.89	5267.49
5	010512006001	PCF 板	1. 图代号：PCF-1 2. 单件体积：0.20m^3 3. 安装高度：5.60～53.2m 4. 混凝土强度等级：C30 5. 砂浆强度等级：干混砌筑砂浆 DM M20	m^3	7.09	3754.33	26618.20	2011.72
6	010512006002	现场预制空调板	1. 图代号：F-YKB01 2. 单件体积：0.21m^3 3. 安装高度：5.60～53.2m 4. 混凝土强度等级：C30	m^3	3.87	1859.42	7195.96	1760.04
7	010515002001	预制空调板钢筋	1. 钢筋种类：HRB400 2. 规格：Φ8	kg	39.61	6.35	251.52	40.48
8	BC001（补充）	套筒注浆	1. 套筒种类：注浆套筒 2. 钢筋规格：ϕ12	个	378	15.66	5919.48	1096.20
本页小计							415516.91	27006.66
合　计							415516.91	27006.66

注：表中综合单价均不含“进项税”。

3. 部品部件费用

装配式建筑住宅工程的 36 组成品淋浴间由生产厂商供应到现场并负责安装。淋浴间单价为 7600 元/组。

13.5 措施项目费、其他项目费、规费、税金计算综合实践

13.5.1 费用定额

某地区费用定额见表13.41。

表13.41 某地区费用定额

序号	费用名称	计算基础	费率/%
1	安全文明施工费	分部分项工程费	3.0
2	二次搬运费	分部分项工程费	1.5
3	冬雨季施工费	分部分项工程费	1.0
4	社会保险费	人工费	35.0
5	住房公积金	人工费	2.0
6	增值税	税前造价（不含进项税）	9.0

13.5.2 计算各项费用与造价

根据表13.40、表13.41及有关内容，计算装配式混凝土住宅建筑的各项费用与造价，见表13.42。

表13.42 装配式混凝土住宅建筑工程造价计算表

<table>
<tr><th>序号</th><th colspan="3">费用项目</th><th>计算基础</th><th>费率/%</th><th>计算式</th><th>金额/元</th></tr>
<tr><td>1</td><td colspan="3">分部分项工程费</td><td></td><td></td><td>见表13.40
（其中人工费27006.66元）</td><td>415516.91</td></tr>
<tr><td rowspan="5">2</td><td rowspan="5">措施项目费</td><td colspan="2">单价措施项目</td><td></td><td></td><td>无</td><td rowspan="5">22853.43</td></tr>
<tr><td rowspan="4">总价措施</td><td>安全文明施工费</td><td rowspan="4">分部分项工程费：415516.91</td><td>3</td><td>415516.91×3%= 12465.51</td></tr>
<tr><td>夜间施工增加费</td><td></td><td>无</td></tr>
<tr><td>二次搬运费</td><td>1.5</td><td>415516.91×1.5%= 6232.75</td></tr>
<tr><td>冬雨季施工增加费</td><td>1.0</td><td>415516.91×1.0%=4155.17</td></tr>
<tr><td rowspan="4">3</td><td rowspan="4">其他项目费</td><td colspan="2">总承包服务费</td><td>分包工程造价</td><td></td><td>无</td><td rowspan="4">无</td></tr>
<tr><td colspan="2">暂列金额</td><td colspan="2"></td><td>无</td></tr>
<tr><td colspan="2">暂估价</td><td colspan="2"></td><td>无</td></tr>
<tr><td colspan="2">计日工</td><td colspan="2"></td><td>无</td></tr>
</table>

续表

<table>
<tr><th>序号</th><th colspan="2">费用项目</th><th>计算基础</th><th>费率/%</th><th>计算式</th><th>金额/元</th></tr>
<tr><td rowspan="3">4</td><td rowspan="3">规费</td><td>社会保险费</td><td rowspan="2">人工费：27006.66</td><td>35</td><td>27006.66×35%= 9452.33</td><td rowspan="3">9992.46</td></tr>
<tr><td>住房公积金</td><td>2</td><td>27006.66×2%= 540.13</td></tr>
<tr><td>工程排污费</td><td></td><td></td><td>无</td></tr>
<tr><td>5</td><td>市场价</td><td>淋浴间部品</td><td colspan="3">36×7600= 273600.00</td><td>273600.00</td></tr>
<tr><td>6</td><td></td><td>税前造价</td><td colspan="3">序 1+序 2+序 3+序 4+序 5</td><td>721962.80</td></tr>
<tr><td>7</td><td>税金</td><td>增值税</td><td>税前造价</td><td></td><td>721962.80（不含进项税）×9%= 64976.65</td><td>64976.65</td></tr>
<tr><td colspan="5">工程造价=序 1+序 2+序 3+序 4+序 5+序 7</td><td></td><td>786939.45</td></tr>
</table>

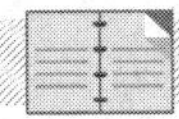

复习思考题

1. 简述工程量清单编制程序。
2. 简述工程量清单报价编制程序。
3. 工程量清单与工程量清单报价有什么不同点？
4. 图 13.3 中有几个阳台？
5. 图 13.4 中有几种叠合板？
6. 说出图 13.5 中叠合板的尺寸数据。
7. 图 13.7 中有几种 PC 墙板？
8. 说出图 13.8 中 PC 墙板的尺寸数据。
9. 说出图 13.10 中 PC 楼梯段的尺寸数据。
10. 说出图 13.12 中 F-YKB01 空调板的尺寸数据。
11. 简述 PC 叠合板安装单位估价表编制过程。
12. 简述 PC 外墙板安装单位估价表编制过程。
13. 简述 PC 叠合板制运安综合单价分析表编制过程。
14. 简述 PC 楼梯段制运安综合单价分析表编制过程。
15. 简述本章综合实训项目的措施项目费计算过程。
16. 简述本章综合实训项目的其他项目费计算过程。
17. 简述本章综合实训项目的规费计算过程。
18. 简述本章综合实训项目的税金计算过程。

参 考 文 献

袁建新，2019. 工程造价概论[M]. 北京：中国建筑工业出版社.

中华人民共和国住房和城乡建设部，2013. 房屋建筑与装饰工程工程量计算规范：GB 50854—2013[S]. 北京：中国计划出版社.

中华人民共和国住房和城乡建设部，中华人民共和国国家质量监督检验检疫总局，2013. 建设工程工程量清单计价规范：GB 50500—2013[S]. 北京：中国计划出版社.